厄瓜多尔辛克雷水电站规划设计丛书

第四卷

高地震烈度区深厚覆盖层首部枢纽建设关键技术及应用

谢遵党　杨顺群　主编

黄河水利出版社

·郑 州·

内 容 提 要

本书为厄瓜多尔辛克雷水电站规划设计丛书的第四卷。本书包含工程设计概况、水文及工程规划、工程地质、设计标准、首部枢纽工程总体布置、主要建筑物设计(包括混凝土面板堆石坝设计、泄洪冲沙建筑物设计、沉沙池设计、中美规范设计对比等)、总结等。本书全面系统地论述了首部枢纽的特点及设计重难点,基于欧美规范并充分吸取国内外工程建设经验,成功解决了深覆盖层大规模泄洪建筑物、特大规模沉沙池、不均匀复杂地层基础处理等一系列关键技术难题,确保了首部枢纽工程的顺利实施。

本书内容翔实、实用性强,可供从事水利水电工程设计、施工、运行管理及高等院校相关专业师生等,特别是从事水利水电国际工程设计人员参考。

图书在版编目(CIP)数据

高地震烈度区深厚覆盖层首部枢纽建设关键技术及应用/谢遵党,杨顺群主编. —郑州:黄河水利出版社,2023.5
(厄瓜多尔辛克雷水电站规划设计丛书. 第四卷)
ISBN 978-7-5509-3569-3

Ⅰ.①高… Ⅱ.①谢… ②杨… Ⅲ.①水力发电站-地震烈度-覆盖层技术-研究-厄瓜多尔 Ⅳ.①TV757.76 ②P315.72

中国国家版本馆 CIP 数据核字(2023)第 083889 号

组稿编辑:韩莹莹　电话:0371-66025553　E-mail:1025524002@qq.com

责任编辑	赵红菲	责任校对	王单飞
封面设计	李思璇	责任监制	常红昕

出版发行　黄河水利出版社
地址:河南省郑州市顺河路49号　邮政编码:450003
网址:www.yrcp.com　E-mail:hhslcbs@126.com
发行部电话:0371-66020550
承印单位　河南瑞之光印刷股份有限公司
开　　本　787 mm×1 092 mm　1/16
印　　张　27.75
字　　数　640 千字
版次印次　2023 年 5 月第 1 版　　2023 年 5 月第 1 次印刷
定　　价　292.00 元

总序一

　　科卡科多·辛克雷(Coca Codo Sinclair,简称 CCS)水电站工程位于亚马孙河二级支流科卡河(Coca River)上,距离厄瓜多尔首都基多 130 km,总装机容量 1 500 MW,是目前世界上总装机容量最大的冲击式水轮机组电站。电站年均发电量 87 亿 kW·h,能够满足厄瓜多尔全国 1/3 以上的电力需求,结束该国进口电力的历史。CCS 水电站是厄瓜多尔战略性能源工程,工程于 2010 年 7 月开工,2016 年 4 月首批 4 台机组并网发电,同年 11 月 8 台机组全部投产发电。2016 年 11 月 18 日,国家主席习近平和厄瓜多尔总统科雷亚共同按下启动电钮,CCS 水电站正式竣工发电,这标志着我国"走出去"战略取得又一重大突破。

　　CCS 水电站由中国进出口银行贷款,厄瓜多尔国有公司开发,墨西哥公司监理(咨询),黄河勘测规划设计研究院有限公司(简称"黄河设计院")负责勘测设计,中国水电集团国际工程有限公司与中国水利水电第十四工程局有限公司组成的联营体以 EPC 模式承建。作为中国水电企业在国际中高端水电市场上承接的最大水电站,中方设计和施工人员利用中国水电开发建设的经验,充分发挥 EPC 模式的优势,密切合作和配合,圆满完成了合同规定的各项任务。

　　水利工程的科研工作来源于工程需要,服务于工程建设。水利工程实践中遇到的重大科技难题的研究与解决,不仅是实现水治理体系和治理能力现代化的重要环节,而且为新老水问题的解决提供了新的途径,丰富了保障水安全战略大局的手段,从而直接促进了新时代水利科技水平的提高。CCS 水电站位于环太平洋火山地震带上,由于泥沙含量大、地震烈度高、覆盖层深、输水距离长、水头高等复杂自然条件和工程特征,加之为达到工程功能要求必须修建软基上的 40 m 高的混凝土泄水建筑物、设计流量高达 220 m³/s 的特大型沉沙池、长 24.83 km 的大直径输水隧洞、600 m 级压力竖井、总容量达 1 500 MW 的冲击式水轮机组地下厂房等规模和难度居世界前列的单体工程,设计施工中遇到的许多技术问题没有适用的标准、规范可资依循,有的甚至超出了工程实践的极限,需要进行相当程度的科研攻关才能解决。设计是 EPC 项目全过程管理的龙头,作为 CCS 水电站建设技术承担单位的黄河设计院,秉承"团结奉献、求实开拓、迎接挑战、争创一流"的企业精神,坚持"诚信服务至上,客户利益至尊"的价值观,在对招标设计的基础方案充分理解和吸收的基础上,复核优化设计方案,调整设计思路,强化创新驱动,成功解决了高地震烈度、深覆盖层、长距离引水、高泥沙含量、高水头特大型冲击式水轮机组等一系列技术难题,为 CCS 水电站的成功建设和运行奠定了坚实的技术基础。

CCS 水电站的相关科研工作为设计提供了坚实的试验和理论支撑,优良的设计为工程的成功建设提供了可靠的技术保障,CCS 水电站的建设经验丰富了水利科技成果。黄河设计院的同志们认真总结 CCS 水电站的设计经验,编写出版了这套技术丛书。希望这套丛书的出版,进一步促进我国水利水电建设事业的发展,推动中国水利水电设计经验的国际化传播。

是以为序!

水利部原副部长、中国大坝工程学会理事长

2019 年 12 月

总序二

南美洲水能资源丰富,开发历史较长,开发、建设、管理、运行维护体系比较完备,而且与发达国家一样对合同严格管理、对环境保护极端重视、对欧美标准体系高度认同,一直被认为是水电行业的中高端市场。黄河勘测规划设计研究院有限公司从 2000 年起在非洲、大洋洲、东南亚等地相继承接了水利工程,开始从国内走向世界,积累了丰富的国际工程经验。2007 年黄河设计院提出黄河市场、国内市场、国际市场"三驾马车竞驰"的发展战略,2009 年中标科卡科多·辛克雷水电站工程,标志着"三驾马车竞驰"的战略格局初步形成。

CCS 水电站是厄瓜多尔战略性能源工程,总装机容量 1 500 MW,设计年均发电量 87 亿 kW·h,能够满足厄瓜多尔全国 1/3 以上的电力需求,结束该国进口电力的历史,被誉为厄瓜多尔的三峡工程。CCS 水电站规模宏大,多项建设指标位居世界前列。如:(1)单个工程装机规模在国家电网中占比最大;(2)冲击式水轮机组总装机容量世界最大;(3)可调节连续水力冲洗式沉沙池规模世界最大;(4)大断面水工高压竖井深度居世界前列;(5)大断面隧洞在南美洲最长等。成功设计这座水电站不但要克服冲击式水轮机对泥沙含量控制要求高、大流量引水发电除沙难、大变幅尾水位高水位发电难、高内水压力低地应力隧洞围岩稳定性差等难题,还要克服语言、文化、标准体系、设计习惯等差异。在这方面设计单位、EPC 总包单位、咨询单位、业主等之间经历了碰撞、交流、理解、融合的过程。这个过程是必要的,也是痛苦的。就拿设计图纸来说,在 CCS 水电站,每个单位工程需要分专业分步提交设计准则、计算书、设计图纸给监理单位审批，前序文件批准后才能开展后续工作，顺序不能颠倒，也不能同步进行。负责本工程监理的是一家墨西哥咨询公司，他们水电工程经验主要是在20世纪中期左右积累的，对最近20年中国成功建设的一批大型水电工程新技术不了解，在审批时提出了许多苛刻的验证条件，这对在国内习惯在初步设计或可行性研究报告审查通过后自行编写计算书、只向建设方提供施工图的设计团队来讲，造成很大的困扰，一度不能完全保证施工图及时获得批准。为满足工程需要，黄河设计院克服各种困难，很快就在适应国际惯例、融合国际技术体系的同时，积极把国内处于世界领先水平的理论、技术、工艺、材料运用到CCS水电站项目设计中，坚持以中国规范为基础，积极推广中国标准。经过多次验证后，业主和监理对中国发展起来的技术逐渐认可并接受。

CCS水电站主要有两大技术难题：一是高水头冲击式水轮机组对过机泥沙控制要求非常严格，得益于黄河设计院多年治黄、治沙的经验，采用特大规模沉沙池，经数值模拟分析，物理模拟验证，成功地完成了CCS水电站的泥沙处理设计，满足了近乎苛刻的过机泥沙粒径要求，保证了工程的顺利运行，也可为黄河等多沙河流的相关工程提供借鉴；二是563 m的深竖井设计和施工，遇到高内水压力低地应力隧洞围岩稳定性差的难题，施工中曾多次出现突水、突泥、塌方，对履行合同工期面临巨大挑战。经设计施工的通力合作，战胜了这一"拦路虎"，避免了高额经济索赔。

作为多国公司参建的水电工程，CCS水电站的成功设计，不但为CCS水电站工程的建设提供了可靠的技术保障，而且进一步树立了中国水电设计和建设技术的世界品牌。黄河设计院的同志们在工程完工3周年之际，认真总结、梳理CCS水电站设计的经验和教训，以及运行以来的一些反思，组织出版了这套技术丛书，有很大的参考价值。

中国工程院院士 马洪琪

2019年11月

2

总前言

厄瓜多尔科卡科多·辛克雷水电站位于亚马孙河二级支流 Coca 河上，为径流引水式，装有 8 台冲击式水轮机组，总装机容量 1 500 MW，设计多年平均发电量 87 亿 kW·h，总投资约 23 亿美元，是目前世界上总装机容量最大的冲击式水轮机组电站。

厄瓜多尔位于环太平洋火山地震带上，域内火山众多，地震烈度较高。Coca 河流域地形以山地为主，分布有高山气候、热带草原气候及热带雨林气候，年均降雨量由上游地区的 1 331 mm 向下游坝址处逐渐递增到 6 270 mm，河流水量丰沛。工程区河道总体坡降较陡，从首部枢纽到厂房不到 30 km 直线距离，落差达 650 m，水能资源丰富，开发价值很高。为开发 Coca 河水能资源而建设的 CCS 水电站，存在冲击式水轮机过机泥沙控制要求高、大流量引水发电除沙难、尾水位变幅大保证洪水期发电难、高内水压低地应力隧洞围岩稳定差等技术难题。2008 年 10 月以来，立足于黄河勘测规划设计研究院有限公司 60 年来在小浪底水利枢纽等国内工程勘察设计中的经验积累，设计团队积极吸收欧美国家的先进技术，利用经验类比、数值分析、模型试验、仿真集成、专家研判决策等多种方法和手段，圆满解决了各个关键技术难题，成功设计了特大规模沉沙池、超深覆盖层上的大型混凝土泄水建筑物、24.83 km 长的深埋长隧洞、最大净水头 618 m 的压力管道、纵横交错的大跨度地下厂房洞室群、高水头大容量冲击式水轮机组等关键工程。这些为 2014 年 5 月 27 日首部枢纽工程成功截流、2015 年 4 月 7 日总长 24.83 km 的输水隧洞全线贯通、2016 年 4 月 13 日首批四台机组发电等节点目标的实现提供了坚实的设计保证。

2016 年 11 月 18 日,中国国家主席习近平在基多同厄瓜多尔总统科雷亚共同见证了 CCS 水电站竣工发电仪式,标志着厄瓜多尔"第一工程"的胜利建成。截至 2018 年 11 月,CCS 水电站累计发电 152 亿 kW·h,为厄瓜多尔实现能源自给、结束进口电力的历史做出了决定性的贡献。

CCS 水电站是中国水电积极落实"一带一路"倡议的重要成果,它不但见证了中国水电"走出去"过程中为克服语言、法律、技术标准、文化等方面的差异而付出的艰苦努力,也见证了黄河勘测规划设计研究院有限公司"融进去"取得的丰硕成果,更让世界见证了中国水电人战胜自然条件和工程实践的极限挑战而做出的一个个创新与突破。

成功的设计为 CCS 水电站的顺利施工和运行做出了决定性的贡献。为了给从事水利水电工程建设与管理的同行提供技术参考,我们组织参与 CCS 水电站工程规划设计人员从工程规划、工程地质、工程设计等各个方面,认真总结 CCS 水电站工程的设计经验,编写了这套厄瓜多尔辛克雷水电站规划设计丛书,以期 CCS 水电站建设的成功经验得到更好的推广和应用,促进水利水电事业的发展。黄河勘测规划设计研究院有限公司对该丛书的出版给予了大力支持,第十三届全国人大环境与资源保护委员会委员、水利部原副部长矫勇,中国工程院院士、华能澜沧江水电股份有限公司高级顾问马洪琪亲自为本丛书作序,在此表示衷心的感谢!

CCS 水电站从 2009 年 10 月开始概念设计,到 2016 年 11 月竣工发电,黄河勘测规划设计研究院有限公司投入了大量的技术资源,保障项目的顺利进行,先后参与此项目勘察设计的人员超过 300 人,国内外多位造诣深厚的专家学者为项目提供了指导和咨询,他们为 CCS 水电站的顺利建成做出了不可磨灭的贡献。在此,谨向参与 CCS 水电站勘察设计的所有人员和关心支持过 CCS 水电站建设的专家学者表示诚挚的感谢!

由于时间仓促、水平有限,书中不足之处在所难免,敬请广大读者批评指正!

2019 年 12 月

厄瓜多尔辛克雷水电站规划设计丛书
编 委 会

主　　任：张金良

副主任：景来红　　谢遵党

委　　员：尹德文　　杨顺群　　邢建营　　魏　萍

　　　　　李治明　　齐三红　　汪雪英　　乔中军

　　　　　吴建军　　李　亚　　张厚军

总主编：谢遵党

前　言

科卡科多·辛克雷水电站,位于厄瓜多尔共和国北部 Napo 省和 Sucumbios 省的交界处,亚马孙河二级支流 Coca 河上,距离首都基多 130 km。CCS 水电站为引水式电站,主要建筑物包括首部枢纽、输水隧洞、调蓄水库、发电引水系统和地下厂房等,电站总装机容量 1 500 MW,多年平均发电量 87 亿 kW·h。该电站是厄瓜多尔目前最大的水力发电项目,为厄瓜多尔国家电网的骨干电源,同时该项目也是中国水利水电建设集团公司在南美洲承建的最大的 EPC 水电站,受到中国及厄瓜多尔两国政府的高度重视,建成意义重大。

厄瓜多尔电气化局于 20 世纪 80 年代对 Coca 河流域水电开发进行了研究,并请意大利 ELC 等咨询公司于 2009 年 6 月完成 CCS 水电站概念设计报告。2009 年 10 月通过公开招标,中国水利水电建设集团公司中标该项目 EPC 总承包合同,由黄河勘测规划设计研究院有限公司负责工程设计。2009~2016 年,黄河勘测规划设计研究院有限公司分别完成概念设计复核、基本设计和详细设计三个阶段的工作。该项目于 2010 年 7 月 28 日开工,2016 年 4 月 13 日首批 4 台机组并网发电,2016 年 11 月 18 日 8 台机组全部并网发电,基本按合同工期完成了建设目标。

CCS 水电站首部枢纽为多目标多功能的特大型综合引水建筑物群,由挡水建筑物(混凝土面板堆石坝)、泄洪排沙建筑物(溢流坝及冲沙闸)、引水建筑物(引水闸及沉沙池)三部分组成,各建筑物之间既相互独立又相互联系,功能上既要满足壅水、径流调节要求,又要满足安全泄洪和下泄生态流量要求,同时要解决引水进口泥沙淤堵问题,有效控制过机泥沙,满足合同对引水泥沙含量和粒径的要求。

针对首部枢纽超大泄洪规模、多泥沙河流大引水流量、不均匀深厚覆盖层地基、地震烈度高等复杂条件,为满足工程的功能要求和合同规定的条件,在设计过程中,分别针对首部枢纽超深覆盖层大规模泄洪建筑物、特大规模沉沙池设计方案、深厚覆盖层且分布严重不均的复杂地层基础处理等关键技术问题,进行了大量的研究论证工作,基于欧美规范并充分吸取国内外工程经验,从技术可行与安全经济角度提出了创新性的解决方案,成功攻克了这一系列复杂技术难题,确保了工程的顺利实施和按期引水发电。例如:为解决沉沙池大面积百米级陡坎超深不均匀地基沉降变形控制问题和强震区大水平荷载问题,采用传统复合地基处理深度有限,也无法有效解决沉降变形问题,但单纯刚性桩基存在成本过高问题,为攻克上述难题,创新性地提出扩顶灌注桩加柔性垫层新型复合地基。一是充分利用灌注桩处理深度大的优势;二是通过桩顶柔性垫层利用部分桩间土分担水平荷载;三是通过桩顶扩头有效提高桩土竖向荷载分担比例,大胆借鉴桩顶承台利用桩间土机理,采用扩顶桩加周围土体置换进一步提高桩体水平受荷能力,达到控制沉降和成本的目标。另外,灌注桩施工技术成熟,进度易控,充分保证了工程进度计划的可控性,对于海外EPC项目工期提前,能够有效节约经济成本,为深覆盖层高地震烈度区建筑物基础处理提供了宝贵经验。

另外,根据合同要求,CCS水电站工程指定采用美国和欧洲规范进行设计,使用过程中发现中美规范在洪水标准、材料性能指标、工况组合和荷载计算、稳定应力控制标准、结构设计等方面均存在一定差异。结合CCS水电站首部枢纽工程设计情况进行了一些比较分析,为涉外项目设计人员提供参考。

本书旨在总结CCS水电站首部枢纽的设计经验及教训,力求反映设计全过程。希望为以后的设计者提供借鉴。

由于时间仓促,编者水平有限,书中难免有错漏之处,欢迎广大读者批评指正!

编　者

2023年3月

《高地震烈度区深厚覆盖层首部枢纽建设关键技术及应用》编写人员及编写分工

主　编：谢遵党　杨顺群
副主编：陈晓年
统　稿：耿　莉　耿　波

章名	编写人员
第 1 章　工程设计概况	谢遵党　陈晓年
第 2 章　水文及工程规划	杨顺群　陈晓年
第 3 章　工程地质	陈晓年　吴建军
第 4 章　设计标准	吴建军　耿　波　耿　莉
第 5 章　首部枢纽工程总体布置	谢遵党　杨顺群　耿　波　耿　莉
第 6 章　主要建筑物设计	谢遵党　杨顺群　邢建营　耿　莉 张艳峰　陈　丹　陈晓年　路　阳 李志乾　张婷婷　刘少丽　陈　娜 董莉莉　戴　雪　韩　健　高　源 吕静静　崔　莹　刘新云　霍鹤飞 严克兵　孙　铭　张　扬　赵　宁
第 7 章　总　结	谢遵党　邢建营　吴建军

目　录

第 1 章

工程设计概况

1.1 工程概况

科卡科多·辛克雷水电站位于厄瓜多尔共和国(简称厄瓜多尔)北部 Napo 省和 Sucumbios 省的交界处,距首都基多约 130 km。水电站由首部枢纽、引水隧洞、调蓄水库和地下厂房等组成。水电站安装 8 台冲击式水轮机组,总装机容量 1 500 MW。

首部枢纽位于 Salado 河和 Quijos 河两河交汇处下游约 1 km 的 Coca 河上,坝址处的突出特征是河谷中间凸现一锥形花岗岩侵入岩体(面积约 0.05 km²),受该侵入岩体控制,河道形成了靠右岸的 V 形主河道和左岸垭口的地貌,见图 1-1。

图 1-1 首部枢纽坝址地貌

首部枢纽主要由溢洪道和冲沙闸、取水口及沉沙池、混凝土面板堆石坝等工程组成,见图 1-2。溢洪道和冲沙闸位于 Coca 河左岸滩槽,从左到右布置有混凝土挡水坝、8 孔溢流坝和 3 孔冲沙闸;取水口处于花岗岩侵入岩体上,沉沙池横跨花岗岩侵入岩体和主河槽;混凝土面板堆石坝位于沉沙池上游,截断主河槽。

图 1-2　首部枢纽工程形象

1.2　设计概况

厄瓜多尔电气化局在 20 世纪 80 年代就对 Coca 河流域水电开发进行了研究,确定 CCS 水电站为该流域最有吸引力的水电项目,并委托意大利等国的咨询公司于 1988 年 5 月完成 CCS 水电站 A 阶段设计报告,电站装机容量 432 MW;1992 年 6 月完成 CCS 水电站 B 阶段设计报告,电站装机容量增加至 890 MW;2008 年 8 月完成电站装机 1 500 MW 技术可行性研究报告;2009 年 6 月完成概念设计报告,电站装机容量确定为 1 500 MW。

2009 年 10 月 5 日,中国水利水电建设集团公司(简称中国水电)与 CCS 水电站业主(简称业主)在厄瓜多尔总统府正式签署 EPC 总承包合同,合同内容包括项目的设计、设备和材料供应、土建工程建设、安装、调试和启动运行。

2009 年 12 月 1 日,黄河勘测规划设计研究院有限公司与中国水电正式签订该项目的勘测设计与技术服务分包合同;按照合同要求,CCS 水电站项目工程设计需按照美国和欧洲规范执行。

2009 年 9 月至 2010 年 7 月,黄河设计院完成了概念设计复核,并编写了《厄瓜多尔 CCS 水电站概念设计复核报告》;2010 年 7 月 23~25 日,中国水电在郑州组织召开了概念设计复核阶段中方审查会;2010 年 8 月 25~31 日,在基多召开了《厄瓜多尔 CCS 水电站工程概念设计复核报告》审查会;2010 年 11 月 14 日,收到业主对工程概念设计复核的最终批复意见。

2010 年 9 月至 2011 年 1 月,黄河设计院开展基本设计阶段的工作,编写完成了《厄瓜多尔 CCS 水电站基本设计报告》;2011 年 1 月 15~17 日中国水电在郑州组织召开了基本设计报告的中方审查,2011 年 2 月 21 日至 3 月 1 日在基多召开了外方审查会,并通过了审批。其后,工程进入详细设计和施工阶段。

工程于 2010 年 7 月 28 日正式开工,2016 年 4 月 13 日首批 4 台机组并网发电,2016 年 11 月 18 日第二批 4 台机组完工发电,标志着工程全面投入试运营,工程由建设期进入运行期。

第 2 章

水文及工程规划

2.1　流域概况

CCS 水电站工程位于 Coca 河流域，属亚马孙河水系。Coca 河是亚马孙河一级支流 Napo 河的一级支流，发源于安第斯山脉 Antisana 火山东麓(5 704 m)。首部枢纽以上为 Salado 河口和 Quijos 河，流向由西南向东北，两河交汇处以下称 Coca 河。至 Machacuyacu 河口以上，Coca 河全长约 160 km，流域面积为 4 004 km²，流域内天然落差在 5 200 m 左右。Salado 河流域面积 923 km²，Quijos 河流域面积 2 677 km²。

本工程坝址以上流域面积 3 600 km²，河长约 90 km，厂址断面以上流域面积 3 960 km²。流域内地形以山地为主，分布着众多火山，终年被冰川和积雪覆盖。Reventador 火山(3 562 m)，位于流域北部分水岭，紧邻 Coca 河干流，火山口距 Coca 河仅 7 km 左右。流域内地形西高东低，河谷下切较深，河道蜿蜒曲折，山谷相间，水流湍急。上游的高海拔地区，以稀树草原为主；中游为茂密的原始森林，间杂少量的高覆盖度草地；下游(海拔1 000 m 以下)基本为浓密的森林。

Coca 河 Machacuyacu 河口以上支流众多，其中左岸较大支流分别有 Papallacta 河(507 km²)、Oyacachi 河(702 km²)、Salado 河(923 km²)等，右岸较大支流不多，分别有 Cosanga 河(496 km²)、Borja 河(88 km²)、Bombon 河(57 km²)等。

2.2　气象特征

厄瓜多尔为赤道国，位于 1°N~5°S。全境以山地为主。安第斯山脉纵贯国境中部，全国分为西部沿海、中部山地和东部亚马孙地区三个部分。

工程区位于东部亚马孙河流域的 Coca 河。Coca 河流域位于中部高原向西部冲积平原的过渡地带，流域内分布有高山气候、热带草原气候及热带雨林气候，从空间分布上看，降雨量由上游地区 1 331 mm(Papallacta 站)，向下游逐渐递增到 4 834 mm(San Rafael 站)、6 270 mm(El Reventador 站)。从时间分布上看，上游地区年内降雨量在 4~9 月较为丰富，随着高程的降低和降雨量的增加，年内各月降雨量分布越均匀，San Rafael 站全年湿热多雨，最大月平均降雨量、最小月平均降雨量比值仅为 1.43。

气温：Coca 河流域位于赤道附近，每月平均气温和年平均气温的变化幅度很小，最高气温和最低气温月份之间的差异不超过 3 ℃。但上中游地区日内温差较大，根据 El Chaco 气象站的资料，平均日最高气温 28.9 ℃，平均日最低气温 8.9 ℃。

相对湿度：年平均相对湿度在 85%~95%，各个月份差别不大，最高是在降雨最多的 6 月，而最低是在 12 至翌年 1 月。

日照：该地区的年平均日照时间为 850~1 050 h。

蒸发量:由于湿度较高,有着较多的降雨天数,且日照时间较短,本地区蒸发能力较低,年蒸发量在 410~614 mm(皮奇蒸发计)。最大月份出现在降雨偏少的 12 月至翌年 1 月间,最小月份出现在降雨丰富的 6~7 月。

2.3　水　文

Coca 河流域径流分配较为均匀,但上、中游雨季降雨较为丰富,根据 San Rafael 站实测资料,径流的年内分配呈现单峰形,12 月、1 月来水最小,6 月、7 月水量较大,最大月平均流量与最小月平均流量比例为 2.23(1973~1986 年系列)。

首部枢纽处多年平均年径流量 290 m³/s,多年平均径流总量 91.7 亿 m³,10 000 年一遇洪水 8 900 m³/s,灾难洪水 15 000 m³/s。

2.4　泥　沙

坝址区地质灾害主要有地震、火山喷发、泥石流等。1923~2007 年 6 级以上的大地震共发生了 9 次。喷发的火山灰是泥沙的主要来源。其中,2003 年火山喷发后,火山灰厚达 20 cm。泥石流每年都有发生,堵塞河道,但几场洪水过后,河道会很快恢复。

Coca 河流域泥沙以悬移质为主。坝址多年平均悬移质输沙量为 953.6 万 t,多年平均含沙量为 1.04 kg/m³;Salado 河多年平均悬移质输沙量为 627.9 万 t,多年平均含沙量为 2.13 kg/m³;Quijos 河多年平均悬移质输沙量为 325.7 万 t,多年平均含沙量为 0.52 kg/m³。

地震、火山喷发、泥石流等地质灾害,增加了首部枢纽 Salado 水库来沙。Salado 水库坝址多年平均输沙量为 1 211.6 万 t,悬移质输沙量为 932 万 t,多年平均含沙量为 1.01 kg/m³;Salado 河多年平均输沙量为 613 万 t,多年平均含沙量为 2.08 kg/m³;Quijos 河多年平均输沙量为 319 万 t,多年平均含沙量为 0.51 kg/m³。

首部枢纽 Salado 水库年均淤积量为 466 万 t,约年均淤积 260.8 万 m³。水库淤满年限不足 3 年。总体来说,水电站取水首部枢纽 Salado 水库将很快淤满。采用设计水沙系列计算沉沙池入口引水引沙量,沉沙池年均引水流量为 184 m³/s,年均引沙量 386.2 万 t,平均引水含沙量为 0.66 kg/m³。

第 3 章

工程地质

3.1　地形地貌

首部枢纽库区由 Quijos 河谷与 Salado 河谷组成,在两河交汇一带以相对宽广的 U 形谷为主。首部枢纽突出的地貌特征是河谷中间凸现一锥形花岗岩侵入岩体(面积约 0.05 km²),形成了主河道处的 V 形峡谷,参见图 1-1。

3.2　地层岩性

库区出露的地层岩性有侏罗系 Misahualli 组火山岩、白垩系 Hollin 组砂页岩、花岗岩侵入岩体及各种成因的第四系堆积物。

3.2.1　侏罗系-白垩系 Misahualli 地层(J-Km)

该地层在整个库区普遍分布,主要分布在 1 275 m 高程以上。其岩性组成比较复杂,库区 Misahualli 岩层主要岩性为灰褐、灰绿色安山岩、玄武岩或火山凝灰岩,斑状结构,块状构造,斑晶 1~3 mm,岩石致密坚硬,由于植被茂密,露头较少,出露厚度 300~600 m。岩石主要矿物为长石、辉石、石英、角闪石、黑云母等。

3.2.2　白垩系下统 Hollin 地层(Kh)

该岩组以灰色厚层状石英砂岩夹页岩为主,砂岩单层厚度 0.5~3.0 m,页岩呈极薄层状(3~5 mm),砂岩层与页岩层间夹有黑色沥青质,岩层产状平缓,走向 N—ES 或 S—EN,倾角 2°~15°,该层厚 90~100 m,与 Misahualli 地层呈整合接触。出露于库尾及右岸较高位置,形成悬崖峭壁,该岩组成岩环境为大陆架沉积。由于表层第四系覆盖,基岩露头少。

3.2.3　侵入岩(gd)

库区范围内有两处较大的花岗岩侵入岩体,分别是枢纽部位的侵入岩体和 Salado 河口左岸侵入岩体。岩性均为花岗岩,似斑状结构、块状构造,由于岩相的变化,局部为花岗闪长岩,侵入岩体边缘有重结晶作用,存在百余米的变质岩带。从产出状态分析两者可能具有共同的岩基。岩体中发育有构造裂隙。出露面积约 0.25 km²。

3.2.4　第四系地层(Q)

3.2.4.1　崩积物(Q^c)

广泛分布于库区两岸山坡,组成为碎块石、壤土,块石多为棱角状,往往与坡积物混杂在一起,厚度一般为 10~30 m,局部沟谷部位可能较厚。

3.2.4.2　冲积物(Q^{al})

主要分布于现代河床及漫滩,组成为砂卵砾石层、砂壤土、粉土,砂砾石分布广泛,砂壤土仅存在于局部边滩,卵砾石磨圆度较好,分选较差,砾石成分复杂,主要岩性有安山岩、砂岩、凝灰岩、玄武岩、闪长岩、流纹岩、花岗岩、石英、泥灰岩和页岩等。该层厚度10~30 m。

3.2.4.3　冲洪积物(Q^b、Q^{al+pl})

Q^b 为洪积泥流,分布于河谷两岸(相当于高漫滩),高于河水位2~5 m,组成以壤土为主,较松散,其中含有少量的碎石(5%~10%),该层厚度2~7 m。Q^{al+pl} 冲洪积物组成以次棱角状碎石、块石为主,夹杂有壤土、砂壤土,厚度不超过20 m,面积相对较小,主要分布于河谷右岸冲沟沟口,形成小洪积扇。

3.2.4.4　冲洪积物(Q^t)

较古老的冲洪积堆积(Q_4 以前),一般形成高于河水位20 m的台地,表层往往被冲积土层所掩盖。组成为冲洪积砂卵砾石层,砾石成分与新近系堆积砂砾石成分基本一致,厚度10~40 m。

3.2.4.5　残坡积层(Q^r)

该层岩性为灰褐色壤土、粉质黏土,较疏松,层间夹有碎块石,局部含水量大,可形成沼泽,其厚度1~3 m,主要分布在左坝肩花岗岩侵入岩体之上。

3.2.4.6　湖积层(Q^h)

该层岩性为灰褐色粉质黏土,较密实,半胶结-胶结,水平层理发育,层间夹薄层粉砂层(厚2~5 cm),该层在区内出露厚度为3~8 m,局部呈残存状。

3.3　主要工程地质问题

3.3.1　库区

基岩岸坡以花岗岩或安山岩为主,占库岸比例较小,常形成60°~70°陡坡,整体稳定性较好,未发现基岩滑坡,仅局部岸坡前缘存在可能崩塌的岩块,对水库影响不大。水库水位波动范围内岸坡主要为松散堆积物岸坡,在库水作用下可能会造成滑动或小规模坍塌等库岸再造式失稳,但总体库岸基本稳定。Coca 河两岸山体雄厚,Coca 河谷最低侵蚀面,不存在向邻谷渗漏的问题。

水库淤积的来源主要有 Salado 河、Quijos 河及其支沟的冲洪积物和近坝库岸第四系松散堆积体,在暴雨或洪水期向下运移流入库区造成一定的淤积,但规模很小。水库正常蓄水位以下没有农田、草场、房屋、道路,仅有少量林地,林地表土层较薄,其下砂砾层透水性好,不可能产生次生盐渍化,基本不存在淹没和浸没问题。

3.3.2　面板坝区

坝址处河谷呈 V 形谷,左岸为孤立山体,面积约 0.05 km²,山顶高程约 1 350 m,右岸山体浑厚。坝轴线处左岸山坡整体坡度53°,右岸山坡整体坡度45°,河谷宽度约 150 m,参见图 3-1。

图 3-1　混凝土面板砂砾石坝坝址

3.3.2.1　河床深厚覆盖层不均匀沉降及地震液化问题

根据勘察资料,坝址处河床覆盖层厚度为 40~80 m,主要岩性有冲积砂砾石层、湖积层(c1、c2、c3)。其中:c1 为极细砂、粉砂夹有砾石、微塑性黏性土,该层厚 3~6 m;c2 为微胶结的粉质黏土,含有机质,夹有砾石、细砂,该层厚 1.5~3.5 m;c3 为极细砂、粉土,夹少量砾石,该层厚 3~7 m。湖积层分布不均,厚度不稳定,左岸相对较发育。由于地层分布有砂层,且地层分布不均匀,可能会产生不均匀沉降及地震液化问题等。

3.3.2.2　趾板下基岩工程地质问题

两岸趾板下基岩均为花岗闪长岩侵入岩体,主要发育 4 条断层,左右岸各两条。断层带宽度一般小于 0.6 m,断层面轻微粗糙状,断层带内可见糜棱岩,泥质及铁质充填;断层影响带宽度 1.0~3.5 m。两岸发育高倾角节理,节理面多蚀变,多泥质、砂质或岩屑充填。

左右两岸风化程度差别较大。左岸花岗岩强风化带厚度 2 m 左右,弱风化带厚度 10~14 m;右岸花岗岩强风化带厚度 10~14 m,弱风化带厚度 20~22 m。强风化带波速(v_p)727~1 400 m/s,弱风化带波速(v_p)2 200~2 600 m/s,微风化-新鲜岩体波速(v_p)3 000~3 620 m/s。

3.3.2.3　岸坡稳定性评价

左岸主要发育三组陡倾角节理,产状分别为:① 141° ∠74°;② 201° ∠76°;③32° ∠75°。整体对边坡稳定有利,但局部可形成不稳定块体,施工过程需加强支护。

右岸主要发育 f_{752} 断层及两组节理①128° ∠76°和②63° ∠79°,节理及断层倾向坡内,对边坡稳定有利。

右岸坝轴线上游崩积物较发育,厚 2~7 m,堆积体上部植被发育,属于潜在不稳定堆积体。

3.3.3　溢流坝区

溢流坝和冲沙闸区包括左岸混凝土挡水坝段、溢流坝段及冲沙闸坝段。

3.3.3.1　地层岩性

溢流坝区域下伏基岩为花岗闪长岩侵入岩体(gd),表层强风化层厚度 15~25 m,岩体呈碎裂结构–次块状结构,斑状构造。根据勘察资料及实际开挖揭示的地质情况,覆盖层从上至下分为 6 大层,见图 3-2。

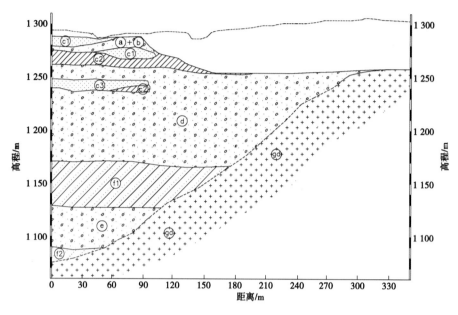

图 3-2　溢流坝和冲沙闸区地质剖面

ⓐ为冲积砂卵石层,厚度 10~20 m,漂砾含量 20%~30%,夹有少量块石,级配良好,堆积相对松散。

ⓑ为含火山碎屑物质的砂砾石,局部微胶结,少量棱角状块石,厚度约 10 m。

ⓒ属于湖积层,进一步划分为 3 个亚层:ⓒ1为极细砂、粉砂夹有砾石、微塑性黏性土,该层厚 3~6 m;ⓒ2为微胶结的粉质黏土,含有机质,夹有砾石、细砂,该层厚 5~15 m;ⓒ3为极细砂、粉土,夹少量砾石,该层厚 12 m。

ⓓ为含火山碎屑物质的砂砾石,局部微胶结,卵砾石磨圆度较好,分选较差,局部胶结较好,砾石成分复杂,主要岩性由安山岩、砂岩、凝灰岩、玄武岩、闪长岩、流纹岩、花岗岩、石英、泥灰岩、页岩等组成,该层厚 10~60 m。

ⓔ为河流冲积砂卵石层,含有较多大于 20 mm 的漂砾,估计含量 20%~30%,砂砾石级配良好,多为次圆状,夹有少量块石,该层堆积密实,厚约 15 m。

ⓕ为湖积层,又可分为两个亚层:ⓕ1为砂壤土、细砂、零星的砾石,厚约 3 m;ⓕ2为细砂、壤土,偶夹砾石、朽木,该层厚 10 m。

ⓖⓓ为花岗闪长岩侵入岩体,分布于冲沙闸建基面右侧及左侧下部,左侧存在基岩陡坎,倾角约 60°,表层岩体强风化,强风化层厚度 15~25 m。岩体呈碎裂结构–次块状结构,斑状构造。

3.3.3.2　水文地质条件

本区地下水按赋存介质划分主要为松散岩类孔隙水,区内河床及漫滩为新近河流冲洪积堆积,泥质含量少,砂砾石透水性较好,含水层厚度可达 10~20 m,主要为孔隙潜水,地下水水量丰富,该类地下水与河水水力联系密切。由于工程施工采取井点降水,工程区地下水位低于河水位,主要接受河水的补给,下部局部的黏土层为隔水层,地下水具有一定的承压性,在坝基勘探钻进过程,穿透黏土层后孔口大量涌水。

3.3.3.3 岩(土)体物理力学参数建议值

根据现场原位及室内试验,并参考相关工程经验,得出主要地基岩土体物理力学参数见表3-1。

表 3-1 岩土体物理力学参数

岩土层	编号	内摩擦角 $\varphi/(°)$	黏聚力/kPa	天然密度/(t/m^3)	饱和密度/(t/m^3)	泊松比	弹性模量/MPa	渗透系数/(cm/s)	允许水力坡降 $J_{允许}$
冲积砂砾石	ⓐ+ⓑ	35~40	12	2~2.1	2.1~2.2	0.26	47~53	$10^{-2}\sim10^{-3}$	0.20~0.25
粉砂、极细砂	ⓒ1、ⓒ3	26	12	1.8	2.0	0.28	21~26	10^{-3}	0.10~0.20
粉质黏土、淤泥	ⓒ2	22	35	1.7	1.8	0.35	15~18	$10^{-4}\sim10^{-5}$	0.40~0.50
湖积相砂砾石	ⓓ	40	12	2~2.1	2.1~2.2	0.26	47~53	$10^{-2}\sim10^{-3}$	0.15~0.25

3.3.3.4 主要工程地质问题

1. 覆盖层存在渗漏及渗透稳定问题

砂卵砾石的渗透系数为 $10^{-2}\sim10^{-3}$ cm/s,砂层的渗透系数为 10^{-3} cm/s,属于中等透水。覆盖层砂卵砾石层的厚度较大,坝基渗漏问题较严重。

覆盖层砂卵砾石渗透变形形式为管涌型,砂层渗透变形形式为流土型。覆盖层各岩组颗粒粗细差别大,而且粗细相间分布,建坝后在高水头作用下,存在渗透变形问题。

2. 沉降变形问题

坝基坐落在砂卵砾石、砂层及粉质黏土之上,砂砾石的厚度不均,基础以下东侧砂卵砾石层厚 2 m,下为花岗闪长岩侵入岩体;西侧覆盖层逐渐变厚,深达 130 余 m。粉质黏土和粉土层具有中等压缩性,因而会产生一定的沉降变形,同时覆盖层厚度相差很大,可能会产生不均匀沉降变形。

3.3.4 沉沙池区

沉沙池基础左半侧坐落于花岗闪长岩侵入岩体上,右侧位于主河床,河床覆盖层深厚,见图3-3。

3.3.4.1 地层岩性

左侧基岩基础的地层岩性为花岗闪长岩侵入体(ⓖⓓ),似斑状结构、块状构造,由于岩相的变化,局部为花岗闪长岩,侵入岩体边缘有重结晶作用,存在百余米的变质岩带。右侧为主河床深厚覆盖层,属第四系地层,主要由ⓐ+ⓑ、ⓒ1、ⓒ2、ⓓ、ⓕ1和ⓕ2等六层构成,其厚度及特性如下:

ⓐ+ⓑ:冲洪积砂砾石层,位于河床最上层,厚约 12 m。大于 5 mm 颗粒含量小于30%,岩性以花岗闪长岩为主,弱风化状态,饱和抗压强度大于 80 MPa,级配良好,中密—密实。

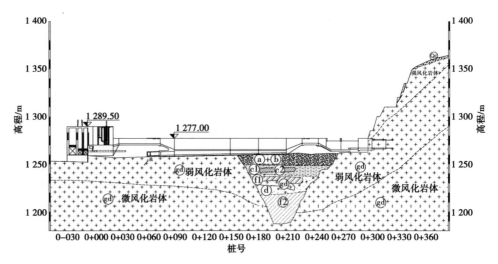

图 3-3 沉沙池区地质剖面

c_1：砂层，厚约 10 m，小于 0.1 mm 颗粒含量大于 10%，c 值在 2 kPa 左右，φ 值 20°~25°，压缩模量约 18 MPa。

c_2：粉土层(含粉质黏土)，在砂层中呈透镜状夹层分布，厚度 4~6 m，小于 0.1 mm 的颗粒含量大于 90%，具有承载力低、强度增长缓慢、渗透性小、触变性和流变性大的特点，稍密，可塑-硬塑状，压缩模量 10~15 MPa，属高压缩性土。

d：冲洪积砂砾石层，性状与 a+b 类似，厚约 20 m。

f_1：砂层，性状与 c_1 相似，厚约 5 m。

f_2：粉土层，性状与 c_2 类似，厚约 30 m。

3.3.4.2　主要工程地质问题

1. 砂土液化问题

根据试验成果，砂卵砾石(a+b)层中大于 5 mm 的颗粒含量都大于 70%，属不液化层。砂层和粉土层(c_1 和 c_2)小于 0.005 mm 的黏粒含量为 1.98%~6.48%，平均为 4.23%，按黏粒含量初判，砂层和粉土层属可液化层。根据地震危险性分析结果，区内可能发生的地震最大动峰值加速度为 404 cm/s²，最大动峰值加速度(最大可信地震 MCE)为 0.4g，河床覆盖层具备产生震动液化的外在地震条件。采用标准贯入锤击数进行复判，砂层和粉土层有液化的可能，液化级别为轻微。

2. 沉降变形

沉沙池基础 40% 位于强风化-弱风化花岗闪长岩上，其余则是河床深厚覆盖层，两者之间的压缩模量和变形模量相差较大，在沉沙池结构的影响下，覆盖层处的沉降量将必然比基岩部分的沉降量大得多，因此软硬基础间的沉降差需要采取一定的工程措施进行处理。

从钻孔和后续灌注桩施工过程可知，覆盖层部分厚度不一，左右两侧靠近基岩出露部分覆盖层相对较浅，大多为 10~20 m，而河床中部覆盖层深厚，最深的则近 80 m，且覆盖层性质各有差异，岩相变化大，厚度相差很大，可能会产生较大的不均匀沉降问题，应采取一定的工程措施进行处理。

第 4 章

设计标准

4.1　工程设计标准

本工程为大型工程,永久性建筑物挡水坝、泄洪冲沙建筑物和沉沙池等属 1 级建筑物,洪水标准按 10 000 年一遇洪水(8 900 m³/s)设计,灾难洪水(15 000 m³/s)校核。水库正常蓄水位 1 275.50 m,死水位 1 275.50 m,设计洪水位 1 284.25 m,校核洪水位 1 288.30 m。

该工程所有的结构设计都必须符合国际标准,工程的使用保证寿命为 50 年。以下是合同要求的关于技术规范和设计标准体系的最为核心的内容:

(1)ANSI(美国国家标准协会)B31.1、API(美国石油学会)相关标准。

(2)IEEE(电气与和电子工程师学会)(<600 V)、IEC(国际电工技术委员会)/IEEE(>600 V)相关标准。

(3)ASTM(美国材料与试验协会)相关标准。

(4)ASME(美国机械工程师协会)相关规定。

(5)TEMA(管式热交换器制造商协会)C 或者 CODAP(法国压力容器规范)相关标准。

(6)NFPA(美国消防协会)相关标准。

(7)UBC(统一建筑规范)地震相关规定。

(8)ACI(美国混凝土学会标准)相关标准。

(9)AISC(美国钢结构学会)相关标准。

(10)AWS(美国焊接学会标准)相关标准。

(11)ICOLD(国际大坝委员会)相关规定。

(12)可采用相关标准,但要高于或至少不能低于 ASTM 标准的要求。

4.2　设计依据

(1)CCS 水电站项目的工程开发、设备材料供应、土建工程建设、设备安装及启动运行的合同(1500 MW),2009 年 10 月 5 日。

(2)CCS 水电站项目勘察设计与技术服务分包合同,2009 年 12 月 1 日。

(3)CCS 水电站项目(EPC)勘察设计与技术服务分包补充协议。

4.3　主要设计参数

（1）坝址处多年平均径流量 290 m³/s。

（2）流域泥沙以悬移质为主，水库多年平均输沙量 1 211.6 万 t，其中悬移质输沙量为 932 万 t，多年平均悬移质含沙量为 1.01 kg/m³。

（3）设计洪水 10 000 年一遇流量 8 900 m³/s。

（4）灾难洪水流量 15 000 m³/s。

（5）水库正常蓄水位 1 275.50 m，水库死水位 1 275.50 m。

（6）最小引水流量为 77.2 m³/s，最大引水流量 222 m³/s。

（7）生态基流 20 m³/s。

（8）沉沙池 0.25 mm 以上粒径泥沙的沉降率不小于 90%。

第 5 章

首部枢纽工程总体布置

5.1　运用要求

形成水库正常蓄水位 1 275.50 m,水库死水位 1 275.50 m;满足最小引水流量为 77.2 m³/s,最大引水流量为 222 m³/s;满足泄放生态基流不小于 20 m³/s;引水经沉沙池后,0.25 mm 以上粒径泥沙的沉降率不小于 90%。

5.2　总体布置思路

根据本工程的气象、水文、地形、地质、泥沙、施工、运用条件和枢纽总布置特点,确定首部枢纽总布置的原则如下:

(1)修建挡水建筑物壅高水位,满足引水要求。

(2)建设泄水建筑物满足泄洪要求,并有一定的超泄能力。

(3)以冲沙闸相机排沙,以确保取水口不淤和保证有效槽库容。

(4)修建沉沙池系统,使得 0.25 mm 以上粒径泥沙的沉降率不小于 90%。

(5)保证生态流量的下泄。

(6)确保消能建筑物的安全可靠及管理方便,并使下泄水流与下游河道的天然流态衔接较好,避免对下游河床及两岸冲刷。

5.3　总体布置方案研究

5.3.1　招标合同基础方案

本工程招标文件给出的基础方案,为意大利 ELC 公司完成的 CCS 工程概念设计,相应于国内的可行性研究。首部枢纽由主溢洪道、副溢洪道、冲沙闸、沉沙池和布置于主溢洪道坝体内的引水洞(连接输水隧洞)等组成,见图 5-1。

主溢洪道为布置于主河槽的混凝土溢流坝,共 5 孔,单孔净宽 22 m,采用实用堰,底流式消能。其中,右侧 4 孔,堰顶高程为 1 276.50 m,无闸门控制;最左侧孔堰顶高程为 1 274.30 m,配置闸门、门顶高程为 1 276.50 m。

副溢洪道结构形式同主溢洪道,布置于左岸垭口(滩槽),共 3 孔,单孔净宽 22 m,采用实用堰,堰顶高程为 1 275.50 m,无闸门控制。

冲沙闸布置于副溢洪道右侧,紧靠沉沙池取水口。冲沙闸采用 1 大(左侧)2 小底孔布置形式,2 个小冲沙闸孔口尺寸相同、底板高程相同;1 大 2 小孔口尺寸分别为 8 m×8 m 和 4.5 m×4.5 m,底板高程分别为 1 260.00 m、1 259.50 m。

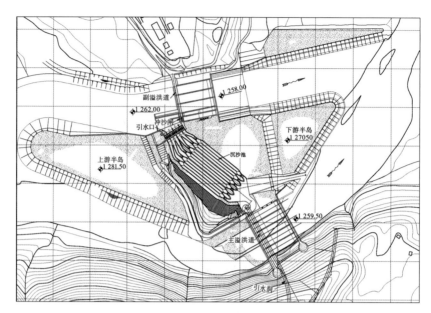

图 5-1 概念设计首部枢纽总体布置（意大利 ELC 公司）

沉沙池布置于河谷中花岗岩侵入岩体上，包括取水口、沉沙池条形池室和排沙廊道等。取水口进口总宽度约 50 m，分为 3 组、每组 4 孔，进口底板高程 1 270.00 m，由 12 扇平板门控制，孔口尺寸 2.80 m×3.30 m（宽×高），设计引水流量 222.00 m³/s。沉沙池由 6 个条形室组成，单室长 120.00 m、宽 13.00 m、深 11.70 m（上部 8.20 m 为直立结构、下部 3.50 m 为倒梯形结构）。每个条形池室底部设置 1 条排沙廊道，廊道净高 1.20~3.70 m，净宽 3.00 m，底坡 2%，2 条排沙廊道汇入 1 个排沙管，自流入主溢洪道消力池内，将淤沙排至河道下游。

引水洞布置在主溢洪道混凝土溢流坝坝体内，以倒虹吸形式左接沉沙池、右联有压输水隧洞。

5.3.2 总布置方案研究

2009 年 9 月至 2010 年 6 月，对合同确定的基础方案进行了复核，经研究认为主要存在以下问题：

（1）主、副溢洪道分别布置在主河槽和右岸滩地深厚覆盖层上，通过预压减轻不均匀沉陷问题，但预压固结后抗剪强度仍然比较差，以及预压效果难以控制。

（2）水流经过沉沙池后，经旋流竖井、主溢洪道内引水洞后进入输水隧洞，需消力池要消耗约 60 MW 的能量。

（3）引水流量较大，长期运行，震动将引起坝体和基础的疲劳破坏。

（4）花岗岩侵入岩体面积有限，不足以布置沉沙池。

因此，对首部枢纽进行了工程布置方案论证工作。

结合工程的地形、地质、水文和泥沙等条件，拟订研究了"原设计局部优化方案""左岸集中泄水方案"和"右岸集中泄水方案"等三个方案，对地形、地质、工程布置、施工条件、工期及运行条件等进行了综合比较,确定采用"左岸集中泄水方案",即主河槽以混凝土面板堆石坝拦断挡水,左岸滩槽集中布置泄洪、排沙建筑物,将沉沙池布置于花岗岩侵入岩体和面板坝之后的方案。

5.4　工程总体布置方案

为满足挡水、泄洪、排沙和引水等要求,首部枢纽布置有挡水坝、溢流坝和冲沙闸,以及取水口和沉沙池等,见图5-2。

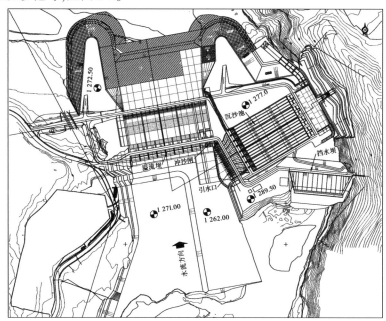

图5-2　首部枢纽工程总体布置图

5.4.1　挡水坝

主河槽挡水坝采用混凝土面板砂砾石坝,坝顶宽8 m,坝顶长156.12 m,坝顶高程1 289.80 m,坝顶上游设L形混凝土防浪墙,墙顶高程1 291.20 m,坝体上下游坝坡均为1:1.5。河床部分趾板底部高程为1 263.00 m,最大坝高26.80 m。坝体自上游至下游依次分为特殊垫层料区、垫层料区、过渡料区、上游砂砾石区、烟囱形排水带、下游次砂砾石区,并在面板上游防渗补强区设粉土(粉细砂)铺盖和石渣盖重。坝基深厚覆盖层采用悬挂式防渗墙防渗,防渗墙采用塑性混凝土,墙厚0.8 m;两岸基岩采用灌浆帷幕防渗。河床段混凝土趾板与防渗墙之间设4.00 m连接板。

5.4.2　溢流坝和冲沙闸

溢流坝坝顶高程1 289.50 m,坝顶长度270.00 m,共设8个开敞式表孔和3个冲沙底孔。表孔单孔净宽20.00 m,堰顶高程1 275.50 m;冲沙底孔孔口尺寸分别为1孔

8.00 m×8.00 m、2 孔 4.50 m×4.50 m,进口底板高程均为 1 260.00 m。下游消力池池深 4.50 m,底板顶面高程 1 255.50 m,池长 65.00 m。

5.4.3　取水口和沉沙池

取水口布置于溢流坝右侧,紧邻冲沙底孔,取水口顺水流向轴线与溢流坝顺水流方向线夹角呈 70°。取水口顺水流向轴线长度 27.61 m,垂直水流向前缘总长度 63.60 m,共设 12 个进水孔,单孔过流尺寸 3.10 m×3.30 m(宽×高)。取水口底板顶高程 1 270.00 m,比溢流坝冲沙闸进口底板高 10 m。

沉沙池采用条形池室,共 8 条,单槽顶部净宽度 13 m;池室上部为矩形,深 8.2 m,下部为倒梯形状,深 3.5 m。沉沙池底部以下设置宽 2.0 m、深 3.0 m 的集沙渠。沉沙池下部集沙渠两侧的廊道,右侧廊道封闭,左侧为布管廊道。

第 6 章

主要建筑物设计

6.1　混凝土面板堆石坝设计

6.1.1　面板坝坝轴线选择和布置

6.1.1.1　地形地质条件

1.河床覆盖层工程地质条件及评价

坝址处河床覆盖层深厚,下覆地层主要岩性有冲积砂砾石层、粉细砂、微塑性黏土、粉质黏土等,夹有大粒径孤石,地层分布不均一。

由于下部地层分布有砂层,地层分布不均,可能会产生不均匀沉降及地震液化问题等,原设计采用振冲碎石桩进行处理,在实施振冲桩时,即使功率达到极限也无法向下振冲进尺穿透上部砂砾石层,多次试验过皆不能成功,表明坝基处砂砾石层密实性较好。由于振冲碎石桩无法实施,修改振冲桩设计为坝前增加盖重区,经计算分析,坝前增加盖重区可满足沉降及处理地震液化的要求。监测资料表明,坝基沉降在设计允许值范围内,坝基稳定。

2.趾板工程地质条件及评价

趾板处两岸为强风化状花岗闪长岩,河床部位 1 258 m 以下覆盖层厚度 78 m,主要岩性有冲积砂砾石层(ⓐ+ⓑ、ⓔ)、湖积层(ⓒ1、ⓒ2、ⓒ3),其中ⓒ1为极细砂、粉砂夹有砾石、微塑性黏性土,该层厚 3~6 m;ⓒ2为微胶结的粉质黏土,含有机质,夹有砾石、细砂,该层厚 1.5~3.5 m;ⓒ3为极细砂、粉土,夹少量砾石,该层厚 3~7 m。湖积层分布不均,厚度不稳定,左岸相对较发育。

面板坝区发育 5 条断层,其中 f_{752} 断层,产状 135°∠82°,宽 0.6~3.5 m,位于右岸趾板,规模相对较大,岩体较破碎。两岸主要发育三组节理,节理面多蚀变,多泥质或岩屑充填。

左右两岸风化程度差别较大,左岸花岗闪长岩强风化带厚度 2 m 左右,弱风化带厚度 10~14 m;右岸强风化带厚度 10~14 m,弱风化带厚度 20~22 m。强风化带波速(v_p)727~1 400 m/s,弱风化带波速(v_p)2 200~2 600 m/s,微风化-新鲜岩体波速(v_p)3 000~3 620 m/s。

两岸趾板基础为强风化花岗闪长岩,河床部分为密实状砂砾石层。右岸趾板由于发育 f_{752} 断层,岩体条件较差,采取了相应处理措施,主要措施有锚杆加固、加强固结灌浆和加深帷幕灌浆。

两岸趾板防渗帷幕深入基岩内,河床部位以砂砾石层为主,左岸夹有粉细砂及粉质黏土层,以中等透水为主,防渗帷幕深入河床下砂砾石层,至高程 1 228 m。满足防渗要求。

3.边坡稳定性评价

两岸基岩为花岗闪长岩,强风化状,右岸山体上部覆盖第四系崩积物。

左岸主要发育三组节理:①141°∠74°;②201°∠76°;③32°∠75°。节理倾角较陡,整体对边坡稳定有利,但局部可形成不稳定块体,施工过程中,针对不稳定块体进行了加强支护。由于坝体填筑至 1 288 m,左岸平台为 1 289.5 m,边坡高度小,目前边坡稳定性好。

右岸开挖坡比 1:0.3,边坡较陡,右岸主要发育 f_{752} 断层及两组节理(①128°∠76°;②63°∠79°),节理及断层倾向坡内,对边坡稳定有利,施工开挖过程中未见有基岩边坡滑动现象。

右岸坝轴线上游崩积物较发育,厚 2~7 m,堆积体上部植被发育,属于潜在不稳定堆积体。面板砂砾石坝的盖重设计,盖重高程 1 275 m,向上游至上游围堰处,堆积于不稳定堆积体坡脚,并在堆积体上设置了截水沟,近坝部位增加了锚杆、挂网及混凝土喷护,这些措施对松散堆积体边坡稳定有利。施工过程中未发现边坡滑动现象,现状稳定性较好。

6.1.1.2 坝轴线选择

根据首部枢纽的整体布置方案,结合施工导截流的特点,地形、地质条件,按照取料便捷、施工有利、工程量小的原则,坝轴线选择在 Coca 河主河道 Ω 形弯道顶点处。

6.1.1.3 面板坝布置

挡水坝建在 Coca 河的河床深覆盖层上,采用当地材料坝,对坝基覆盖层进行必要的强化和防渗处理,以使大坝挡水后的坝基沉降变形和渗漏量达到设计要求。

本工程为大(1)型工程,作为永久性挡水建筑物,挡水坝属 1 级建筑物,洪水标准按 10 000 年一遇洪水(8 900 m³/s)设计,灾难洪水(15 000 m³/s)校核。水库正常蓄水位 1 275.50 m,死水位 1 275.50 m,设计洪水位 1 284.25 m,校核洪水位 1 288.30 m。大坝采用混凝土面板砂砾石坝,坝前采用悬挂式混凝土防渗墙。首部枢纽面板坝平面图如图 6-1 所示。

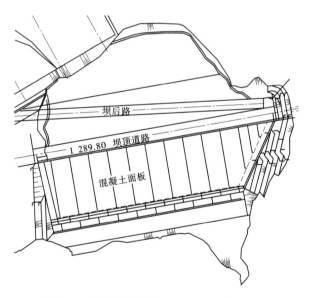

图 6-1 首部枢纽面板坝平面图 (单位:m)

6.1.2　坝体布置

6.1.2.1　坝顶布置

本工程坝顶宽度选用 8 m,坝顶长度 156.12 m。坝顶上游设 L 形混凝土防浪墙,墙顶高程 1 291.20 m,墙底高程 1 288.00 m。防浪墙上游侧底部设 1.0 m 宽的检修便道。首部枢纽面板坝坝顶剖面图如图 6-2 所示。

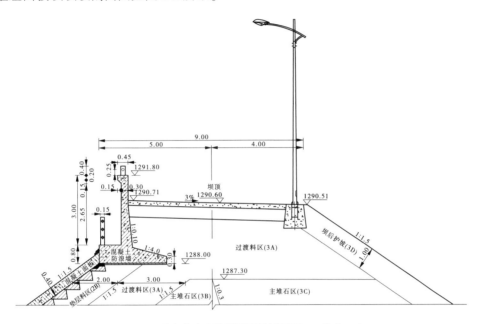

图 6-2　首部枢纽面板坝坝顶剖面图　（单位:m）

坝顶面做成单侧排水坡,考虑到坝址区降水量大,坝顶坡度设为 3%,在下游侧设置排水沟。

6.1.2.2　坝顶高程确定

根据《碾压式土石坝设计规范》(SL 274—2001),坝顶高程等于水库静水位与坝顶超高之和,坝顶超高按下式计算:

$$y = R + e + A$$

式中　y——坝顶超高,m;

　　　R——最大波浪爬高,m;

　　　e——最大风壅水面高度,m;

　　　A——安全加高,m,正常工况取 1.5 m,校核洪水位工况取 0.7 m。

坝顶高程应分别按以下运用条件计算,取其最大值:

(1)设计洪水位加正常运用条件的坝顶超高;

(2)正常蓄水位加正常运用条件的坝顶超高;

(3)校核洪水位加非常运用条件的坝顶超高;

(4)正常蓄水位加非常运用条件的坝顶超高,再加地震安全加高。

根据资料,多年平均年最大风速取 29 m/s,风向 WSW,吹程 2 025 m。

根据资料,坝址区地震动峰值加速度为 260 cm/s²(0.27g, g = 9.78 m/s²),可能最大动峰值加速度(A_{max})为 404 cm/s²(0.4g)。地震基本烈度为Ⅷ度。按《水工建筑物抗震设计规范》(SL 203—97),此时的安全加高应包括地震沉降和地震壅浪高度。地震壅浪高为 0.5~1.5 m,取 1.5 m;坝体和地基在地震作用下的附加沉降,一般不超过两者之和的 1%,取 1.20 m(坝基覆盖层最大深度约为 70 m)。

坝顶高程计算结果见表6-1。

表 6-1　坝顶高程计算结果

运用工况	水位/m	设计波浪爬高 R/m	风壅水面高度 e/m	安全加高 A/m	地震壅浪超高/m	地震沉降超高/m	坝顶超高 y/m	计算坝顶高程/m
正常	1 275.50	2.457	0.029	1.50	—	—	3.986	1 279.49
设计	1 284.25	2.415	0.013	1.50	—	—	3.928	1 288.18
灾难洪水	1 288.30	1.468	0.005	0.70			2.173	1 290.47
地震	1 275.50	1.468	0.005	0.70	1.50	1.20	4.873	1 280.37

由表6-1可以看出,校核工况控制坝高,计算坝顶高程 1 290.47 m,减去 1.05 m 的防浪墙后,坝顶高程为 1 289.42 m。考虑到 ELC 公司要求坝顶高程至少要比灾难洪水水位高出 1.5 m,因此在这里坝顶高程取 1 289.80 m。

河床趾板建基面高程为 1 263.00 m,坝高约为 26.8 m,坝顶长 156.12 m。

6.1.2.3　上、下游坝坡拟定

根据《混凝土面板堆石坝设计规范》(SL 228—98)中的相关条文,考虑到坝基建在覆盖层上及抗震稳定需要,坝体上下游坝坡均为 1:1.5。

6.1.2.4　趾板线的选择和布置

河床段趾板、连接板建在覆盖层上,为保证河床趾板浇筑施工时,趾板和连接板能有较好的施工条件,趾板底部高程为 1 263.00 m。左、右岸坡部分的趾板建在弱风化岩石上。

6.1.2.5　坝顶结构设计

本工程坝高约 30 m,但坝基覆盖层最厚处达 70 m。根据《混凝土面板堆石坝设计规范》(SL 228—98)中关于坝顶结构规定,参考类似条件工程的经验,考虑施工要求及抗震需要,坝顶宽度选用 8 m。考虑到施工期和运行期坝体连同河床覆盖层均发生沉降,预留 80 cm 的预留沉降超高(约占坝高+覆盖层厚度的 0.8%)

坝顶上游设 L 形混凝土防浪墙,考虑到坝址区地震动加速度较大,墙高设 3.00 m(河床中心部分考虑预留沉降,防浪墙高 3.8 m),较其他面板坝工程偏矮。墙顶高程 1 291.20 m,墙底高程 1 288.00 m。防浪墙上游侧底部设 1.0 m 宽的检修便道。

坝顶面做成单侧排水坡,考虑到坝址区降水量大,坝顶坡度设为 3%,在下游侧设置排水沟。

6.1.3　坝体设计

6.1.3.1　坝体剖面设计

挡水坝为混凝土面板砂砾石坝,坝顶高程 1 289.80 m,河床部分趾板底部高程为 1 263.00 m,最大坝高 26.80 m,如图 6-3 所示。坝顶宽度 8.00 m,坝顶长度 156.12 m,坝体上下游坝坡均为 1:1.5。坝顶防浪墙顶高程 1 291.20 m,坝体自上游至下游依次分为特殊垫层料区、垫层料区、过渡料区、上游砂砾石区、烟囱形排水带、下游次砂砾石区,并在面板上游防渗补强区设粉土(粉细砂)铺盖和石渣盖重。

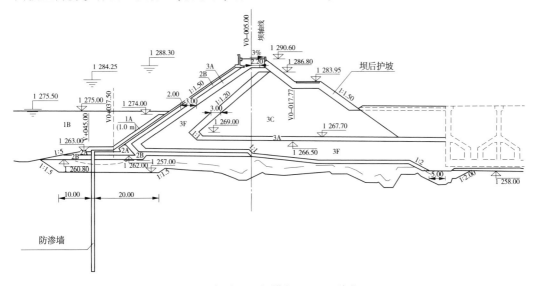

图 6-3　面板砂砾石坝横剖面图　(单位:m)

参照类似工程经验,坝体防渗结构采用面板、趾板、连接板、混凝土防渗墙组成的系统防渗体系。

6.1.3.2　确定最大坝高

根据上述计算,坝顶高程取 1 289.80 m,河床趾板建基面高程为 1 263.00 m,因此坝高为 26.8 m,坝顶长 156.12 m。

6.1.3.3　坝体分区

根据《混凝土面板堆石坝设计规范》(SL 228—98)中的规定,按照坝体各分区间渗透性上游到下游逐个增大,并满足水力过渡的原则,考虑到施工要求和充分利用开挖料的原则,坝体自上游至下游依次分为石渣盖重(1B 区)和粉土(粉细砂)铺盖(1A 区),混凝土面板(F)、垫层区(2B 区)和周边缝下特殊垫层区(2A 区)、过渡层(3A 区)、上游砂砾石区(3F 区)、烟囱形排水料区(3A,同过渡料区)、下游砂砾石区(3C 区)、块石护坡(3D 区)。

主要筑坝材料级配曲线如图 6-4 所示。

6.1.4　各分区坝料和碾压工艺设计、质量控制标准

(1)上游铺盖和盖重(1A 和 1B):面板上游采用无黏性的粉土(粉细砂)铺盖保护,铺

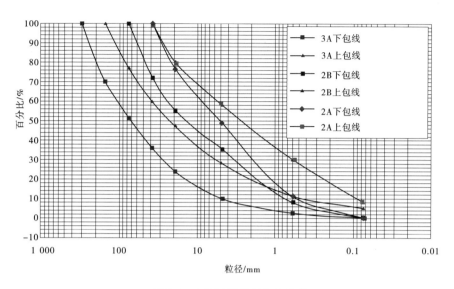

图 6-4　主要筑坝材料级配曲线

盖水平宽 3.0 m,顶部高程 1 272.00 m。盖重可采用各种建筑物开挖石渣料,顶部高程 1 274.00 m,上游坡比 1∶2.5。作为面板坝的上游防渗补强区,上游铺盖的设置是必要的,在缝间止水和面板趾板可能出现开裂时将发挥重要堵漏作用,是大坝防渗体系中的重要组成部分。本区域铺盖应采用小型压实机械或人工压实,严防施工对面板和表层止水造成破坏,而外部盖重只起保护铺盖的作用,只平整不压实。

(2)特殊垫层料(小区料)(2B):在垫层料中剔除 40 mm 以上的颗粒即为特殊垫层料,该区设在周边缝下游,对面板上游的粉土起良好的反滤作用,最大粒径 40 mm,级配良好。坝体分层碾压施工时,此区域采用小型碾压设备碾压辅以人工碾压,每层厚度控制为 20 cm(压实后厚度),孔隙率应不低于垫层区的孔隙率。

(3)垫层料(2A):采用沉沙池右岸岸坡开挖料中的新鲜/微风化岩石人工轧制而成,对面板提供稳定均匀的支撑作用,同时作为面板坝防渗的"第二道防线",在面板万一发生开裂时起着限制渗流的作用。按照机械化施工需要,垫层料水平宽度 3.00 m。垫层料应具有连续级配,并满足内部渗透稳定性。最大粒径为 80 mm,粒径小于 5 mm 的颗粒控制在 30% ~ 50%,小于 0.1 mm 的细粒不应超过 8%,渗透系数不宜为 1×10^{-3} ~ 1×10^{-4} cm/s。坝体分层碾压施工时,每层厚度控制为 40 cm(压实后厚度),孔隙率控制在 15% ~ 17%。另外,坝身和趾板连接板建基面应铺设垫层料,以防止河床覆盖层中的细料在渗流作用下流失。

(4)烟囱排水带料/过渡料(3A):在上游砂砾石料区和下游砂砾石料区之间起着结构和渗流上的过渡作用,保护垫层材料不会被冲刷到主堆石的大孔隙中。过渡料采用沉沙池右岸岸坡开挖料中下弱风化/微风化岩体轧制而成,水平宽度 4.00 m。过渡区细石料要求级配连续,最大粒径 300 mm,小于 5 mm 的颗粒含量控制在 10% ~ 30%,小于 0.1 mm 的颗粒含量不超过 5%。坝体分层碾压施工时,每层厚度控制为 40 cm(压实后厚度),孔隙率控制在 17% ~ 20%。

（5）上游区砂砾石料（3F）：上游砂砾石区是承受和传递水荷载的主承载区，要求有较低的压缩性、较高的抗剪强度。上游砂砾石料采用河床天然砂砾石除掉部分超径颗粒，最大粒径 300~400 mm，小于 0.1 mm 的颗粒含量小于 8%。坝体分层碾压施工时，每层厚度控制为 40 cm（压实后厚度），孔隙率控制在 23%。

（6）下游区砂砾石料（3C）：位于坝体下游干燥区，上游砂砾石料采用河床天然砂砾石除掉部分超径颗粒，最大粒径 400~600 mm，小于 0.1 mm 的颗粒含量小于 10%。坝体分层碾压施工时，每层厚度控制为 60 cm（压实后厚度），孔隙率控制在 23%。

（7）坝后护坡：采用堆石料中的大粒径石块堆积，由反铲拍压固定辅以人工整理形成，按垂直厚度 2 m 控制。

6.1.5　面板坝坝体防渗系统设计

因大坝建在深覆盖层上，根据工程地质、地形情况，参考已建工程，采用面板、趾板、连接板、悬挂式塑性混凝土防渗墙组成的主体防渗体系，如图 6-5 所示。

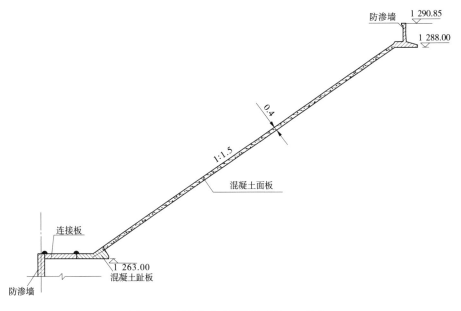

图 6-5　面板砂砾石坝防渗系统　（单位：m）

6.1.5.1　趾板、连接板设计

河床段趾板、连接板建在覆盖层上，趾板底部高程为 1 263.00 m，左右岸坡部分的趾板应建在弱风化岩石上。趾板宽度 4 m，厚度 0.5 m，连接板宽 4.0 m，厚 0.5 m。

根据地形、地质情况，河床段趾板、连接板（建在覆盖层上）每 12 m 分一条永久缝，趾板分缝和连接板分缝应错开布置，以适应挡水后的沉陷变形。左右岸岸坡岩基上的趾板自身不分缝，采用"跳仓浇筑"的方式处理，每 12 m 预留一道 1~2 m 宽槽，跳仓浇筑，宽槽处后期浇筑微膨胀混凝土。防渗结构之间和各自内部通过止水连接，形成封闭可靠的防渗体系。

趾板、连接板混凝土指标要求等同面板混凝土。

岸坡段趾板和连接板采用单层双向配筋,钢筋布在上表面,保护层为 10 cm,配筋为 φ18@150。岸坡段趾板采用 φ28 锚筋与基岩连接,锚入基岩 5.00 m。间、排距 1.50 m,梅花形布置,顶端设弯钩与趾板钢筋网连接。河床段趾板和连接板采用单层双向配筋,配筋为 φ18@150。

6.1.5.2　面板设计

混凝土面板是大坝的防渗主体,为使面板适应由蓄水和沉降造成的不均匀挠曲变形,降低面板应力,防止面板开裂,面板设垂直缝,河床部分面板宽 12.00 m,岸坡部分面板宽 6.00 m。

由于坝高只有 30.00 m,为方便施工,面板采用等厚度 0.40 m 的钢筋混凝土。

面板配筋采用单层双向结构,顺坡向和水平向配筋均采用 φ18@150,钢筋保护层厚度两面均取 10 cm,河床部位靠周边缝附近 2.00 m 范围内和垂直缝两侧 1.00 m 范围内设 φ14@300 局部加强筋。

面板间垂直缝、面板趾板间周边缝、面板与坝顶防浪墙间的水平缝均通过止水连接。

6.1.5.3　接缝止水设计

因大坝建在深覆盖层上,根据工程地质、地形情况,参考已建工程,采用坝顶混凝土防浪墙、面板、趾板、连接板、混凝土防渗墙组成的防渗形式,这些挡水结构内部分缝和彼此之间通过止水有效连接,挡水结构和止水系统共同组成挡水坝的主体防渗体系。

主体防渗体系的分缝类型包括周边缝、河床段趾板自身分缝、连接板自身分缝、趾板连接板接缝、连接板与防渗墙顶的现浇墙接缝、面板垂直缝、面板与防浪墙之间水平缝、防浪墙自身分缝八种分缝,如图 6-6~图 6-10 所示。

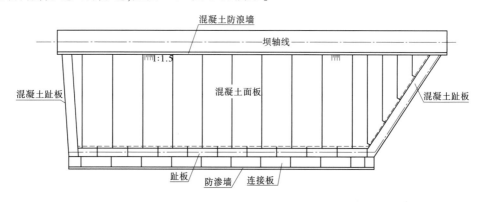

图 6-6　首部枢纽面板坝分缝止水平面布置图

(1)周边缝:位于面板与趾板的交界面,缝宽 12 mm,底部设 F 形铜止水,铜止水片底部设置垫片和砂浆垫层,外表面设包括塑性填料和增强型复合橡胶盖片的表层止水,缝内嵌聚乙烯闭孔泡沫板。

(2)河床段趾板自身分缝、连接板自身分缝、趾板连接板接缝、连接板与防渗墙顶的现浇墙接缝等原则上等同周边缝。

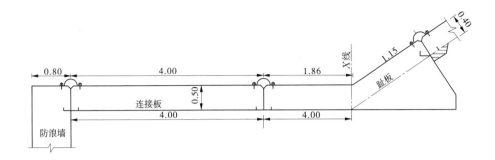

图 6-7　分缝止水横剖面图 （单位:m）

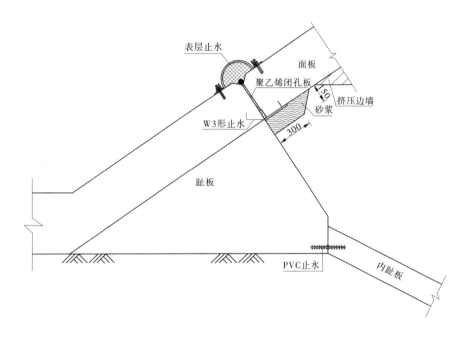

图 6-8　周边缝止水详图

（3）面板垂直缝:底部设 W 形铜止水片,铜止水片底部设置垫片和砂浆垫层,外表面设包括塑性填料和增强型复合橡胶盖片的表层止水,缝宽 12 mm,缝内嵌有一定强度的聚乙烯闭孔泡沫板。

（4）面板与防浪墙之间水平缝原则上等同面板垂直缝,如图 6-11 所示。

（5）防浪墙自身分缝:考虑到温度应力和适应不均匀的后期沉降的需要,防浪墙每 15 m 分一道垂直缝,缝宽 20 mm,缝内填塞沥青杉板。考虑到此部位只承受风壅波浪爬高作用,不承受日常静水压力,因此缝内设一道 W 形铜止水,无表层止水。

各种类型、性质、尺寸不同的止水结构间应实现彼此有效连接,形成封闭可靠的止水体系。不同分缝批次相交时应实现"错缝",不允许出现十字形交叉接缝。

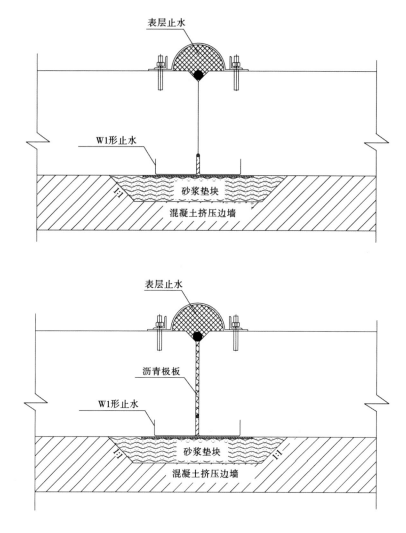

图6-9 面板垂直缝分缝止水详图（单位:尺寸,mm;高程,m）

6.1.6 坝体计算

根据资料,坝址区地震动峰值加速度为 260 cm/s²(0.27g, g=9.78 m/s²),可能最大动峰值加速度(A_{max})为 404 cm/s²。基本烈度为Ⅷ度。由于工程为Ⅰ等工程,按《水利水电工程等级划分及洪水标准》(SL 252—2000)规定,大坝为 1 级壅水建筑物,设计烈度可提高一度。考虑到中美地震标准的不同,这里设计动峰值加速度取 0.3g,并按 0.4g 复核;根据《混凝土面板堆石坝设计规范》(SL 228—98)中规定,坝址位于地震设计烈度为Ⅷ、Ⅸ度的面板堆石坝,应进行坝坡稳定分析。选取覆盖层最深处的河床段作为典型断面。

6.1.6.1 稳定计算方法

计算采用黄河设计院与河海大学工程力学研究所联合研制的《土石坝稳定分析系统 R1.2》。计算方法采用满足力和力矩平衡的摩根斯顿法。

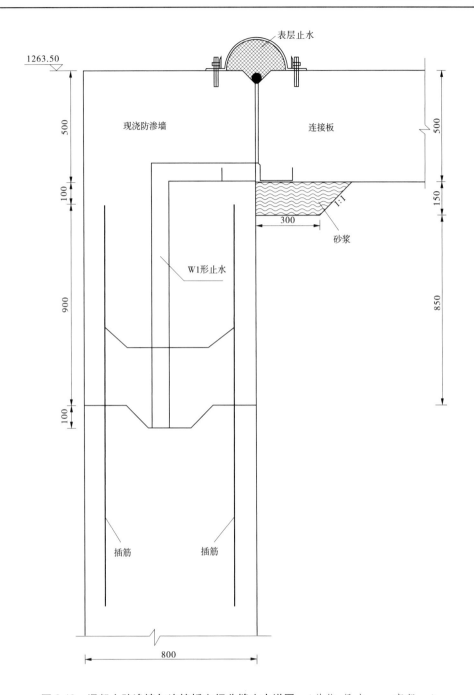

图 6-10　混凝土防渗墙与连接板之间分缝止水详图　（单位：尺寸，mm；高程，m）

6.1.6.2　计算工况

按照《碾压式土石坝设计规范》（SL 274—2001）的要求，结合本工程特点，上、下游坝坡的计算工况如表 6-2 所示。

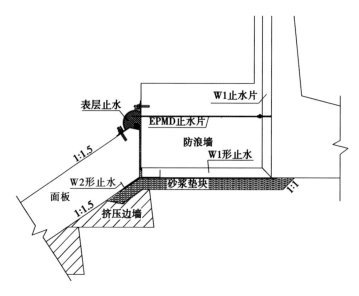

图 6-11 面板与防浪墙之间分缝止水详图

表 6-2 上、下游坝坡的计算工况

运用条件		上游坝坡		下游坝坡	
		上游水位	下游水位	上游水位	下游水位
正常运用条件	稳定渗流期	死水位/正常蓄水位:1 275.50 m	正常蓄水位期可能最高水位	设计水位:1 284.25 m	设计水位:1 269.45 m
非常运用条件 I	施工期	河床以上无水	河床以上无水	河床以上无水	河床以上无水
	校核工况	不用计算		校核水位:1 288.30 m	校核水位:1 271.31 m
非常运用条件 II	正常运用+地震(基本烈度)	死水位/正常蓄水位:1 275.50 m	正常蓄水位期可能最高水位	设计水位:1 284.25 m	设计水位:1 269.45 m
	正常运用+地震(设计烈度)	死水位/正常蓄水位:1 275.50 m	正常蓄水位期可能最高水位	设计水位:1 284.25 m	设计水位:1 269.45 m

6.1.6.3 计算参数

由于建筑材料及坝基岩石试验资料有限,各种筑坝材料和坝基的计算参数主要采用工程类比法确定。根据本工程岩性、容重、抗压强度等,类比选取坝体、坝基材料物理特性指标,采用指标见表 6-3。

表 6-3 坝体和坝基材料强度指标

材料名称	天然容重/(kN/m^3)	浮容重/(kN/m^3)	c/kPa	摩擦角 φ/(°)	$\Delta\varphi$/(°)
垫层料	22.0	13.7	0	50	8
过渡料	21.5	13.4	0	52	9
堆石料	21.0	13.2	0	53	11
砂卵砾石层	19.0	11.5	0	40	7
湖积层	16.0	8.5	3	25	0

6.1.6.4 计算结果

面板坝稳定计算结果见表 6-4。可以看出,坝坡稳定满足规范要求。

表 6-4 坝体上、下游边坡稳定计算汇总

运用条件		上游坝坡			下游坝坡		
		计算安全系数	规范要求	最危险滑裂面特性	计算安全系数	规范要求	最危险滑裂面特性
正常运用条件	稳定渗流期	1.79	1.50	坝坡上部垫层区表层滑动	1.83	1.50	下游坝体连同部分坝基覆盖层大面积滑动
非常运用条件 I	施工期	1.78	1.30	上游垫层区表层滑动	1.94	1.50	
	校核工况	2.19	1.30	坝坡下部部分连同坝基滑动	1.83	1.30	
非常运用条件 II	正常运用+地震(基本烈度)	1.43	1.20	上游垫层区表层滑动	1.40	1.20	
	正常运用+地震(设计烈度)	1.35	1.20	上游垫层区表层滑动	1.30	1.20	

6.1.7 坝体应力应变分析

6.1.7.1 计算方法

进行了三维静动力仿真分析,计算条件同二维计算分析条件,仿真计算模型见图 6-12。

6.1.7.2 计算结果

经过仿真计算,得出如下结论:

坝顶沉降经计算为 0.45 m,设计是安全的,在面板坝轴线方向,动应力最大值达到

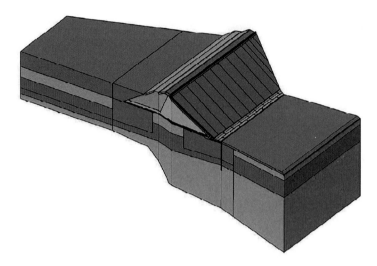

图 6-12　首部枢纽面板坝模型

1.5 MPa,出现在面板下部。

在坝轴线方向,防渗墙的最大动应力值为 1.5 MPa,位于防渗墙底部。

大坝的位移都集中在上游面。静位移在河床方向、坝轴线方向和竖直方向分别为 13 cm、3 cm 和 26 cm,相应的动态位移分别是 3.3 cm、1.7 cm 和 1.7 cm。

在分缝止水处,最大静位移是 11 mm 左右,动位移是在净位移的基础上加 3 mm。与对止水允许的相对运动比较这些值都比较小。防浪墙的设计符合安全要求。

6.1.8　基础处理

6.1.8.1　基础振冲碎石桩措施的论证和优化

1. 基本设计阶段的地基液化判别及处理方案

根据 CCS 工程资料,首部枢纽坝址处的可能地震峰值加速度(EPA)很高,最大可信地震(MCE)峰值加速度为 0.41g。处于 Coca 河河道中的挡水坝,坝轴线处河床覆盖层深厚(最深厚度为 70 m),且组成复杂,其中在 1 230～1 250 m 高程之间的湖积层,主要组成成分为极细砂、粉砂夹有砾石,经现场标贯试验等方法判断可能发生液化。砂砾石面板坝趾板展开剖面图见图 6-13。

根据基本设计阶段的成果,挡水坝采用振冲碎石桩的方法处理可液化坝基。根据《建筑抗震设计规范》(GB 50011—2010)、《岩土工程勘察规范》(GB 50021—2001)等规定,对于可能存在液化的地基,需要判断 20 m 以内的砂土液化问题,深度超过 20 m 的砂土发生液化可能性微小。因此,基本设计阶段的振冲碎石桩的设计处理深度约为 20 m(河床处碎石桩的设计深度至 1 240 m 高程处)。基本设计阶段采用 SEED 法对坝基覆盖层在振冲碎石桩处理前后的循环应力比(CSR)和循环阻力比(CRR)进行计算,经计算当碎石桩桩径为 1.0 m、桩间距为 1.60 m 时,安全系数达到 SEED 法的要求。另外,考虑到坝体填筑体自身的压重作用和坝体(含蓄水后的水压力作用)对坝基覆盖层的应力扩散角效应,根据《建筑地基处理技术规范》(JGJ 79—2002),并通过地震工况下的相关稳定

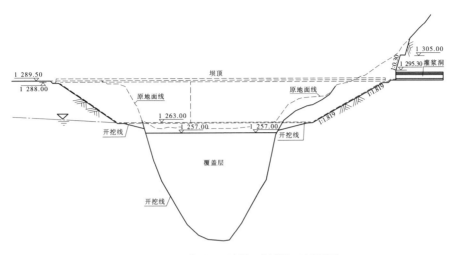

图 6-13　砂砾石面板坝趾板展开剖面图

计算,基本设计阶段确定的处理范围为:坝体上游坝坡脚处设 25 排碎石桩(其中防渗墙上游 6 排,防渗墙下游 19 排),坝体下游坝坡脚处设 26 排碎石桩,如图 6-14 所示。

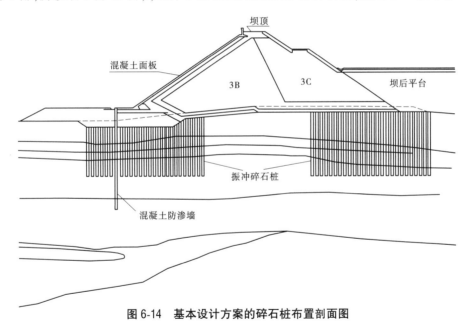

图 6-14　基本设计方案的碎石桩布置剖面图

2.施工图阶段的地基液化判别

2014 年 4 月的补充勘探表明,C 层(湖积层)仅仅分布在左岸,并没有延伸到右岸,研究结果表明,若在坝前采用盖重堆载的办法,保护坝基的抗震安全性是可行的。因此,提出了取消振冲碎石桩,采用坝前堆渣盖重的方案,并进行仿真分析计算,见图 6-15、图 6-16。

分析结果表明,采用坝前盖重方案,地震后潜在失效的安全系数为 1.58,大于要求值1.1。发生塑性变形的安全系数为 1.45,也大于要求值 1.1。

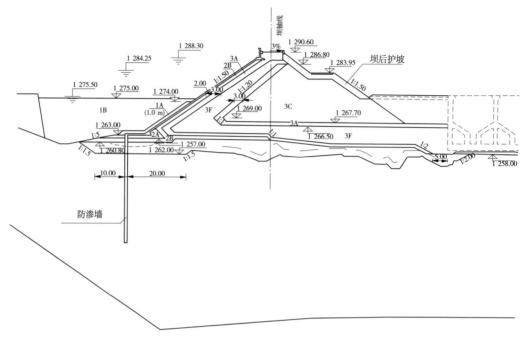

图 6-15　坝前盖重方案

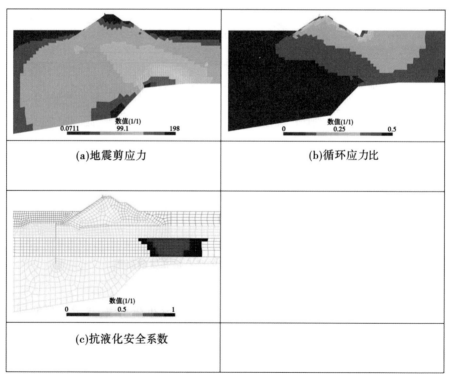

图 6-16　最大可信地震(MCE)下盖重方案的大坝典型断面的
地震剪应力、循环应力比和抗液化安全系数计算结果

因此,取消振冲碎石桩采用坝前盖重方案后,依靠坝面板前填到 1 275.5 m 高程形成的盖重效应,仍能保证大坝在最大可信地震(MCE)下的抗震安全性。

6.1.8.2　基础开挖和处理

河床部位的局部土、植被、松散石块等应予以清除,河床砂砾石应清除表层约 1 m,并采用重型振动碾碾压密实。河床段趾板、连接板建在处理后的河床砂砾石上,趾板底部高程为 1 263.00 m,局部建基面高程不足时采用垫层料填筑。

左右岸坡部分的趾板应建在弱风化岩石上。

开挖到位的基础面应符合施工图纸要求的岩体质量标准。对趾板出现脱空的部位,包括天然基岩空洞、凹坎、断层带等建基面上出现的地质缺陷,应根据设计图纸相关要求开挖槽塞处理。对于前期勘探造成的探洞、探槽、探坑、钻孔等应做专门处理。

两岸趾板要求建在弱风化层上,建基面基础采用固结灌浆强化趾板基础,固结灌浆设2 排,深度为 6 m。

6.1.8.3　防渗处理

因大坝建在深覆盖层上,根据工程地质、地形情况,参考已建工程,采用坝顶混凝土防浪墙、面板、趾板、连接板、混凝土防渗墙组成的防渗形式,这些挡水结构内部分缝和彼此之间通过止水有效连接,挡水结构和止水系统共同组成挡水坝的主体防渗体系。

本工程坝基覆盖层最深处厚达 70 m,且组成十分复杂,考虑到首部枢纽对挡水坝防渗性的要求和坝体的自身安全,参照类似工程经验,坝基防渗采用悬挂式塑性混凝土防渗墙,墙厚 0.8 m。深度按深入弱风化线 0.5 m。

岸坡趾板建基面以下岩体坝基采用帷幕灌浆方式防渗,利用浇筑好的混凝土平趾板为工作面和盖重实现灌浆。坝顶以上两岸部分采用挖灌浆洞深入山体,帷幕灌浆防渗。帷幕采用一排,间距 1.5 m。深度约为 30 m。

为保护坝基覆盖层内细料,防止其渗透流失,在河床部位均铺有垫层料,包括趾板连接板以下部位。

6.1.9　设计变更

(1)根据现场实际情况,将基本设计阶段确定的坝型面板砂砾石坝改为面板堆石坝,相应地修改面板砂砾石坝的体型。

(2)在基本设计阶段,根据现场勘探情况,拟定在坝址处上下游坡脚附近范围内设置大量振冲碎石桩。在施工图阶段,根据截流后的现场补充勘探情况,取消了振冲碎石桩,改为重型振动碾碾压。

(3)基本设计阶段河床趾板建基面设定为 1 258.00 m(该处河床地形高程约为1 260.00 m),施工图阶段,考虑到深覆盖层地基情况下施工期可能造成的河床趾板槽涌水,影响施工,因此将河床趾板高程填高到 1 263.00 m。

(4)根据现场施工期间右岸趾板建基面开挖过程中,调整了坝轴线方向,大坝左右岸的控制点由(201 306.742,9 977 995.208)、(201 477.939,9 978 018.932),分别调整为(201 308.255,9 977 977.724)、(201 471.733,9 978 006.549)。

6.1.10　主要工程量

首部枢纽混凝土面板堆石坝主要工程量清单见表6-5。

表6-5　首部枢纽混凝土面板堆石坝主要工程量清单

项目名称		单位	工程量
土方开挖量		m³	98 200.00
石方开挖量		m³	34 200.00
面板坝填筑		m³	208 838.00
石渣盖重		m³	32 621.00
面板趾板连接板防浪墙混凝土		m³	3 503.00
混凝土防渗墙(厚度0.8 m)		m²	3 031.00
帷幕灌浆		m	4 368
固结灌浆		m	1 548
底部止水	W1 形铜止水	m	555.19
	W2 形铜止水	m	151.79
	W3 形铜止水	m	209.47
	EPDM 垫片(厚6 mm、宽412 mm)	m	1 194.55
	ϕ 12 氯丁橡胶棒	m	696.98
	ϕ 20 氯丁橡胶棒	m	497.57
	聚氨酯泡沫(厚12 mm)	m²	34.85
	聚氨酯泡沫(厚20 mm)	m²	24.88
	聚乙烯丙泡沫板(厚12 mm)	m²	278.79
	聚乙烯丙泡沫板(厚20 mm)	m²	199.03
表层止水	塑性填料	m	1 146.55
	增强型 EPDM 防渗盖片(厚6 mm)	m	1 146.55
	PVC 棒(ϕ 35)	m	497.57
	PVC 棒(ϕ 50)	m	648.98
	不锈钢角钢(∠50×50×6)	m	2 293.10
	不锈钢膨胀螺栓(ϕ 12)	个	9 172
	PVC 止水带(宽度30 cm)	m	12.3
异型止水接头	不锈钢螺栓(ϕ 10)	个	120
	异型不锈钢片	个	24
	不锈钢扁钢(40 mm×6 mm)	m	7.2

6.2　泄洪冲沙建筑物设计

6.2.1　泄洪冲沙建筑物布置

首部枢纽位于 Quijos 和 Salado 两河交汇处下游约 1 km 处,距首都基多约 130 km。坝址处河道多年平均径流量 290 m³/s,流域泥沙以悬移质为主,水库多年平均输沙量 1 211.6 万 t,其中悬移质输沙量为 932 万 t,多年平均悬移质含沙量为 1.01 kg/m³。

6.2.1.1　泄洪冲沙建筑物布置原则

根据本工程的气象、水文、地形、地质、泥沙、施工、运用条件和枢纽总布置特点,确定泄洪冲沙建筑物的布置原则如下:

(1)满足合同要求的正常泄洪需要,并有一定的超泄能力。

(2)泄洪建筑物正常运行时,必须确保大坝及主要建筑物的运行安全,泄洪不至于对主要建筑物构成危害性影响。

(3)满足合同要求的引水冲沙需求。

(4)使下泄水流与下游河道的天然流态衔接较好,避免对下游河床及两岸冲刷。

6.2.1.2　泄洪冲沙建筑物布置

首部枢纽由混凝土面板堆石坝、溢流坝、引水闸及沉沙池组成。正常蓄水位 1 275.50 m;200 年一遇洪水,洪峰流量 6 020 m³/s,相应水位 1 282.25 m;设计洪水为 10 000 年一遇,洪峰流量 8 900 m³/s,相应水位 1 284.25 m;灾难洪水洪峰流量 15 000 m³/s,相应水位 1 288.30 m。

泄洪冲沙建筑物是首部枢纽布置的核心,既要满足建筑物泄洪要求,又要解决引水发电进口泥沙淤堵问题。根据泄洪冲沙建筑物总布置的基本要求和坝址区地形条件,采用将泄水建筑物集中布置在左岸,排沙、发电建筑物集中布置在右岸的枢纽布置方案。

首部枢纽泄洪冲沙建筑物布置在坝址区左侧垭口处,坝顶高程 1 289.50 m,坝顶长度约 271.75 m。从左到右依次布置为 8 孔溢流堰和 3 孔冲沙闸,引水闸紧贴冲沙闸右侧布置,与溢流坝轴线呈 70°交角。8 孔溢流堰和 3 孔冲沙闸承担整个首部枢纽的泄洪排沙任务。水库最高水位 1 288.30 m,最大泄流量 16 444 m³/s。

溢流坝布置在坝址区左侧垭口处,坝顶高程 1 289.50 m,坝顶长度约 271.75 m。从左到右依次布置为左岸挡水坝段、8 孔开敞式溢流堰泄洪坝段、右侧 3 孔冲沙闸。

左侧挡水坝段为重力式结构,坝顶高程 1 289.50 m,坝顶宽 8.00 m,上游坡 1:0.2,下游坡 1:0.6。

8 孔开敞式溢流堰采用 WES 型实用堰,堰顶高程 1 275.50 m,单孔净宽 20.0 m,闸墩厚度 2.0 m,溢流堰上游坡度 3:2,下游坡度 1:1,堰进口底板高程为 1 262.00 m,堰高

13.5 m,堰中间分缝,缝内设键槽。WES 型实用堰直线段下接反弧段与消力池相接,反弧半径 15 m。堰顶布设一道检修闸门,闸顶设门机工作桥和交通桥,桥面宽 8.0 m。

在坝上游库区内设导水墙,分隔溢流坝与冲沙闸进水口,导水墙长 72 m,墙顶高程 1 277.5 m,采用钢筋混凝土结构。

溢流坝右侧设 3 个冲沙底孔,进口底板高程 1 260.00 m,8.00 m×8.00 m 弧形门冲沙闸(简称弧门冲沙闸)一孔、4.50 m×4.50 m 平板门冲沙闸(简称平门冲沙闸)两孔。

消能防冲采用底流消能,下设分隔式消力池,消力池尾端与海漫相接。消力池长度 64.41 m,后部设排水孔,边墙高程 1 272.50 m。溢流坝消力池池底高程为 1 255.50 m,池深 4.00 m;冲沙闸消力池池底高程为 1 253.50 m,消力池深 6.00 m。消力池末端设出口检修闸门,长度 22.0 m,闸底板高程 1 259.50 m,布设一道检修闸门,闸顶设门机工作桥和交通桥,桥面高程 1 277.00 m。

海漫总长度 120 m,溢流坝上段 60 m 为钢筋混凝土结构,下段 60 m 为抛石结构,冲沙闸段全部为钢筋混凝土结构,底板厚度均为 2 m。尾部设抛石防冲槽,槽深 7.8 m,底宽 6 m,上游坡度 1:2,下游坡度 1:3,防冲槽顶面高程 1 259.50 m。海漫段两岸岸坡为钢筋混凝土护坡和抛石护坡,边坡 1:2.5。

泄水排沙建筑物布置格局见图 6-17。

K1	K2	K3	K4	K5	K6	K7	K8	弧门 冲沙出口闸		平门 冲沙出口闸	
1 号消力池		2 号消力池		3 号消力池		4 号消力池		弧门冲沙闸 消力池		平门冲沙闸 消力池	
Y1	Y2	Y3	Y4	Y5	Y6	Y7	Y8	弧门 冲沙闸	平门 冲沙闸		平门 冲沙闸
8 孔溢流堰								1 孔弧门冲沙闸	2 孔平门冲沙闸		

↑ 水流方向

图 6-17 泄水排沙建筑物布置格局

注:Y1~Y8 代表从左到右 8 孔溢流堰,K1~K8 代表从左到右 8 孔下游出口闸。

首部枢纽总平面布置见图 6-18,泄洪冲沙建筑物上游立视图见图 6-19,建筑物纵剖面图见图 6-20~图 6-22。

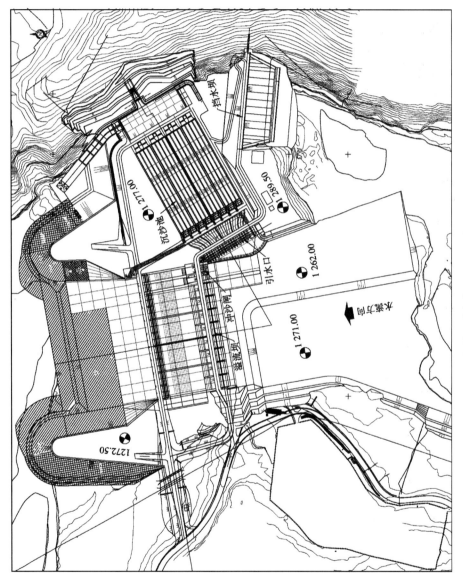

图 6-18　首部枢纽总平面布置图

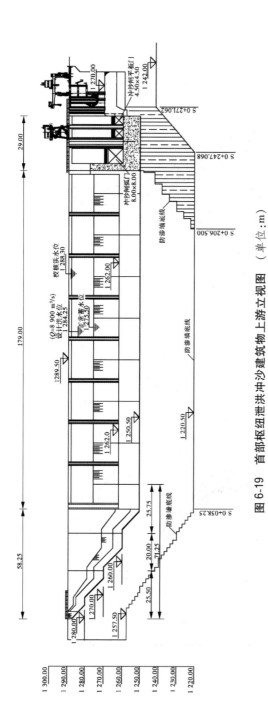

图 6-19　首部枢纽泄洪冲沙建筑物上游立视图　（单位：m）

图 6-20　溢流坝纵剖面图　（单位：m）

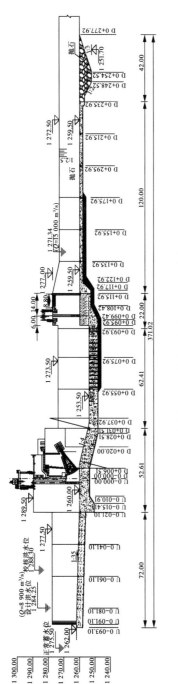

图 6-21　弧门冲沙闸纵剖面图　（单位：m）

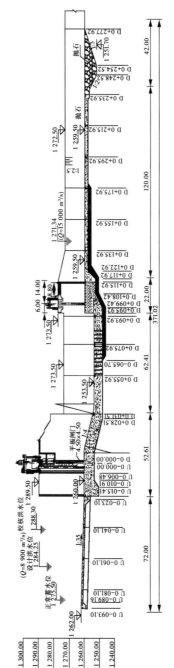

图 6-22　平门冲沙闸纵剖面图　（单位：m）

6.2.2 水力设计

6.2.2.1 泄流能力计算

1. 溢流堰泄流能力计算

采用美标《溢洪道水力设计》(EM 1110—2—1603)及《水力设计准则》进行水力学计算,并通过中国标准《溢洪道设计规范》以及水工模型、流体力学数字模拟进行复核验证。

按照美标《水力设计准则》,开敞式溢洪道堰流泄流公式为

$$Q = CLH_e^{3/2}$$

式中 Q——泄水流量,m³/s;

C——流量系数(见《水力设计准则》附表3.1);

L——溢流堰总净宽,m

H_e——堰顶水头,m。

采用国内规范实用堰流计算公式,即

$$Q = \sigma_s \sigma_c mnb \sqrt{2g} H_0^{3/2}$$

式中 σ_s——淹没系数;

σ_c——侧收缩系数;

m——自由溢流的流量系数;

n——闸孔孔数;

b——每孔净宽;

H_0——包括行近流速的堰前水头;

g——重力加速度,9.78 m/s²。

2. 弧门冲沙闸及平板门冲沙闸泄流能力计算

对于冲沙闸,库水位由低升高时,存在堰流和孔流两种流态。

孔流公式:

$$Q = \sigma \mu_0 enb \sqrt{2gH_0}$$

式中 μ_0——闸孔自由溢流的流量系数,$\mu_0 = 0.60 - 0.18 \, e/H$;

e——闸门开启系数;

其他符号含义同前。

根据上述公式计算,泄流能力汇总见表6-6。

表6-6 泄洪冲沙建筑物水位泄量关系

库水位/m	泄量/(m³/s)			总泄量/(m³/s)
	溢流坝段 ($b=20$ m,$n=8$)	弧门冲沙闸 (8.0 m×8.0 m,$n=1$)	平门冲沙闸 (4.5 m×4.5 m,$n=2$)	
1 260	0	0	0	0
1 261	0	16	14	26

续表 6-6

库水位/m	泄量/(m³/s)			总泄量/(m³/s)
	溢流坝段 (b=20 m,n=8)	弧门冲沙闸 (8.0 m×8.0 m,n=1)	平门冲沙闸 (4.5 m×4.5 m,n=2)	
1 262	0	35	41	76
1 263	0	65	75	140
1 264	0	100	116	216
1 265	0	139	161	300
1 266	0	183	212	395
1 267	0	231	230	461
1 268	0	282	253	535
1 269	0	336	274	610
1 270	0	394	294	688
1 271	0	454	313	767
1 272	0	518	331	849
1 273	0	524	348	872
1 274	0	552	364	916
1 275	0	578	379	957
1 275.5	0	590	387	977
1 276	88	603	394	1 085
1 277	472	627	409	1 506
1 278	1 025	650	422	2 097
1 279	1 805	672	436	2 913
1 280	2 846	694	449	3 989
1 281	3 934	714	462	5 110
1 282	5 177	735	474	6 386
1 282.25	5 484	740	477	6 701
1 283	6 483	755	486	7 724
1 284	7 968	774	498	9 240
1 284.25	8 330	779	501	9 610
1 285	9 467	793	509	10 769
1 286	11 082	811	520	12 413

续表 6-6

库水位/m	泄量/(m³/s)			总泄量/(m³/s)
	溢流坝段 ($b=20$ m, $n=8$)	弧门冲沙闸 (8.0 m×8.0 m, $n=1$)	平门冲沙闸 (4.5 m×4.5 m, $n=2$)	
1 287	12 769	829	531	14 129
1 288	14 514	847	542	15 903
1 288.3	15 047	852	545	16 444
1 289	16 305	864	553	17 722

计算结果表明:在水库遭遇各级设计洪水时,枢纽泄水建筑物的泄流能力均能满足设计要求。

6.2.2.2 消能防冲计算

溢流坝下游采用底流消能形式。消力池消能防冲标准按200年一遇洪水标准,相应坝前水位为1 282.25 m,洪峰流量 $Q=6\ 020$ m³/s,采用底流消能形式。

(1)消力池长度应按下式计算:

$$Fr = v' / \sqrt{gh'}$$

式中 Fr——水流弗劳德数;

v'——跃前平均流速,m/s;

h'——跃前水深,m;

g——重力加速度,9.78 m/s²。

当 $1.7 < Fr_c < 9.0$ 时,水跃长度 $L_j = 9.5(Fr_c-1)h'$。消力池长度:$L_k = (0.7 \sim 0.8)L_j$,取 $L_k = 0.7L_j$。

(2)消力池深度 S 按下式计算:

$$\sigma h'' = h_t + S + \Delta z$$

$$\Delta z = \frac{q^2}{2g} \times \left(\frac{1}{\psi^2 h_t^2} - \frac{1}{\sigma^2 h''^2} \right)$$

式中 σ——安全系数,取1.05;

q——单宽流量,m³/(s·m);

ψ——消力池出流的流速系数,取0.95;

h_t——下游水深,m;

h''——跃后水深,m;

Δz——消力池出口水面落差。

(3)消能计算工况见表6-7。

表6-7　消能计算工况

计算工况	上游水位/m	下游水位/m	备注
正常蓄水位	1 275.50	1 259.50	水库正常蓄水位
200年一遇洪水	1 282.25	1 267.959	消能设计标准

（4）消力池计算结果。

根据上述公式及工况计算，计算结果汇总见表6-8。

表6-8　消能计算结果

部位	上游水位/m	下游淹没系数 σ	计算池长/ m	设计采用池深/m	设计采用池长/m
溢流堰	1 282.25	1.123	56.197	4.0	62.41
弧门冲沙闸	1 282.25	1.107	57.613	6.0	62.41
弧门冲沙闸	1 275.50	1.380	45.935	6.0	62.41
平门冲沙闸	1 282.25	1.229	57.615	6.0	62.41
平门冲沙闸	1 275.50	1.289	48.380	6.0	62.41

（5）海漫长度及结构确定。

根据《水闸设计规范》（SL 265—2001），海漫长度为

$$L_\mathrm{p} = K_\mathrm{s}\sqrt{q_\mathrm{s}\sqrt{\Delta H'}}$$

式中　L_p——海漫长度，m；

q_s——消力池末端单宽流量，m³/（s·m）；

$\Delta H'$——闸孔泄水时的上下游水位差，m；

K_s——海漫长度计算系数，对砂卵石河床取 $K_\mathrm{s} = 7$。

如果 $\sqrt{q_\mathrm{s}\sqrt{\Delta H'}}$ 数值不超过 1~9[《水闸设计规范》（SL 265—2001）]，即采用以上公式；否则采用《水力计算手册》（武汉水利电力学院水力学教研室编）公式计算，即

$$L_\mathrm{p} = (8.5 \sim 12.5)\, h_\mathrm{t}$$

计算结果：溢流堰在200年一遇洪水情况下，海漫长度约需82.3 m，10 000年一遇设计洪水情况下，海漫长度约需101.1 m；冲沙闸200年一遇洪水情况下，海漫长度约需101.9 m；10 000年一遇设计洪水情况下，海漫长度约需104.5 m。

根据海漫末端单宽流量、海漫上的流速及河床基础的抗冲流速，结合试验综合考虑，最终选定海漫长120 m。溢流堰上段60 m为钢筋混凝土结构，下段60 m为抛石结构。冲沙闸段全部120 m均为钢筋混凝土结构，海漫钢筋混凝土底板厚度均为2.0 m。

6.2.2.3　水工模型试验及CFD数字模拟分析

1. 水工模型试验

为验证溢流坝及冲沙闸的过流能力，分析上游河道淤积对溢流坝及冲沙闸过流能力

的影响,验证溢流坝及冲沙闸下游消能防冲设计的合理性,本工程进行了多次整体及局部水工模型试验,并为工程布置优化提供了重要依据。

试验主要结果如下:

(1)无论是水库运用初期还是运用后期,在水库遭遇各级设计洪水时,枢纽泄水建筑物的泄流能力满足设计要求。

(2)从溢流坝段堰面时均压力分布看,满足溢流坝设计规范要求,水流脉动压力符合正态分布,脉动压力最大可能单倍振幅可采用3倍均方根进行计算,消力池脉动压力优势频率均在2 Hz以下,即属于低频脉动。

(3)各级洪水时,溢流坝各孔进流均较平顺。上游开挖平台(高程1 271 m)边坡处流速在10 000年一遇洪水时,仅2 m/s左右,对开挖边坡稳定影响不大。消力池出口流速较大,当下游采用直径1 m石块防护后,防冲效果明显,四级特征洪水条件下,冲刷坑最大深度分别为1 m、2 m、4 m和7.7 m,下游两岸裹头部位采用直径1 m石块防护后,基本未发生冲刷现象。

(4)实测冲沙闸泄量均大于设计值,满足设计泄流要求。

(5)冲沙闸关闭、溢流坝泄洪时,四级特征洪水导墙左右两侧水位差分别为0.2 m、0.7 m、1.1 m、1.9 m。

(6)200年一遇设计洪水时,消力池与下游海漫水流衔接平顺,海漫段水流波动相对较小,海漫末端垂线流速分布均匀。10 000年一遇洪水时,消力池下游海漫段水面有较大的波动,海漫末端防冲槽断面流速为4.0~5.3 m/s。在灾难洪水时,消力池下游海漫段仍然产生二次水跃。

(7)该体型下冲沙闸下游海漫段流速较大,为7~8 m/s,防冲槽下游冲刷最低点高程为1 252.6 m,高于防冲槽底部高程1 252.2 m,防冲槽整体保持基本稳定。为了保证消能防护工程的安全,建议在冲沙闸段消力池下游采用抗冲流速大于8 m/s的材料进行防护。

(8)冲沙闸全开,排沙效果明显,基本可以排除取水口前淤积泥沙。

2.CFD数字模拟分析

根据墨西哥咨询公司要求,除水工模型试验外,首部枢纽还进行了泄洪冲沙建筑物整体"流体动力学CFD数字模拟分析",计算结果与实物水工模型试验结论基本一致。仅列出代表性成果,200年一遇洪水泄洪水流流态、流速分布示意图见图6-23、图6-24。

CFD数字模拟分析结果与实物水工模型试验结论基本一致。

6.2.3 泄洪水工模型试验研究

为验证溢流坝、冲沙闸过流能力,分析上游河道淤积对溢流坝过流能力的影响,验证下游消能防冲设计的合理性,本工程进行了多次整体及局部水工模型试验,并为工程布置优化提供了重要依据。

6.2.3.1 试验目的和任务

通过模型试验验证溢流坝及冲沙闸过流能力,分析上游河道淤积对溢流坝过流能力的影响,验证溢流坝下游消能防冲设计的合理性。具体试验任务如下:

(1)量测溢流坝水位流量关系。

图 6-23　200 年一遇洪水消力池水流流态

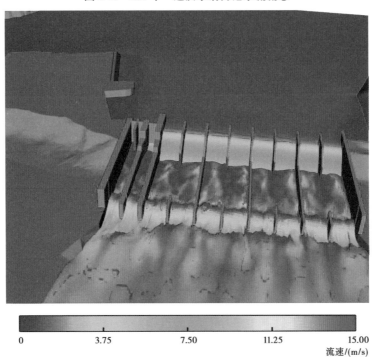

| 0 | 3.75 | 7.50 | 11.25 | 15.00 |

流速/(m/s)

图 6-24　200 年一遇洪水消力池水流流速分布

（2）观测不同库水位下溢流坝上下游流态、流速分布。

（3）量测不同库水位下溢流坝堰面压力。

（4）量测不同库水位下溢流坝下游冲刷深度和范围,提出防冲措施。

6.2.3.2 初始设计方案及模型范围

1. 原设计方案

溢流坝坝顶高程 1 289.50 m,坝顶长度 270.00 m,共设 8 个开敞式表孔,溢流堰采用 WES 型实用堰,单孔净宽 20.00 m,堰顶高程 1 275.50 m;冲沙闸 3 孔口尺寸分别为 1 孔 8.00 m×8.00 m(弧形门)、2 孔 4.50 m×4.50 m(平板门),进口底板高程均为 1 260.00 m。在坝上游库区内设导水墙,分隔溢流坝与冲沙闸进水口,墙顶高程 1 277.5 m。平面图及各剖面图见图 6-25~图 6-28。

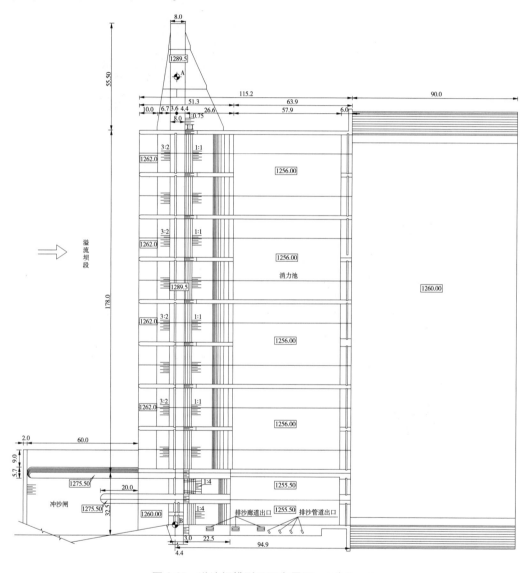

图 6-25　溢流坝模型平面布置图　(单位:m)

消能防冲采用底流消能,下设分隔式消力池,消力池尾端与海漫相接。消力池长度 57.91 m,溢流坝消力池底高程为 1 256 m,池深 4.00 m;冲沙闸消力池池底高程为 1 255.50 m,消力池深度 4.50 m。

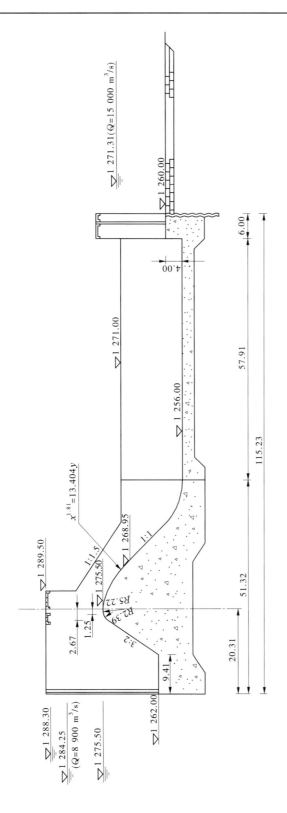

图 6-26 溢流坝剖面图 （单位：m）

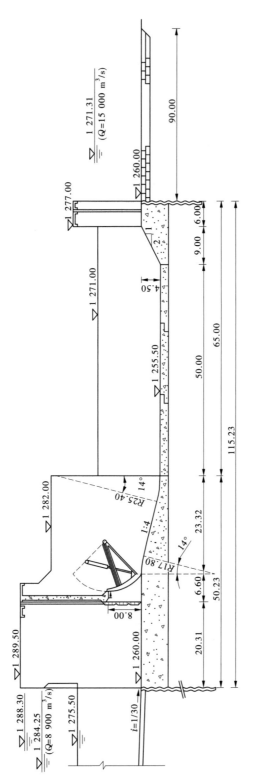

图 6-27 弧形门冲沙闸剖面图 （单位：m）

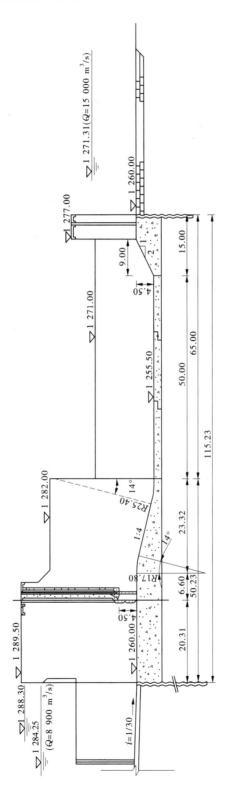

图 6-28　平板门冲沙闸剖面图　（单位：m）

2. 模型范围及比尺

该模型包括8孔溢流坝段、3孔冲沙闸、下游消力池、护坦及一部分河道。溢流坝上游河道模拟长度500 m,消力池下游河道模拟长度500 m,包括溢流坝及消力池总计长度1 200 m,宽度200~300 m。模型长度×宽度分别为12 m×4 m。模型整体布置见图6-29。

图6-29　模型整体布置图片

对照试验任务和水工建筑物模型试验规范,根据试验场地、设备、供水量和量测仪器精度等条件,几何比尺取1:100。

6.2.3.3 溢流坝试验结果

1. 泄流能力

在水库建成初期,库区未产生淤积条件下,分别对8孔溢流坝的水位流量关系进行了量测,关系曲线见图6-30,图中库水位为溢流坝上游220 m处断面水位,未计入流速水头。试验结果表明,试验值大于设计值5%~13%。

根据模型实测流量,采用公式反求流量系数与堰上水头关系如图6-31所示。可以看出,溢流坝流量系数随着堰上水头的升高而增大。

$$m = Q/(B\sqrt{2g}H^{3/2})$$

式中　Q——流量;

　　　m——流量系数;

　　　B——堰孔总净宽;

　　　H——堰上水头。

2. 坝前淤积对溢流坝泄流能力的影响

根据设计计算分析,水库建成后不足3年可能淤满。为了研究坝前淤积对溢流坝泄流能力的影响,将坝前铺设成动床,对溢流坝的水位流量关系进行了量测。模型采用天然沙模拟坝前淤积物,天然沙级配曲线见图6-32,中值粒径为0.286 mm。

首先将坝前铺设至1 275.5 m高程,开始放小流量,水流稳定后,逐渐加大流量。试验结果表明,坝前淤积对溢流坝过流能力是有影响的,坝前淤积可导致溢流坝过流能力减

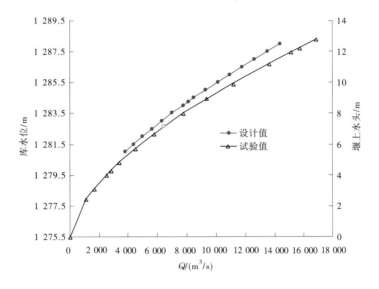

图 6-30　溢流坝水位流量关系曲线

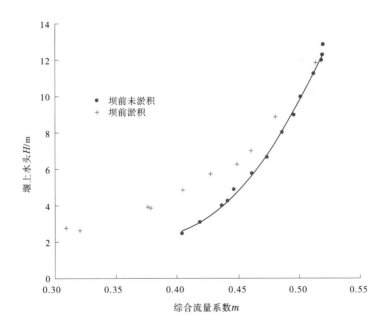

图 6-31　溢流坝堰上水头与流量系数关系曲线

小,随着库水位的升高,泄流能力的增大,淤积物逐渐被冲走,影响越来越小,放水前、放水结束后坝前库区地形见图 6-33、图 6-34。在库水位较低时,闸前行近流速较小,坝前淤积物未被淘刷,溢流坝堰型接近宽顶堰,溢流坝的过流能力就小;随着库水位的升高,行近流速加大,坝前淤积物逐渐被淘刷冲走,溢流坝堰型恢复为实用堰,流量系数逐渐增大,见图 6-35。

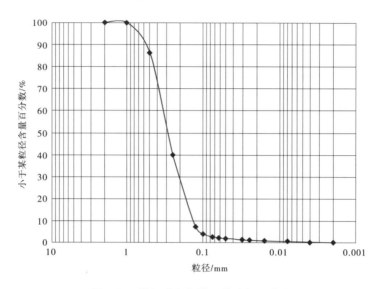

图 6-32　模拟淤积物的天然沙级配曲线

图 6-33　放水前库区淤积地形照片

　　各种特征水位情况下坝前有/无淤积的溢流坝的泄洪能力,表明试验泄流能力比水库运行初期设计值大 2%~7%;产生淤积后,10 000 年一遇洪水试验流量比设计值小 1.1%,其他特征洪水流量大于或等于设计值。

　　图 6-35 为坝前产生淤积后溢流坝水位流量关系曲线,可以看出,水库淤积后,溢流坝的过流能力略有减少,可以满足设计要求。

　　3. 水压分布

　　在溢流坝段堰面和消力池内布置了多个测压点,各测压点的桩号和高程见表 6-9。试验对四级特征洪水(50 年一遇洪水 $Q = 4\,970\ \mathrm{m^3/s}$,200 年一遇设计洪水 $Q = 6\,020$

m³/s,10 000 年一遇校核洪水 $Q=8\,900$ m³/s,灾难洪水 $Q=15\,000$ m³/s)的水压进行了量测;(溢流坝后 280 m)下游水位按照设计报告提供的水位流量关系曲线(见图 6-36)控制。不同特征洪水下水压见表 6-9 和图 6-37。由表 6-9 和图 6-37 可知,溢流坝遭遇设计洪水和校核洪水时,堰面上均未产生负压;当遭遇灾难洪水时,堰面局部产生负压,最大负压值仅为 0.72 mH₂O。从溢流坝段堰面压力分布看,满足溢流坝设计规范要求。

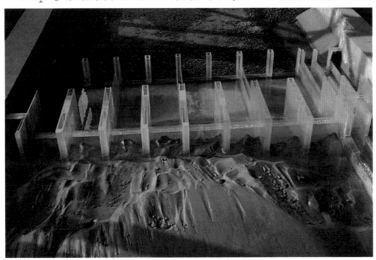

图 6-34 放水结束后库区地形照片

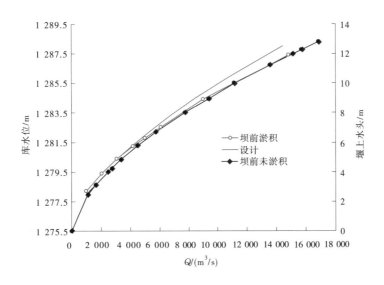

图 6-35 坝前淤积后溢流坝水位流量关系曲线

4.溢流坝脉动压力

脉动压力量测点的位置、桩号和模型实测四级特征洪水时脉动压力均方根见表 6-10,测点编号与时均压力测点编号一致。

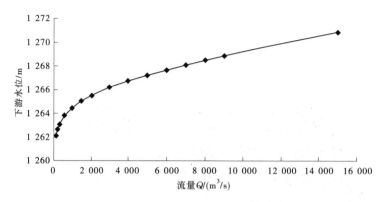

图 6-36　溢流坝下游河道水位流量关系曲线

表 6-9　溢流坝沿程测点压力

编号		桩号	高程/m	压力/mH₂O			
				50 年一遇 $Q=4\,970\ \mathrm{m^3/s}$	200 年一遇 $Q=6\,020\ \mathrm{m^3/s}$	10 000 年一遇 $Q=8\,900\ \mathrm{m^3/s}$	灾难洪水 $Q=15\,000\ \mathrm{m^3/s}$
堰面	1	0-010.90	1 262.2	19.73	20.33	22.23	25.33
	2	0-006.88	1 268.1	13.71	14.41	16.21	19.21
	3	0-002.67	1 274.4	5.93	6.13	6.13	5.93
	4	0+000.00	1 275.5	2.38	2.28	1.48	-0.72
	5	0+003.10	1 274.9	1.76	1.66	1.26	-0.34
	6	0+006.10	1 273.5	1.65	1.65	1.45	0.65
	7	0+011.85	1 269.0	0.93	1.23	1.53	1.93
	8	0+016.13	1 264.7	1.81	2.01	2.81	4.81
	9	0+020.40	1 260.4	4.79	4.99	6.49	10.09
	10	0+025.40	1 257.1	10.09	10.69	12.49	17.19
消力池底板	11	0+031.01	1 256.0	7.88	8.08	8.48	11.48
	12	0+041.36	1 256.0	7.88	7.88	7.58	6.78
	13	0+051.38	1 256.0	9.38	9.48	9.58	9.08
	14	0+061.43	1 256.0	10.58	10.88	11.18	11.08
	15	0+071.46	1 256.0	11.38	11.38	12.28	12.88
	16	0+081.50	1 256.0	11.88	12.28	13.78	16.88

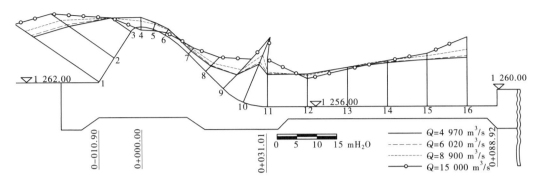

图 6-37　溢流坝沿程压力分布图

表 6-10　不同测点脉动压力均方根　　　　　　　　　单位:mH$_2$O

测点位置	测点编号	桩号	高程/m	50 年一遇 Q=4 970 m³/s	200 年一遇 Q=6 020 m³/s	10 000 年一遇 Q=8 900 m³/s	灾难洪水 Q=15 000 m³/s
堰面	4	0+000.00	1 275.5	0.73	0.75	0.79	0.81
反弧段	10	0+025.40	1 257.1	1.85	1.59	4.31	4.01
消力池首部	12	0+041.36	1 256	1.84	2.51	1.19	1.21
消力池尾部	16	0+081.50	1 256	0.95	1.03	1.33	1.73

1)脉动压力幅值

脉动压力幅值特性多用脉动压力强度均方根描述,脉动压力均方根反映了水流紊动程度和水流平均紊动能量。图 6-38~图 6-41 为四级特征洪水各测点脉动压力波形图(模型值)。试验结果表明,各部位脉动压力强度随着库水位的升高而增大。对于 200 年一遇设计洪水,消力池池首断面脉动强度最大,脉动压力均方根最大约为 2.51 mH$_2$O。对于 10 000 年一遇校核洪水,堰面反弧段脉动强度最大,脉动压力均方根最大约为 4.31 mH$_2$O。

2)脉动压力频谱特性

脉动压力的频率特性通常用自功率谱密度函数来表达,功率谱是脉动压力的重要特征之一,功率谱图反映了各测点水流脉动能量按频率的分布特性。分析功率谱图可以得到谱密度最大时对应的优势频率,即脉动压力能量最集中的代表频率。表 6-11 为不同测点脉动压力优势频率统计,试验结果表明,引起压力脉动的涡旋结构仍以低频为主,各测点水流脉动压力优势频率在 0.01~2 Hz(原型),能量相对集中的频率范围均在 2 Hz 以下,即各测点均属于低频脉动。图 6-42~图 6-45 为四级特征洪水各测点脉动压力频谱图。

表 6-11　各测点水流脉动压力优势频率　　　　　　　单位: Hz

测点位置	测点编号	桩号	高程/m	50 年一遇 Q=4 970 m³/s	200 年一遇 Q=6 020 m³/s	10 000 年一遇 Q=8 900 m³/s	灾难洪水 Q=15 000 m³/s
堰面	4	0+000.00	1 275.5	0.01	0.01	0.01	0.01
反弧段	10	0+025.40	1 257.1	0.01	0.01	0.01	0.01
消力池首部	12	0+041.36	1 256	0.01	0.01	0.01	0.8
消力池尾部	16	0+081.50	1 256	1.8	0.01	0.01	2.0

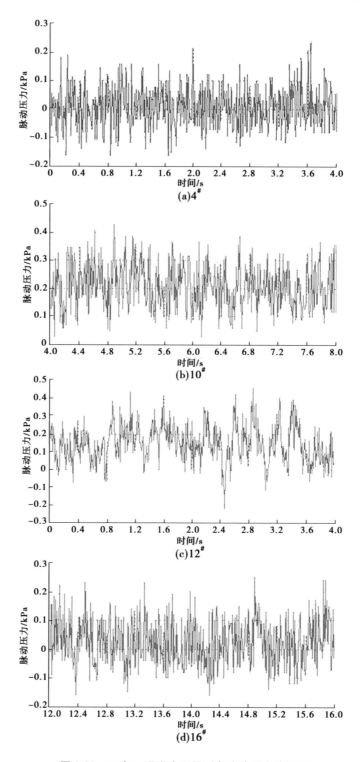

图 6-38　50 年一遇洪水不同测点脉动压力波形图

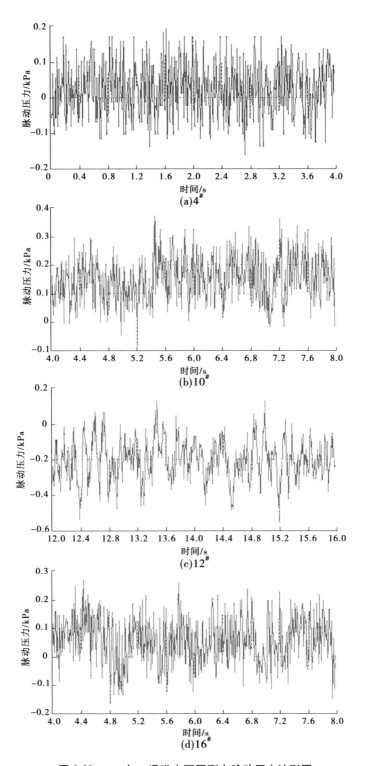

图 6-39　200 年一遇洪水不同测点脉动压力波形图

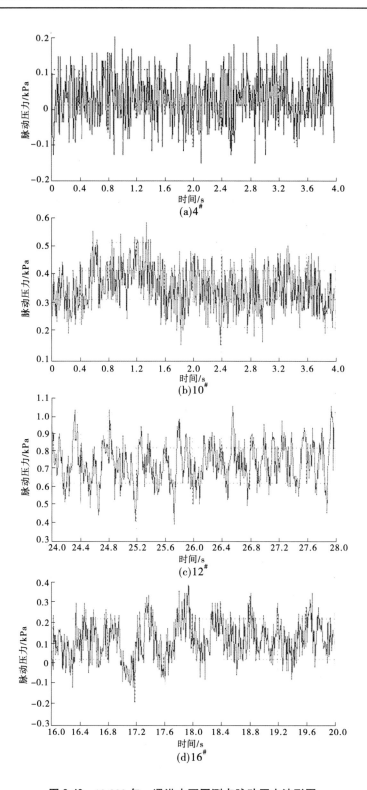

图 6-40   10 000 年一遇洪水不同测点脉动压力波形图

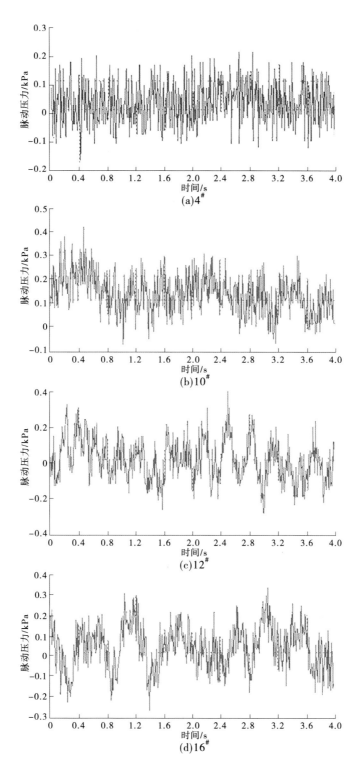

图 6-41　灾难洪水不同测点脉动压力波形图

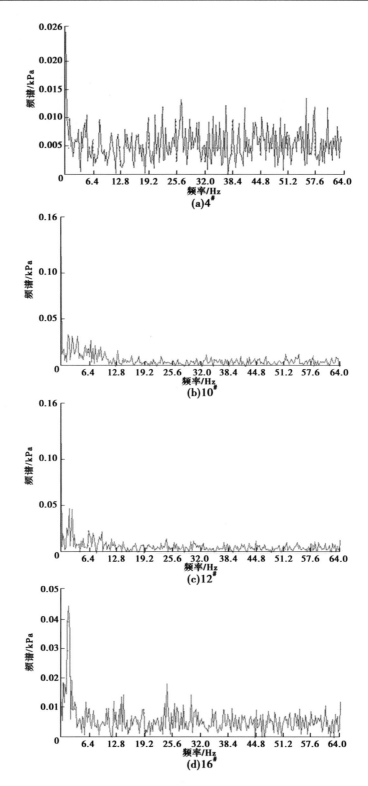

图 6-42　50 年一遇洪水各测点脉动压力频谱图

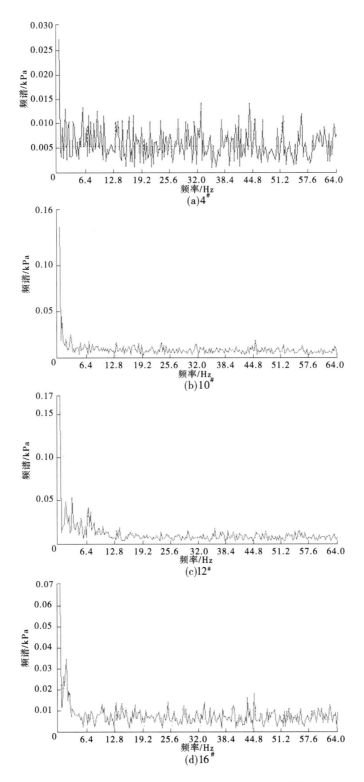

图 6-43　200 年一遇洪水各测点脉动压力频谱图

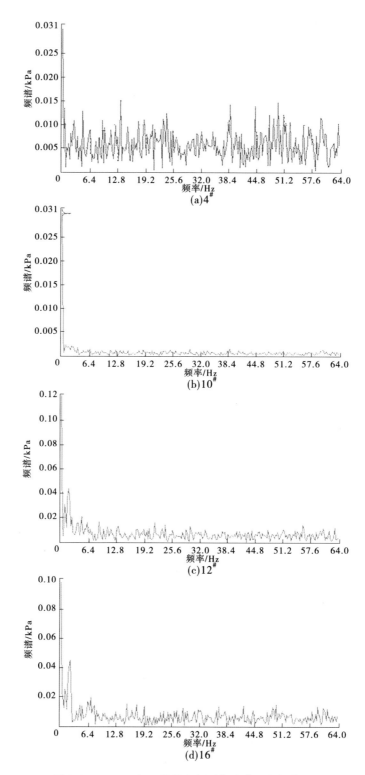

图 6-44 10 000 年一遇洪水各测点脉动压力频谱图

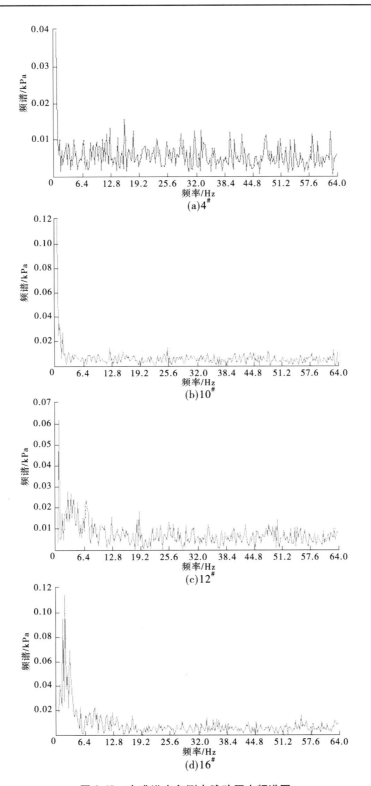

图 6-45 灾难洪水各测点脉动压力频谱图

3）脉动压力概率密度分布

水流脉动压力的最大可能振幅的取值,对泄水建筑物的水力设计和计算都具有重要的意义。但由于脉动压力是随机的,测得的极值大小与记录时段长短有关,因此实际上最大可能振幅的准确值是难以确定的,试验只能得到在某概率条件下出现的极值,即只能给出概率出现的期望值。而极值的取值,又与脉动压力概率密度函数分布规律有关。图 6-46～图 6-49 为四级特征洪水各测点概率密度图,结果表明,水流脉动压力随机过程基本符合概率的正态分布(高斯分布),脉动压力最大可能单倍振幅可采用公式 $A_{\min}^{\max} = \pm 3\sigma$ 进行计算。

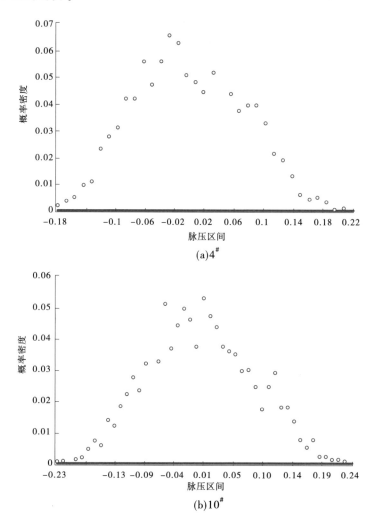

(a)4#

(b)10#

图 6-46　50 年一遇洪水各测点概率密度分布图

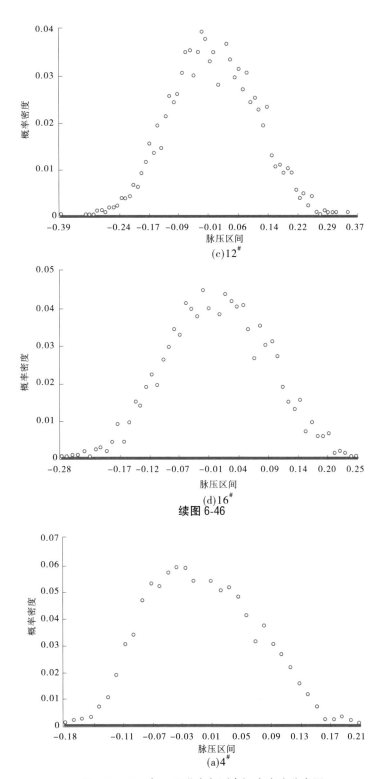

图 6-47　200 年一遇洪水各测点概率密度分布图

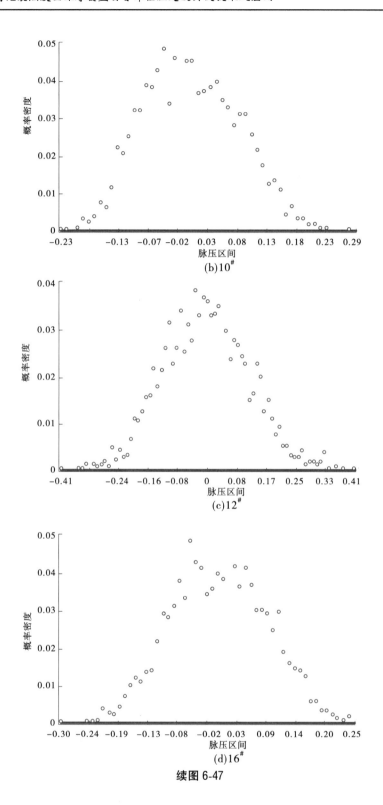

(b)10#

(c)12#

(d)16#

续图 6-47

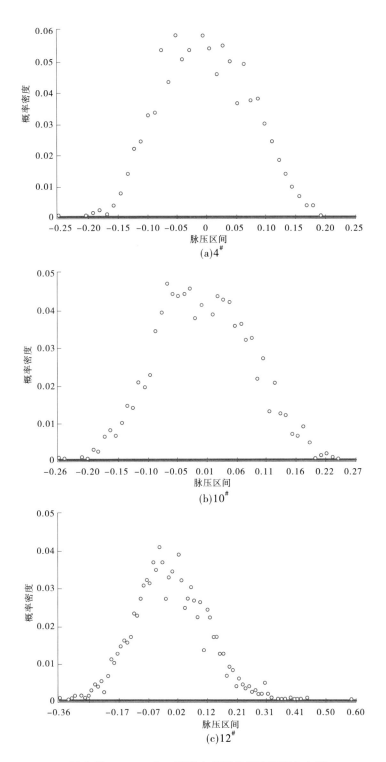

图 6-48　10 000 年一遇洪水各测点概率密度分布图

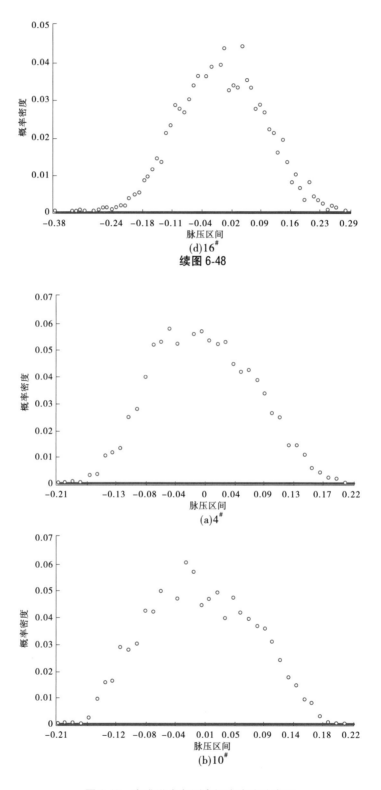

(d)16#

续图6-48

(a)4#

(b)10#

图6-49 灾难洪水各测点概率密度分布图

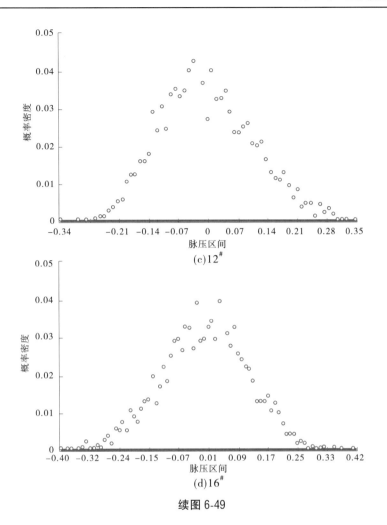

续图 6-49

5. 水面线分布

试验量测了四级特征洪水溢流坝沿程水面线分布(见图 6-50～图 6-53),沿程不同断面水深统计于表 6-12。

表 6-12　溢流坝沿程水深　　　　　　　　　　　　　　　　单位:m

断面位置	桩号	底部高程/m	50 年一遇 $Q=4\,970\ \mathrm{m^3/s}$	200 年一遇 $Q=6\,020\ \mathrm{m^3/s}$	10 000 年一遇 $Q=8\,900\ \mathrm{m^3/s}$	灾难洪水 $Q=15\,000\ \mathrm{m^3/s}$
坝前	0-030.64	1 262.00	19.48	20.20	21.80	24.82
	0-010.90	1 262.00	19.38	20.00	21.54	23.90
堰顶	0+000.00	1 264.67	4.63	4.90	6.57	9.14
堰面	0+016.13	1 256.00	1.45	2.11	3.47	5.00
消力池首部	0+031.01	1 256.00	5.98	6.00	5.08	4.50
消力池中部	0+061.01	1 256.00	10.20	10.41	10.51	9.71
消力池尾部	0+076.01	1 256.00	11.20	11.50	12.27	13.40
消力池坎顶	0+091.92	1 256.00	7.10	7.31	8.15	10.20
下游护坦上	0+117.92	1 260.00	6.94	7.20	8.60	7.11
	0+143.92	1 260.00	6.84	7.38	8.61	10.67

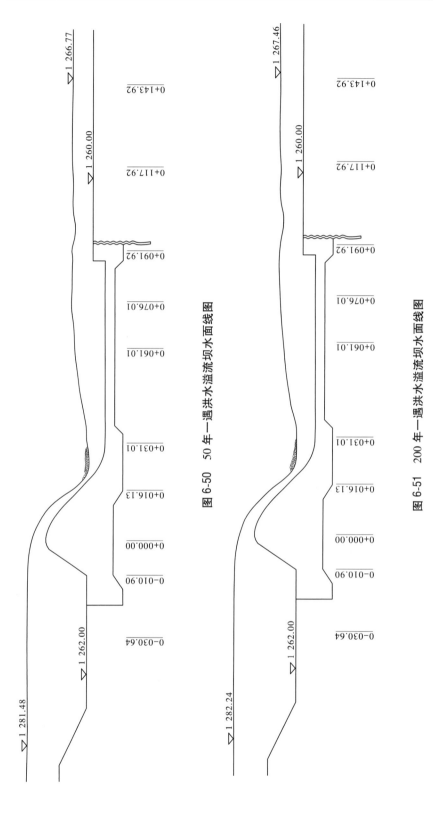

图 6-50　50 年一遇洪水溢流坝水面线图

图 6-51　200 年一遇洪水溢流坝水面线图

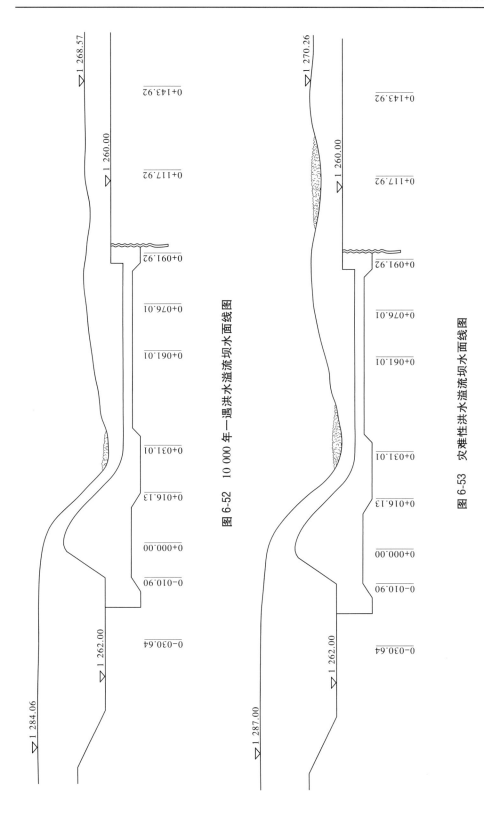

图 6-52　10 000 年一遇洪水溢流坝水面线图

图 6-53　灾难性洪水溢流坝水面线图

6. 流态与流速分布

试验对 50 年一遇流量 4 970 m³/s、200 年一遇流量 6 020 m³/s、10 000 年一遇流量 8 900 m³/s、灾难洪水流量 15 000 m³/s 四级特征洪水溢流坝上下游流态和流速分布进行了观测。图 6-54 ~ 图 6-57 分别为四级特征洪水条件下溢流坝上下游流速分布图；图 6-58 ~ 图 6-61 为对应四级特征洪水消力池不同断面流速沿垂线分布图；图 6-62 ~ 图 6-65 为四级特征洪水流态。试验结果表明，在原始河床条件下，各级洪水时，溢流坝各孔进流均较平顺，受地形影响，库区各断面流速分布左岸略大于右岸，四级特征洪水坝轴线上游 120 m 断面最大垂线平均流速分别为 2.0 m/s、2.2 m/s、2.64 m/s、3.9 m/s。上游开挖平台(高程 1 271 m)边坡处流速在 10 000 年一遇洪水时，流速仅在 2 m/s 左右，对开挖边坡稳定影响不大。消力池尾坎断面最大垂线平均流速分别为 5.62 m/s、5.98 m/s、7.67 m/s、11.21 m/s。坝轴线下 194.92 m 断面垂线最大流速分别为 4.44 m/s、4.67 m/s、5.56 m/s、7.79 m/s。溢流坝消力池下游河床主要为砂卵石层，中值粒径为 3.45 mm，抗冲流速非常小，试验量测到消力池下游各断面流速远远大于其抗冲流速，建议对其进行防护。

试验结果表明，在前三级特征洪水条件下，消力池均能形成完整水跃，消力池消能率达到 52% ~ 57%，消力池底部最大流速达到 17.11 ~ 21.42 m/s。当遭遇灾难洪水时，消力池消能率只有 38%，池深明显不够，在消力池下游产生二级水跃，消力池末端流速较大。

7. 下游冲刷试验

溢流坝消力池下游河床主要为砂卵石层，中值粒径为 3.45 mm，抗冲流速非常小。根据试验对四级特征洪水消力池下游各断面流速量测结果可知，消力池下游各断面流速远远大于河床砂卵石层的抗冲流速，建议对其进行防护。根据 ELC 公司咨询专家的意见，采用原型直径 1 m 的石块进行防护。按几何比尺推算，模型选用直径为 1 cm 石块进行全断面的铺设，至消力池尾坎断面下 250 m 处，并进行四级特征洪水冲刷量测。试验结果表明，当遭遇 50 年一遇洪水时，经过 20 h(模型 2 h)的冲刷，仅在各孔尾墩下游 10 m 范围内产生局部冲刷，最大深度约 1 m(模型 1 cm)(见图 6-66)。由于左侧 1 号孔流出后不能向左侧扩散，水流相对集中，下游冲刷较其他部位严重，冲刷坑范围稍大，深度略深。当遭遇 200 年一遇洪水时，下游冲刷范围和冲刷深度较 50 年一遇洪水略有增大，冲刷范围最远延伸至 15 m，最大冲刷深度约 2 m(见图 6-67)。当遭遇 10 000 年一遇洪水时，冲刷范围最远延伸至 27 m，最大冲刷深度约 4 m(见图 6-68、图 6-69)。当遭遇灾难洪水时，冲刷范围最远延伸至 68 m，最大冲刷深度约 7.7 m(见图 6-70、图 6-71)。

8. 下游消力池增加消力墩

根据消力池后河床冲刷情况，ELC 公司咨询专家提出，在消力池内增加一些消能工，观测其消能效果。为此，根据以往经验，在消力池内布置了两排消力墩，消力墩平面布置及尺寸见图 6-72 和图 6-73。

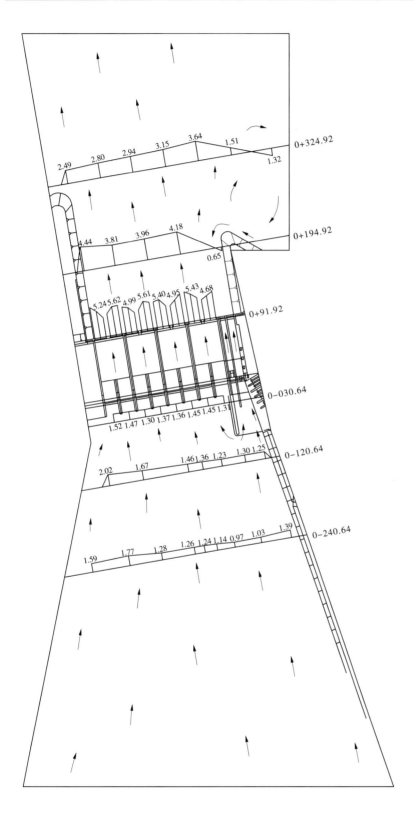

图 6-54　50 年一遇洪水流速分布图　（流速单位：m/s）

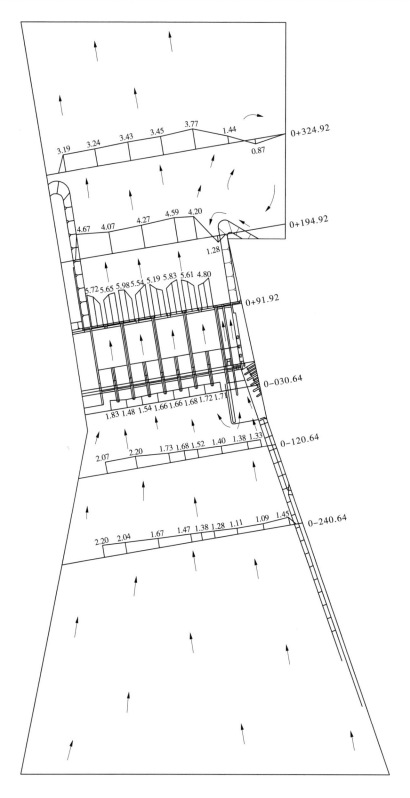

图 6-55　200 年一遇洪水流速分布图　（流速单位：m/s）

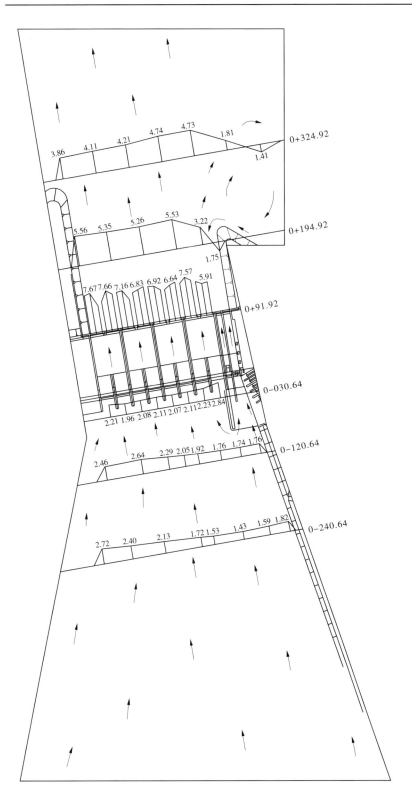

图 6-56　10 000 年一遇洪水流速分布图　（流速单位：m/s）

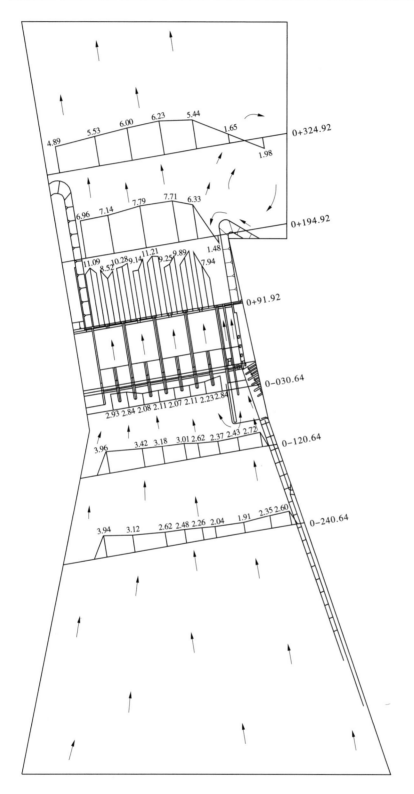

图 6-57 灾难洪水流速分布图 （流速单位：m/s）

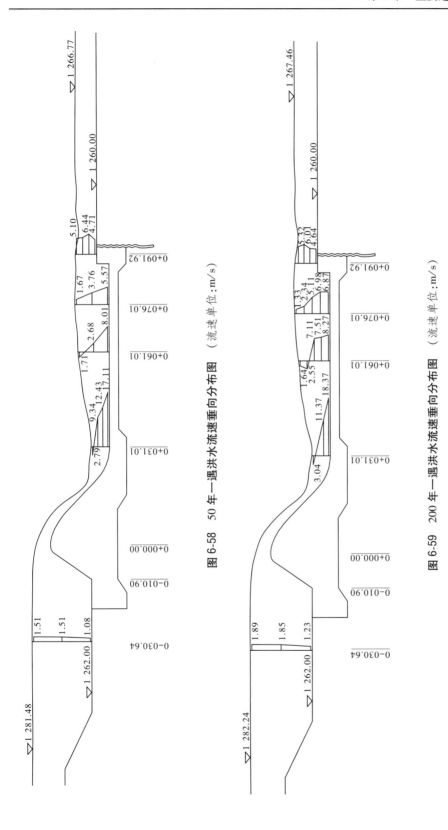

图 6-58　50 年一遇洪水流速垂向分布图　（流速单位：m/s）

图 6-59　200 年一遇洪水流速垂向分布图　（流速单位：m/s）

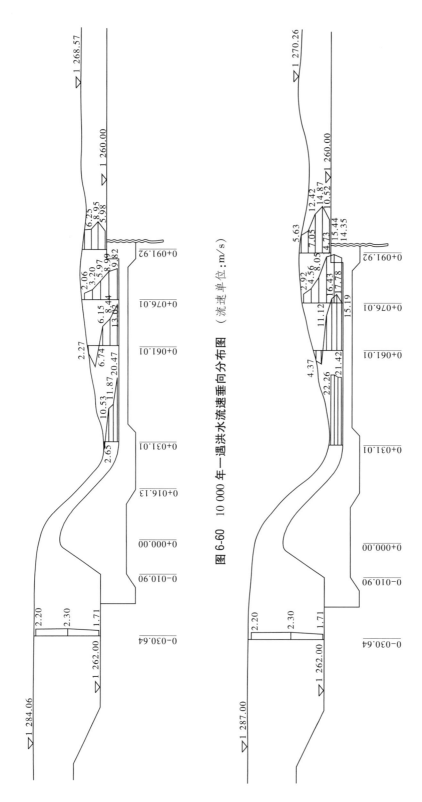

图 6-60　10 000 年一遇洪水流速垂向分布图　（流速单位：m/s）

图 6-61　灾难性洪水流速垂向分布图　（流速单位：m/s）

图 6-62　50 年一遇洪水流态照片

图 6-63　200 年一遇洪水流态照片

图 6-64　10 000 年一遇洪水流态照片

图 6-65　灾难洪水流态照片

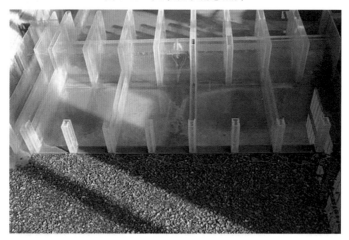

图 6-66　50 年一遇洪水冲刷地形照片

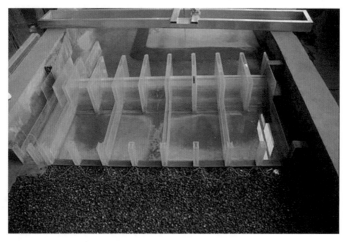

图 6-67　200 年一遇洪水冲刷地形照片

图 6-68　10 000 年一遇洪水冲刷地形照片

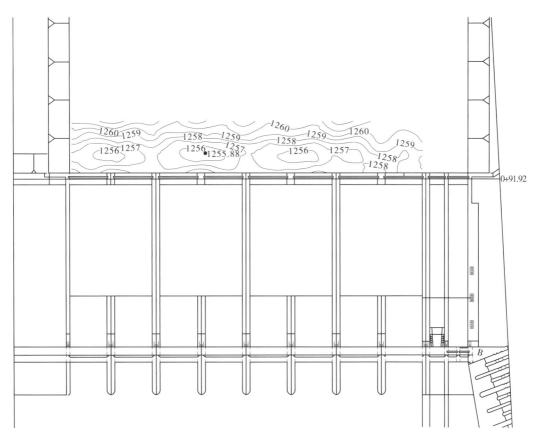

图 6-69　10 000 年一遇洪水冲刷地形

图 6-70　灾难洪水冲刷地形照片

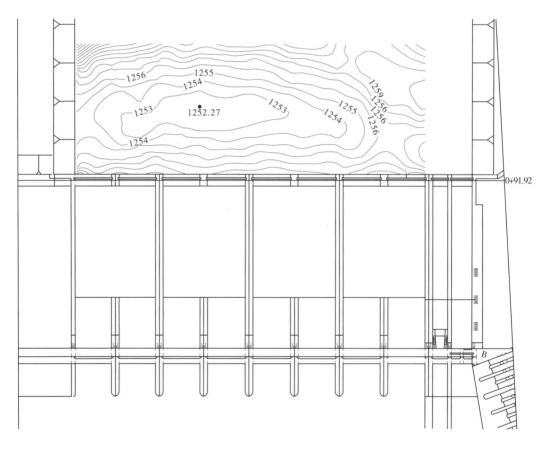

图 6-71　灾难洪水冲刷地形

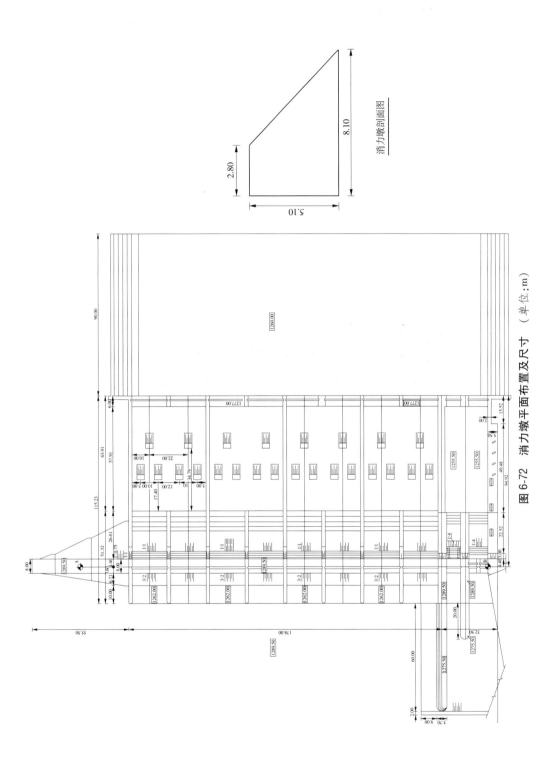

图 6-72　消力墩平面布置及尺寸　（单位：m）

图 6-73　消力墩布置照片

特征洪水时消力池水流流态见图 6-74 ~ 图 6-77,根据试验结果,增加消能工后,消力池消能率提高不大,仅比不设消能工时的消能率提高 1% ~ 4%。考虑到设置消力墩可能会带来空化空蚀等不利结果,因此建议不在消力池内布置消力墩。

图 6-74　50 年一遇洪水消力池水流流态照片

6.2.3.4　冲沙闸试验成果

1. 泄流能力

模型试验对 3 孔冲沙闸的水位流量关系进行了量测,图 6-78 为 2 孔孔口尺寸 4.5 m × 4.5 m 平板门冲沙闸的水位流量关系曲线,正常蓄水位 1 275.5 m 时,闸孔出流为 416 m³/s,对应流量系数 0.589,较设计值 396 m³/s 大 5.1%。图 6-79 为孔口尺寸 8 m×8 m 弧形门冲沙闸的水位流量关系曲线,正常蓄水位 1 275.5 m 时,闸孔出流为 593 m³/s,对应流量系数 0.532,与设计值 592 m³/s 一致。正常蓄水位条件下,3 孔闸总过流能力为 1 009 m³/s,较设计值 988 m³/s 大 2.1%。根据水位流量关系曲线可以看出,流量随水头变化不均匀,根据目测,水流在胸墙下缘有脱流现象,脱流会引起泄流不稳定,还可能引起闸门震动等问题,解决办法可采用胸墙底缘下压,消除脱流现象。

图 6-75　200 年一遇洪水消力池水流流态照片

图 6-76　10 000 年一遇洪水消力池水流流态照片

图 6-77　灾难洪水消力池水流流态照片

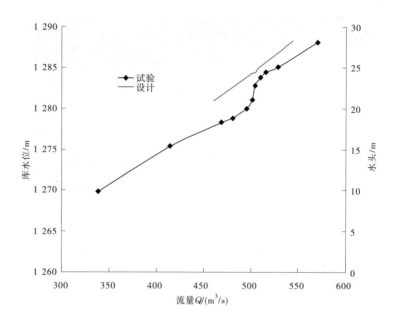

图 6-78　2 孔 4.5 m×4.5 m 平板门冲沙闸水位流量关系曲线

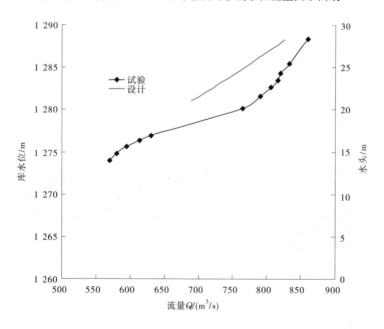

图 6-79　8 m×8 m 弧形门冲沙闸水位流量关系曲线

2. 冲沙闸压力分布

在弧形门冲沙闸底板上沿程布置了 10 个测压点,测压点的桩号和高程见表 6-13,试验量测了四级特征库水位下底板压力,见表 6-13 和图 6-80。试验结果表明,冲沙闸底板进口段和消力池底板沿程各测点压力随着库水位的升高而增大,在底板两段曲线段测点压力随着库水位的升高而降低,均为正压。在库水位 1 281.58 m 时,4 号测点压力值最小,为 0.8 mH₂O。

表 6-13　弧形门冲沙闸底板压力

测点编号	桩号	高程/m	不同库水位(m)下的底板压力/mH₂O			
			1 274.82	1 276.31	1 278.38	1 281.58
1	0-19.81	1 260.00	12.48	14.38	16.48	20.48
2	0-01.61	1 260.00	10.88	11.78	12.38	14.98
3	0+06.69	1 260.00	5.18	4.58	3.58	3.48
4	0+08.69	1 259.88	3.90	2.80	1.90	0.80
5	0+10.79	1 259.50	5.08	4.28	4.08	2.68
6	0+22.19	1 256.65	12.23	11.73	11.83	9.53
7	0+25.29	1 255.93	6.85	6.25	5.45	4.75
8	0+28.29	1 255.55	8.83	8.53	7.93	7.93
9	0+54.92	1 255.50	15.18	16.38	17.18	19.88
10	0+79.92	1 255.50	16.48	18.68	20.98	25.08

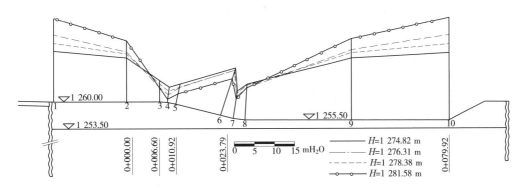

图 6-80　冲沙闸(弧形工作门)底板压力沿程分布图

由于冲沙闸胸墙底缘由 1.0 m 的圆弧段和 1.5 m 的水平段组成,在模型上尺寸较小,仅能在胸墙底缘圆弧段中间点安装 1 个测压点,测压点的桩号为 0+000.4,高程为 1 268.14 m,试验量测几级特征水位下,该测压点压力均接近零压,目视该测压点以下脱流。

同样,在 2 孔 4.5 m×4.5 m 平板门冲沙闸的胸墙底缘圆弧段中间点安装测压点,该测压点压力也接近零压,目视该测压点以下也脱流。

3.流态与流速分布

在1:100整体模型上对冲沙闸上下游流态与流速分布进行了观测,试验结果表明,在正常蓄水位1 275.5 m时,当8 m×8 m冲沙闸过流时,闸前流态受左右导墙影响,产生绕流,并在闸前产生水跃,闸前流态紊乱(见图6-81)。建议在不影响建筑物稳定情况下,取消冲沙闸之间的导墙,以消除不利流态。

图6-81　8 m×8 m冲沙闸进口流态照片

2孔4.5 m×4.5 m冲沙闸过流时,闸前流态较平顺,由于受左侧导墙影响,在左孔胸墙前产生一直径约为3 m的间歇性交叉漩涡(见图6-82)。

图6-82　4.5 m×4.5 m冲沙闸进口流态照片

  试验分别量测了正常蓄水位 1 275.5 m 时各冲沙闸单独及联合拉沙时闸前不同断面流速分布,图 6-83 为 8 m×8 m 冲沙闸单独开启过流时闸前不同断面流速分布,图 6-84 为 2 孔 4.5 m×4.5 m 冲沙闸单独开启过流时闸前不同断面流速分布,图 6-85 为 3 孔冲沙闸全部开启过流时闸前不同断面流速分布。

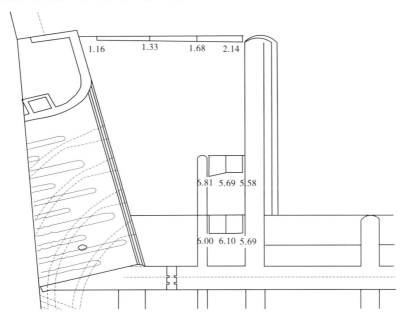

图 6-83　8 m×8 m 冲沙闸单独开启闸前流速分布　（流速单位:m/s）

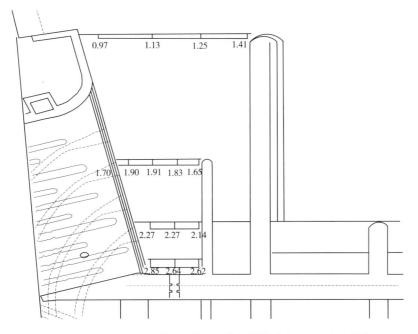

图 6-84　2 孔 4.5 m×4.5 m 冲沙闸单独开启闸前流速分布　（流速单位:m/s）

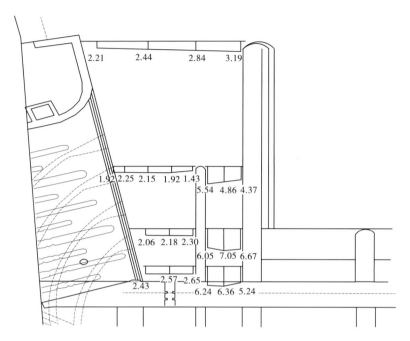

图 6-85　3 孔冲沙闸全部开启闸前流速分布　(流速单位:m/s)

　　结果表明,当 8 m×8 m 弧形闸门冲沙闸单独开启拉沙时,闸前长导墙墩头断面流速为 1.16 ~ 2.14 m/s,短导墙墩头断面流速达到 5.58~6.81 m/s,距进口越近流速越大。但取水口前的流速并不大。当 2 孔 4.5 m×4.5 m 平板门冲沙闸单独开启拉沙时,闸前长导墙墩头断面流速较 8 m×8 m 弧形闸门冲沙闸单独开启时小,在短导墙墩头断面流速达到 1.65~1.91m/s,距进口越近流速越大。当冲沙闸全部开启时,闸前各断面流速较单孔闸开启时流速明显增大,表明同时开启有利于闸前拉沙。

　　试验对冲沙闸下游消力池无隔墩时的流态进行了观测,结果表明,当冲沙闸下游消力池不设置隔墩时,无论是哪孔冲沙闸开启,只要是单孔泄流,消力池内流态非常乱,水流在池内左右摆动,冲击两侧边墙,水流出消力池时直冲尾部闸墩(见图 6-86),消力池设置隔墩后,无论是单孔泄流还是双孔泄流,消力池内流态均较稳定(见图 6-87),建议冲沙闸下游消力池设置隔墩。

　　试验观测到,8 m×8 m 冲沙闸在正常蓄水位 1 275.5 m 时,消力池内形成完整水跃,消力池单宽流量达到 74 m³/(s·m),消力池出池水流底部流速达到 11 m/s(见图 6-88),对下游会产生严重的冲刷。当库水位高于 1 280.88 m 时,闸孔下泄水流直接冲出消力池,在消力池下游形成波状水跃。对于平板门冲沙闸,在正常蓄水位 1 275.5 m 时,消力池内形成完整水跃,消力池单宽流量达到 37.8 m³/(s·m),消力池出池水流底部流速达到 8.9 m/s(见图 6-89)。当库水位高于 1 280.88 mm 时,闸孔下泄水流直接冲出消力池,在消力池下游形成波状水跃或挑流流态(见图 6-90)。

图 6-86　冲沙闸下游消力池无隔墩时消力池流态照片

图 6-87　冲沙闸下游消力池有隔墩时消力池流态照片

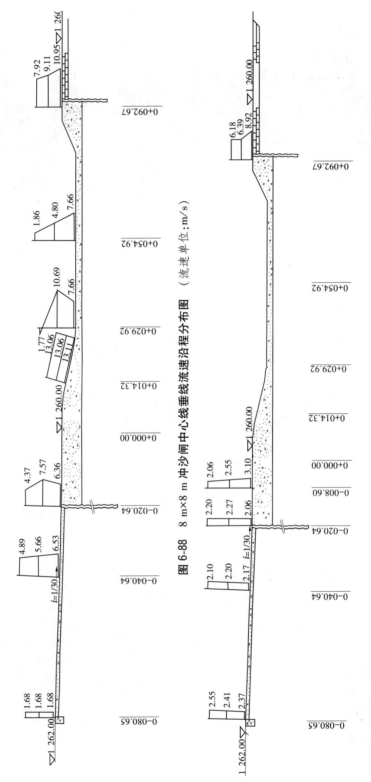

图 6-88　8 m×8 m 冲沙闸中心线垂线流速沿程分布图　（流速单位：m/s）

图 6-89　4.5 m×4.5 m 冲沙闸中心线垂线流速沿程分布图　（流速单位：m/s）

(a)　　　　　　　　　　　　　　　　(b)

图 6-90　高水位时 4.5 m×4.5 m 冲沙闸下游消力池出口流态照片

4. 冲沙闸下游冲刷

试验对正常蓄水位 1 275.5 m 时,冲沙闸下游冲刷进行了观测,消力池出口铺设直径 1 m 的块石(模型为 1 cm)。图 6-91、图 6-92 为冲沙闸全开消力池下游冲刷地形,由于 8

图 6-91　冲沙闸下游冲刷地形照片

m×8 m 冲沙闸消力池出口单宽流量较大,下游冲刷坑最深点位于该闸孔下,最深点高程达 1 252.35 m;4.5 m×4.5 m 冲沙闸消力池出口单宽流量虽然小一些,但右侧受边坡约束,不能扩散,水流较集中,冲刷也较严重。设计应加强防冲保护措施。

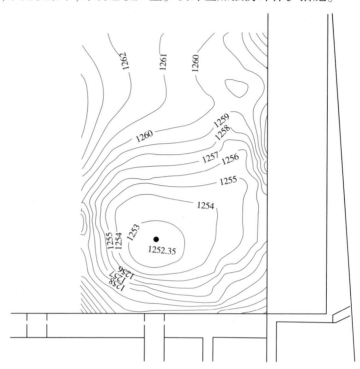

图 6-92　冲沙闸下游冲刷地形

6.2.3.5　修改设计方案试验成果

溢流坝及冲沙闸的布置根据初始设计方案和 ELC 意见进行修改。消力池底部高程从 1 256 m 减至 1 255.5 m,长度从 57.91 m 增至 64.41 m,深度仍为 4 m。消力池下游靠近尾坎的护坦长 120 m,首端高程 1 258 m,尾端高程 1 264.4 m。护坦尾部设置防冲槽,最大深度 8.4 m,宽 35 m。冲沙闸底部高程降至 1 253.5 m,深度升至 6 m。取消平板闸门与弧形闸门之间的导墙。冲沙闸与上游溢流坝之间的导墙加长 20 m,导墙顶部高程从 1 275.5 m 升至 1 289.5 m,以 10°的扩散角朝溢流坝扩散。溢流坝及冲沙闸平面布置见图 6-93,溢流坝及冲沙闸剖面图见图 6-94~图 6-96。

1. 溢流坝上游流态

由于上游导墙增高、加长并扩散至溢流坝,当冲沙闸关闭、水流流经溢流坝时,出现从导墙右侧向左侧的水头,四级特征洪水(50 年一遇洪水、200 年一遇洪水、10 000 年一遇洪水和灾难洪水)下实测水头分别为 0.2 m、0.7 m、1.1 m、1.9 m。由于导墙向溢流坝扩散,溢流坝右侧 2 孔水流不均匀,尤其右孔出现紊流,如图 6-97~图 6-101 所示,溢流坝流量减少 1%。当导墙与溢流坝轴线垂直时,进流顺畅,流量与初始设计一致,因此设计时建议导墙与溢流坝轴线垂直。

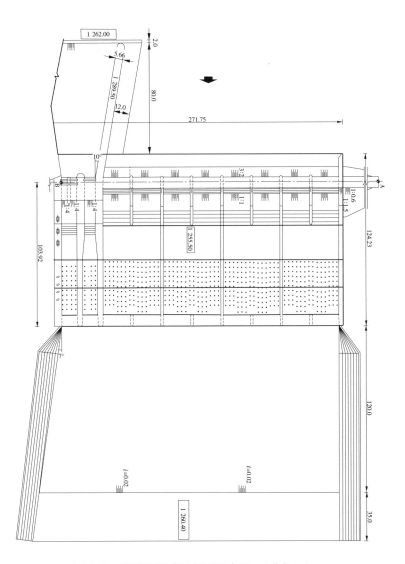

图 6-93　溢流坝及冲沙闸平面布置　（单位：m）

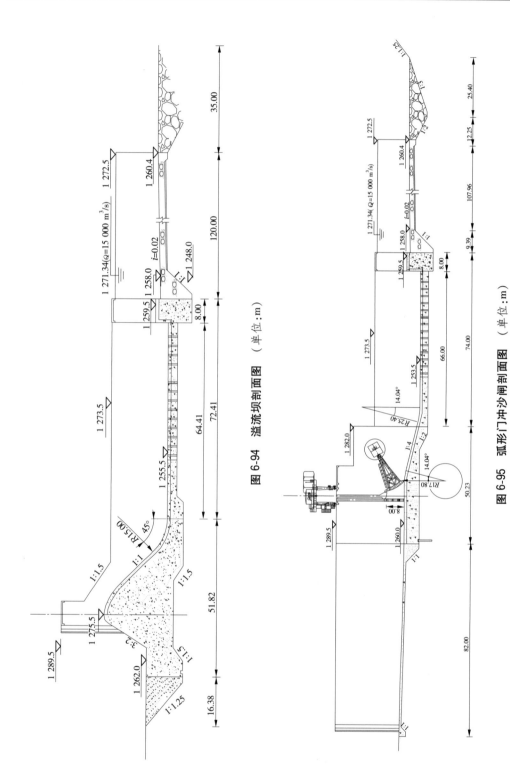

图 6-94　溢流坝剖面图　（单位：m）

图 6-95　弧形门冲沙闸剖面图　（单位：m）

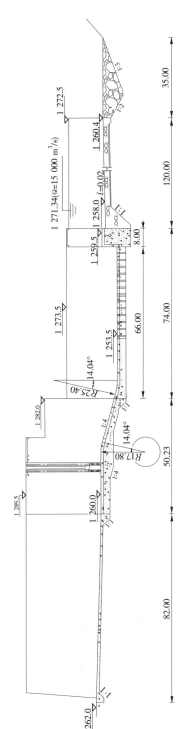

图 6-96　平板门冲沙闸剖面图　（单位：m）

图 6-98　200 年一遇洪水溢流坝上游流态照片（$Q = 6\ 020\ \text{m}^3/\text{s}$）

图 6-97　50 年一遇洪水溢流坝上游流态照片（$Q = 4\ 970\ \text{m}^3/\text{s}$）

图 6-99　10 000 年一遇洪水溢流坝上游流态照片（$Q = 8\,900\ \text{m}^3/\text{s}$）

图 6-100　灾难洪水溢流坝上游流态照片（$Q = 15\,000\ \text{m}^3/\text{s}$）

图 6-101　导墙为直墙时 200 年一遇洪水溢流坝上游流态照片（$Q = 6\,020\ \text{m}^3/\text{s}$）

2. 溢流坝下游流态及流速分布

模型采用设计尾水关系曲线控制下游水位,在四级特征洪水条件下测定溢流坝下游流态和流速分布,如图 6-102~图 6-109 所示。试验结果表明,消力池在四级特征洪水下均可形成完整水跃;遭遇 200 年一遇洪水时,冲沙闸与护坦的水力连接顺畅,护坦上水流波动较小,尾坎处流速为 4.03~5.12 m/s,护坦尾端流速为 3.19~4.02 m/s,消力池与护坦垂直方向流速分布如图 6-110 所示。但遭遇 10 000 年一遇洪水及灾难洪水时,消力池下游产生二级水跃,护坦尾端流速较大,10 000 年一遇洪水时流速为 4.13~5.32 m/s,灾难洪水时流速为 5.31~7.89 m/s。溢流坝下游不同断面垂直方向对应流速分布见表 6-14~表 6-17。

图 6-102　50 年一遇洪水溢流坝下游流态照片($Q=4\ 970\ \mathrm{m^3/s}$)

图 6-103　200 年一遇洪水溢流坝下游流态照片($Q=6\ 020\ \mathrm{m^3/s}$)

图 6-104　10 000 年一遇洪水溢流坝下游流态照片（$Q = 8\ 900\ \mathrm{m^3/s}$）

图 6-105　灾难洪水溢流坝下游流态照片（$Q = 15\ 000\ \mathrm{m^3/s}$）

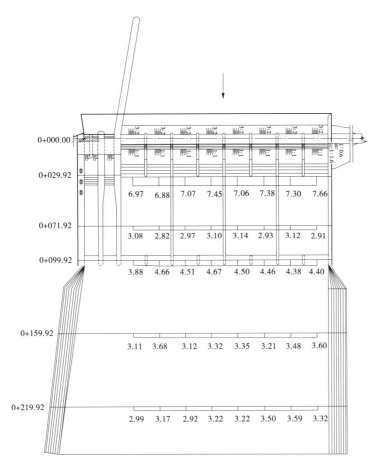

图 6-106 50 年一遇洪水溢流坝下游流速分布($Q = 4\,970\ \mathrm{m^3/s}$)　（流速单位:m/s）

表 6-14 溢流坝下游平均流速($Q = 4\,970\ \mathrm{m^3/s}$)

测点位置	平均流速/(m/s)					
	初始设计下游水位:1 267.2 m			下游水位:1 262.7 m		
	尾坎段	尾坎下游 60 m	尾坎下游 120 m	尾坎段	尾坎下游 60 m	尾坎下游 120 m
1#	4.4	3.6	3.3	5.3	4.6	5.5
2#	4.4	3.5	3.6	5.2	4.3	5.3
3#	4.5	3.2	3.5	5.3	4.2	5.0
4#	4.5	3.3	3.2	5.4	4.0	4.4
5#	4.7	3.3	3.2	5.1	4.3	4.5
6#	4.5	3.1	2.9	5.4	4.1	4.1
7#	4.7	3.7	3.2	5.4	4.1	3.7
8#	3.9	3.1	3.0	5.2	3.8	3.7

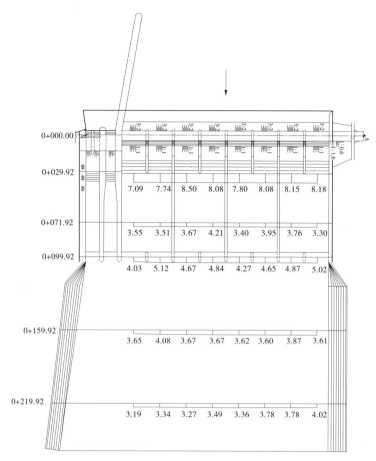

图 6-107　200 年一遇洪水溢流坝下游流速分布($Q=6\,020\ \mathrm{m^3/s}$)　（流速单位:m/s）

表 6-15　溢流坝下游平均流速($Q=6\,020\ \mathrm{m^3/s}$)

测点位置	平均流速/(m/s)					
	初始设计下游水位:1 267.6 m			下游水位:1 263.2 m		
	尾坎段	尾坎下游 60 m	尾坎下游 120 m	尾坎段	尾坎下游 60 m	尾坎下游 120 m
1#	5.0	3.6	4.0	5.6	5.2	6.0
2#	4.9	3.9	3.8	4.9	5.0	5.7
3#	4.7	3.6	3.8	5.5	4.6	5.4
4#	4.3	3.6	3.4	5.6	4.7	5.0
5#	4.8	3.7	3.5	5.6	4.4	4.6
6#	4.7	3.7	3.3	5.3	4.4	4.6
7#	5.1	4.1	3.3	5.6	4.7	4.4
8#	4.0	3.7	3.2	5.5	4.1	4.4

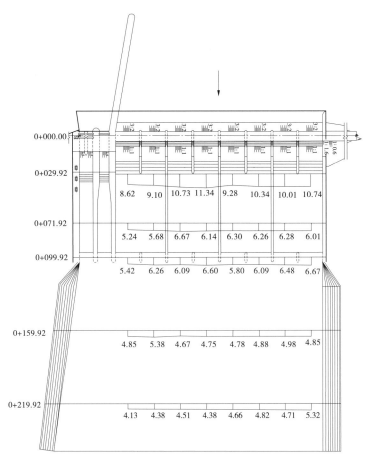

图 6-108　10 000 年一遇洪水溢流坝下游流速分布($Q = 8\ 900\ \mathrm{m^3/s}$)　（流速单位：m/s）

表 6-16　溢流坝下游平均流速($Q = 8\ 900\ \mathrm{m^3/s}$)

测点位置	平均流速/(m/s)					
	初始设计下游水位:1 268.8 m			下游水位:1 265.0 m		
	尾坎段	尾坎下游 60 m	尾坎下游 120 m	尾坎段	尾坎下游 60 m	尾坎下游 120 m
1#	6.7	4.8	5.3	8.4	5.8	7.2
2#	6.5	5.0	4.7	7.6	5.6	6.7
3#	6.1	4.9	4.8	7.3	5.5	6.6
4#	5.8	4.8	4.7	8.0	5.5	6.2
5#	6.6	4.8	4.4	7.9	5.5	5.9
6#	6.1	4.7	4.5	7.5	5.6	5.7
7#	6.3	5.4	4.4	7.2	6.2	5.3
8#	5.4	4.8	4.1	7.9	5.3	5.2

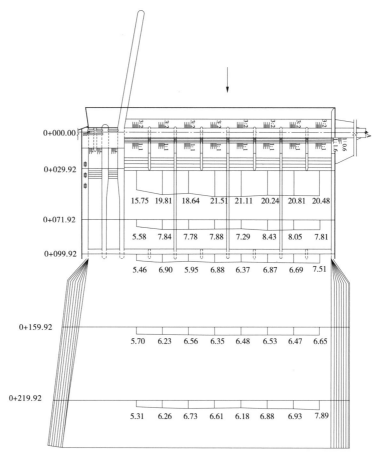

图 6-109 灾难洪水溢流坝下游流速分布($Q=15\ 000\ \text{m}^3/\text{s}$) (流速单位:m/s)

表 6-17 溢流坝下游平均流速($Q=15\ 000\ \text{m}^3/\text{s}$)

测点位置	平均流速/(m/s)					
	初始设计下游水位:1 270.9 m			下游水位:1 265.7 m		
	尾坎段	尾坎下游 60 m	尾坎下游 120 m	尾坎段	尾坎下游 60 m	尾坎下游 120 m
1#	7.5	6.7	7.9	9.7	10.6	11.3
2#	6.7	6.5	6.9	9.8	10.1	11.3
3#	6.9	6.5	6.9	7.8	11.0	11.1
4#	6.4	6.5	6.2	7.6	10.9	11.5
5#	6.9	6.4	6.6	8.6	11.0	10.4
6#	5.9	6.6	6.7	8.9	12.0	11.8
7#	6.9	6.2	6.3	8.9	10.6	9.8
8#	5.5	5.7	5.3	8.4	10.9	9.1

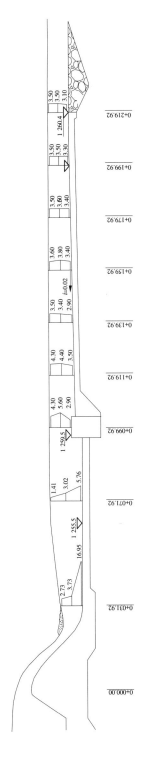

图 6-110　200 年一遇洪水垂直方向流速分布（流速单位：m/s）

3. 下游水位较低时流态和流速分布

根据 ELC 意见,在不考虑尾水关系曲线回水效应的情况下,即下游水位比设计值低 4~5 m,观测流态和流速分布。试验工况见表 6-18。

试验结果表明,水跃起点下移,特别是对于灾难洪水,水跃起点移至消力池中部,二级水跃移至护坦中部。消力池水头流速增大,护坦相对流速也增大。图 6-111~6-118 为四级特征洪水情况下消力池、护坦流态和溢流坝下游流速分布。

表 6-18　试验工况

序号	洪水频率	流量/(m³/s)	初始设计下游水位/m	下游水位较低/m
1	50 年一遇洪水	4 970	1 267.2	1 262.7
2	200 年一遇洪水	6 020	1 267.6	1 263.2
3	10 000 年一遇洪水	8 900	1 268.8	1 265.0
4	灾难洪水	15 000	1 270.9	1 265.7

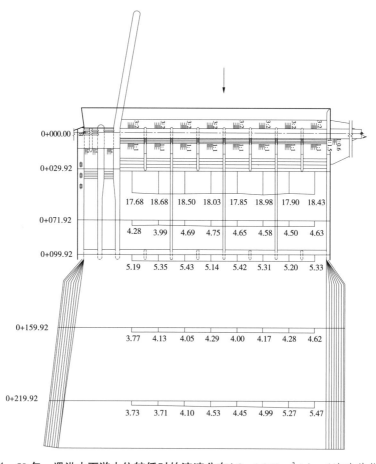

图 6-111　50 年一遇洪水下游水位较低时的流速分布($Q = 4\,970$ m³/s)　（流速单位:m/s）

图 6-112　50 年一遇洪水下游水位较低时的流态照片 ($Q = 4\,970\ \mathrm{m^3/s}$)

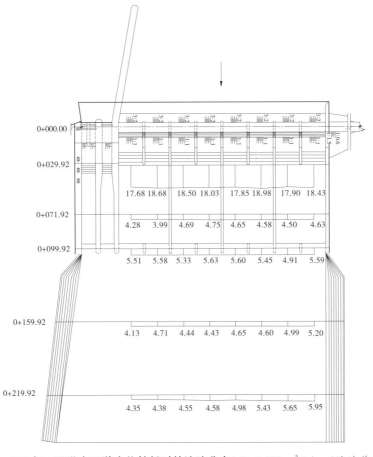

图 6-113　200 年一遇洪水下游水位较低时的流速分布 ($Q = 6\,020\ \mathrm{m^3/s}$)　（流速单位:m/s）

图 6-114　200 年一遇洪水下游水位较低时的流态照片($Q=6\ 020\ \mathrm{m}^3/\mathrm{s}$)

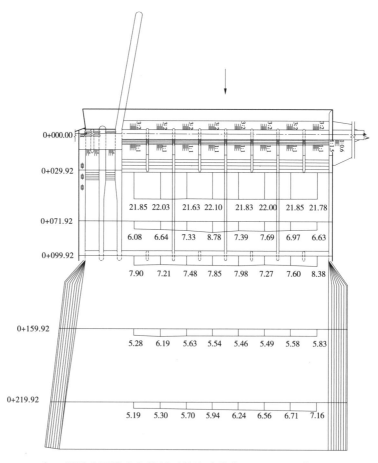

图 6-115　10 000 年一遇洪水下游水位较低时的流速分布($Q=8\ 900\ \mathrm{m}^3/\mathrm{s}$)　（流速单位:m/s）

图 6-116　10 000 年一遇洪水下游水位较低时的流态照片($Q = 8\ 900\ \mathrm{m^3/s}$)

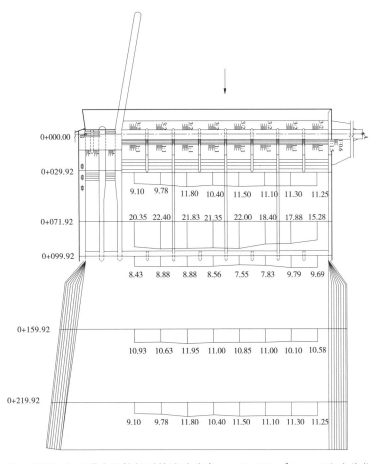

图 6-117　灾难洪水下游水位较低时的流速分布($Q = 15\ 000\ \mathrm{m^3/s}$)　（流速单位:$\mathrm{m/s}$）

图 6-118　灾难洪水下游水位较低时的流态照片($Q=15\,000\ \mathrm{m^3/s}$)

4. 冲沙闸处流态和流速分布

保持库水位 1 275.5 m,当弧形闸门与平板闸门间导墙缩短时,冲沙闸前较差流态消失,下游流出顺畅,见图 6-119、图 6-120。弧形闸门和左侧平板闸门胸墙前产生直径 1~3 m 的间歇性交叉漩涡。冲沙闸前方流速分布见图 6-121。

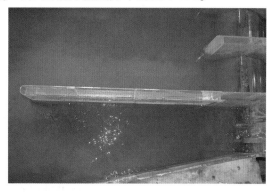

图 6-119　冲沙闸导墙周围流态照片

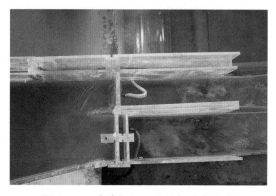

图 6-120　冲沙闸入口处局部流态照片

库水位为 1 275.5 m 时,弧形闸门下游消力池产生水跃,起点位于 0+020 m 断面,消力池水深为 14~15 m。尾坎处水面高程约 1 264.7 m,比护坦高 1.5 m,尾坎处形成跌流,产生二级水跃;平板闸门下游也可产生自由水跃,但起点位于闸门附近 0+005 m 断面,消力池水深为 14~15 m,尾坎处形成跌流,产生二级水跃,如图 6-122 所示。

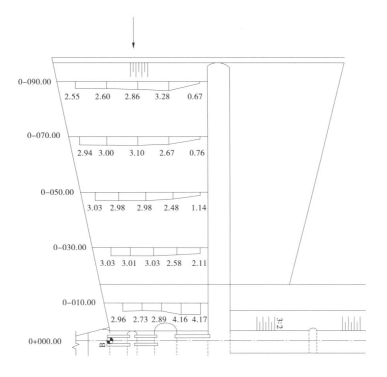

图 6-121　冲沙闸前流速分布　（流速单位：m/s）

图 6-122　冲沙闸下游尾坎处流态照片

对于弧形闸门和平板闸门，沿水流垂直方向的流速分布测定见图 6-123、图 6-124。可以看出，当仅打开冲沙闸时，下游水位较低，护坦上水流往往为急流，流速为 6.27～8.72 m/s。防冲槽后设冲刷孔，最低点高程 1 252.6 m，比防冲槽底部 1 252.2 m 高。石料从防冲槽滚动至冲刷孔，但整个防冲槽基本稳定，见图 6-125。

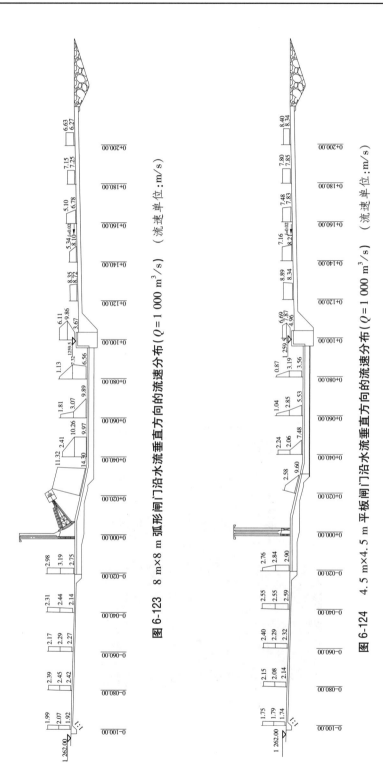

图 6-123 8 m×8 m 弧形闸门沿水流垂直方向的流速分布（$Q=1\,000\,\mathrm{m}^3/\mathrm{s}$）　（流速单位：m/s）

图 6-124 4.5 m×4.5 m 平板闸门沿水流垂直方向的流速分布（$Q=1\,000\,\mathrm{m}^3/\mathrm{s}$）　（流速单位：m/s）

图 6-125　冲沙闸下游冲刷地形照片

6.2.3.6　结论与建议

1. 初始设计方案

（1）无论是水库运行初期还是运行后期，在水库遭遇各级设计洪水时，枢纽泄水建筑物的泄流能力满足设计要求。

（2）从溢流坝段堰面时均压力分布看，满足溢流坝设计规范要求，水流脉动压力符合正态分布，脉动压力最大可能单倍振幅可采用 3 倍均方根进行计算，消力池脉动压力优势频率均在 2Hz 以下，即属于低频脉动。

（3）对于各级洪水，除紧邻冲沙闸的一孔溢流坝受绕流影响造成堰面水流不平顺外，溢流坝其他各孔进流均较平顺。上游开挖平台边坡处遭遇 10 000 年一遇洪水时，流速仅 2 m/s 左右，对开挖边坡稳定影响不大。消力池出口流速较大，当下游采用直径 1 m 的石块（模型 1 cm）防护后，防冲效果明显，四级特征洪水条件下，冲刷坑最大深度分别为 1 m、2 m、4 m 和 7.7 m，下游两岸裹头部位采用直径 1 m 的石块（模型 1 cm）防护后，基本未发生冲刷现象。

（4）在消力池内增加消力墩后，消力池消能率提高不大，四级特征洪水条件下，仅比不设消力墩时的消能率提高 1%~4%。考虑到设置消力墩可能会带来空化空蚀等不利结果，因此不推荐在消力池内布置消力墩。

（5）实测冲沙闸泄量均大于设计值，满足设计泄流要求。但泄量随水头变化不均匀，水流在胸墙下缘有脱流现象，有可能引起闸门震动等问题，建议胸墙底缘下压，消除脱流现象，同时可消除胸墙底缘负压的出现。

（6）受冲沙闸前导墙的影响，8 m×8 m 冲沙闸泄流时，因绕流闸前出现水流跌落，流态较恶劣，建议在不影响冲沙闸稳定的前提下，取消冲沙闸之间的导墙。

（7）当冲沙闸消力池不设隔墙，4.5 m×4.5 m 冲沙闸或 8 m×8 m 冲沙闸单独泄流时，消力池内均会产生斜水跃不利流态，建议保留隔墙。8 m×8 m 冲沙闸泄流时，因单宽流量较大,当库水位高于 1 280.88 m 时,下泄水流直接冲出消力池,消能不充分,对下游冲刷较严重。4.5 m×4.5 m 冲沙闸泄流时,当库水位高于 1 282.07 m 后,下泄水流也会冲出消力池,在消力池下游形成波状水跃或挑流流态,对下游产生严重冲刷,建议加大池深或加大消力池出口防护范围。

2. 修改方案

(1)加长加高冲沙闸与溢流坝之间的导墙可改善冲沙闸与溢流坝进口处的流态,但扩散导墙会影响溢流坝的进流出流,因此设计建议导墙垂直于溢流坝轴线。

(2)当关闭冲沙闸,水流流经溢流坝时,四级特征洪水(50 年一遇洪水、200 年一遇洪水、10 000 年一遇洪水和灾难洪水)下从导墙右侧向左侧的水头分别为 0.2 m、0.7 m、1.1 m、1.9 m。

(3)在改型条件下弧形闸门和平板闸门流入较顺畅,较差流态消失,护坦流速为 7~8 m/s。最低冲刷点高程 1 252.6 m,比防冲槽底部高程 1 252.2 m 高,整个防冲槽基本稳定。

(4)下游水位低于设计值 4~5 m 时,水跃起点向下移,尤其是对于灾难洪水,水跃起点移至消力池中部。二级水跃移至护坦中部,消力池水头流速增大,护坦相对流速也增大。

(5)遭遇 200 年一遇洪水时,消力池与护坦之间水力连接顺畅,护坦上水流波动较小,护坦尾端流速分布均匀。单遭遇 10 000 年一遇洪水及灾难洪水时,消力池产生二级水跃,护坦尾端流速较大。

6.2.4　冲沙水工模型试验研究

6.2.4.1　试验目的和任务

通过模型试验优化取水口及导墙布置,保证在上游来水流量 70~2 500 m³/s 情况下进流平顺;研究引渠形式、尺寸、长度及渠内和取水口前清淤形态;验证冲沙闸、排沙管的拉沙效果和运用方式。主要试验任务如下:

(1)观测不同流量条件下库区及取水口进口流态和流速分布。

(2)量测引渠内清淤形态。

(3)量测冲沙闸和排沙管不同运用条件下取水口前清淤形态。

(4)量测冲沙闸和排沙管不同运用条件下取水口水流含沙量。

6.2.4.2　水工模型设计

1. 模型比尺及模型沙选择

该模型主要研究取水口附近和引渠内泥沙淤积问题,采取在定床基础上做动床试验。根据工程规模和试验任务要求,模型几何比尺取 1:40,模型和原型应满足几何形态相似、水流运动相似和泥沙运动相似。

通过综合分析研究,郑州热电厂容重 21 kN/m³ 的粉煤灰被选作本模型的模型沙。该模型沙物理化学性能较为稳定、悬浮特性好、造价低、宜选配加工,同时曾在小浪底水库库区、三门峡库区、黄河小北干流连伯滩放淤、胜利油田广北库区等水力模型中采用。

2. 模型范围

该模型模拟范围为 1 300 m 长、1 000 m 宽,包括冲沙闸、上游河道(长 800 m、宽 300 m)、下游河道(长 500 m)、沉沙池、取水口一部分(长 350 m)。模型尺寸为 35 m 长、27 m 宽。模型整体平面布置如图 6-126 所示。

(a)

(b)

图 6-126　模型整体平面布置照片

6.2.4.3　试验水沙条件和试验组次

根据试验任务和要求及设计提供的水沙条件共进行了四个方面内容 10 个组次试验,见表 6-19。

表6-19　试验组次

试验内容	组次	流量/(m³/s)	含沙量/(kg/m³)	备注
造床	1	913	0.6~13	冲沙闸+沉沙池引水
不同流量流态观测	2	74	0	两条沉沙池引水
	3	222	0	沉沙池正常引水
	4	913	5	冲沙闸+沉沙池引水
	5	1 300	7	溢流坝+冲沙闸+沉沙池引水
	6	2 500	10	溢流坝+冲沙闸+沉沙池引水
排沙管排沙	7	250	7	引水+1条排沙管排沙
	8	334	7	引水+4条排沙管排沙
冲沙闸排沙	9	415	3	平板门冲沙闸排沙
	10	1 009	3	平板门和弧形门冲沙闸排沙

6.2.4.4　试验成果

1. 库区造床试验

库区造床就是在一定的来水来沙条件下,库区逐渐达到冲淤平衡状态,形成新河床的过程。在模拟首部枢纽附近的造床过程时,采用造床流量法。造床模型试验按照设计提供的造床流量(Q=913 m³/s)和对应含沙量(0.6~13 kg/m³)开始,直到达到冲淤平衡。受试验时间的限制,模型造床过程中含沙量控制偏大,模型造床试验共进行了40 h,相当于原型时间21.4 d。造床试验时,取水口和冲沙闸开启。

造床试验初期,库区水深较大,水流挟带的泥沙首先在库区末端淤积,沙滩逐渐出露,原有的主河槽被淤死。随时间延长,出露的沙滩越来越多,流路散乱,形成多股河槽。而且,每股河槽摆动不定,流路变化迅速。随着这种水流形态向坝前推进,小河槽数目减少,见图6-127。在此阶段,水库出流含沙量逐渐增加。造床试验后期,库区左侧一股河槽逐渐萎缩消失,而右侧流路河槽沿着开挖引渠逐渐发育展宽顺直,形成正对冲沙闸段的单一河槽,如图6-128、图6-129所示,库区逐渐达到冲淤平衡状态(模型进口含沙量与出口含沙量相等),造床结束。

造床试验后库区等高线见图6-130,造床后库区淤积形态见图6-131,库区淤积地形横剖面图见图6-132。由图可知,库区淤积严重,淤积地形相对平坦,滩地高程为1 274~1 276 m。塑造的主槽宽度为100~200 m,主槽方向沿开挖引渠至冲沙闸,并在冲沙闸上游导墙与取水口之间形成冲刷漏斗,见图6-133。

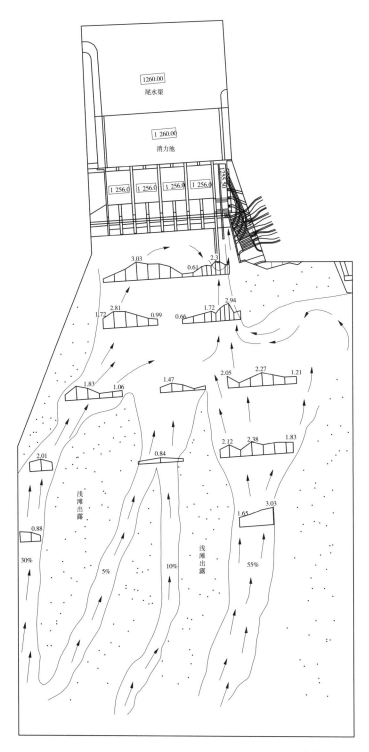

图 6-127　库区造床过程中库区流态和流速分布　（流速单位:m/s）

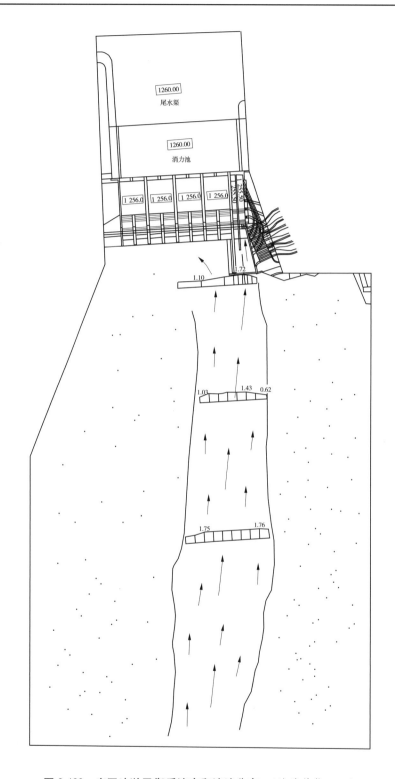

图 6-128　库区冲淤平衡后流态和流速分布　（流速单位：m/s）

图 6-129　库区冲淤平衡 $Q=913$ m^3/s 时流态照片

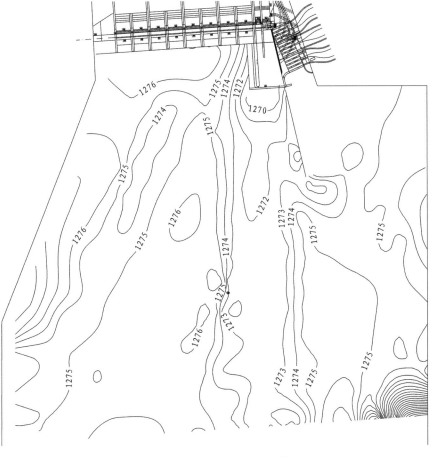

图 6-130　造床试验后库区等高线

图 6-131　造床后库区淤积地形照片

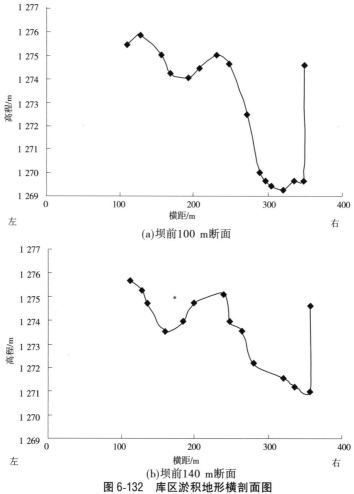

(a)坝前100 m断面

(b)坝前140 m断面

图 6-132　库区淤积地形横剖面图

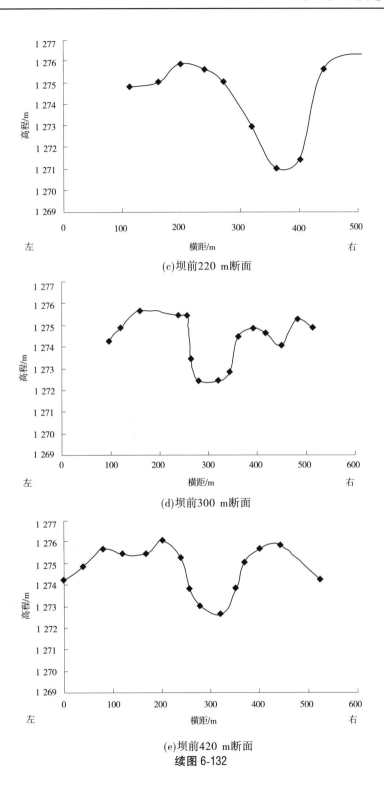

(c)坝前220 m断面

(d)坝前300 m断面

(e)坝前420 m断面

续图 6-132

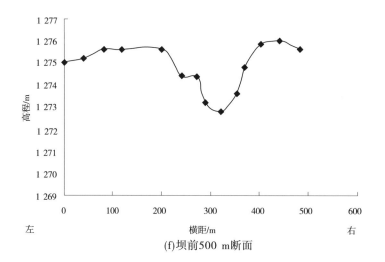

(f)坝前500 m断面

续图 6-132

图 6-133　冲沙闸上游冲刷漏斗照片

2.不同组合运用取水口进口流态和流速分布

在库区造床淤积地形上施放 5 组流量(74 m³/s、222 m³/s、913 m³/s、1 300 m³/s、2 500 m³/s),观测库区和取水口流态和流速分布。

1)入库流量 74 m³/s

当入库流量为 74 m³/s(相当于两条沉沙池运用)时,根据水库洪水特点,小流量时含沙量非常小,所以模型不加沙,分别开启两扇取水口闸门,即左侧闸门 1# 和 4#、5# 和 8#、9# 和 12#,观测开启时取水口流态,见图 6-134～图 6-136。结果表明,由于引水流量比较小,无论哪两组开启,取水口进流均较平顺。

图 6-134　1# 和 4# 闸门开启时取水口进口流态照片

图 6-135　5# 和 8# 闸门开启时取水口进口流态照片

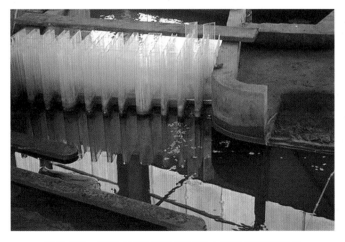

图 6-136　9# 和 12# 闸门开启时取水口进口流态照片

2) 入库流量 222 m³/s

试验结果表明,当入库流量为 222 m³/s(清水),取水口 12 孔全部开启引水时,取水口进口流态比较平顺,见图 6-137、图 6-138。试验量测取水口断面流速分布如图 6-139 和图 6-140 所示。结果表明,1#~11# 孔断面流速无论是平面上还是垂线上分布均较均匀,各孔平均流速在 1.93~2.25 m/s,12# 孔由于受右侧裹头影响,该孔过流量远小于其他孔口,断面平均流速为 1.56 m/s。

图 6-137　取水口进口流态 1 照片

图 6-138　取水口进口流态 2 照片

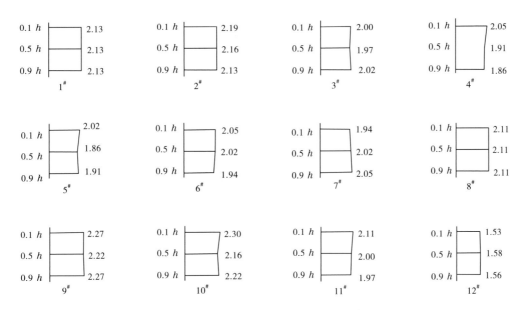

图 6-139　流量 222 m³/s 时取水口闸门垂线流速分布（流速单位：m/s）

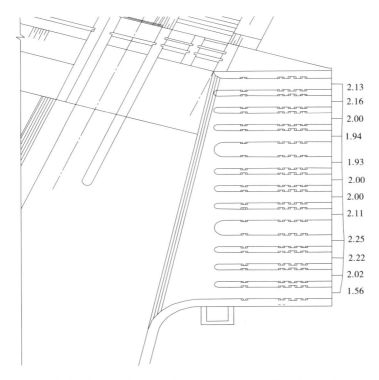

图 6-140　流量 222 m³/s 时取水口闸门垂线平均流速（流速单位：m/s）

3）入库流量 913 m³/s

当入库流量为 913 m³/s 时共进行了 2 种组合运用试验。

组次 1：含沙量 5 kg/m³，冲沙闸全部开启，保持库水位 1 275.5 m，引水流量 222 m³/s。

试验对取水口 12 孔闸门垂线流速进行了量测,如图 6-141、图 6-142 所示。库区流态与流速分布见图 6-143。

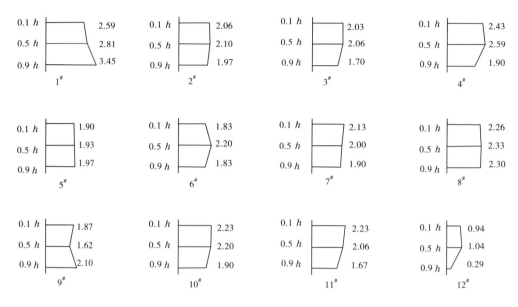

图 6-141 流量 913 m³/s 冲沙闸开启时取水口闸门垂线流速分布 (流速单位:m/s)

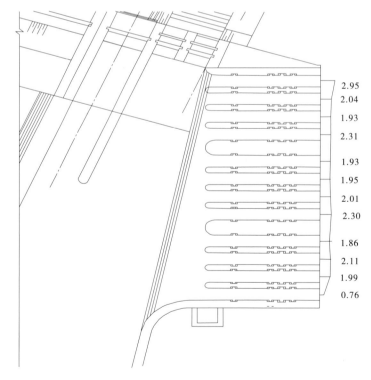

图 6-142 流量 913 m³/s 冲沙闸开启时取水口闸门垂线平均流速 (流速单位:m/s)

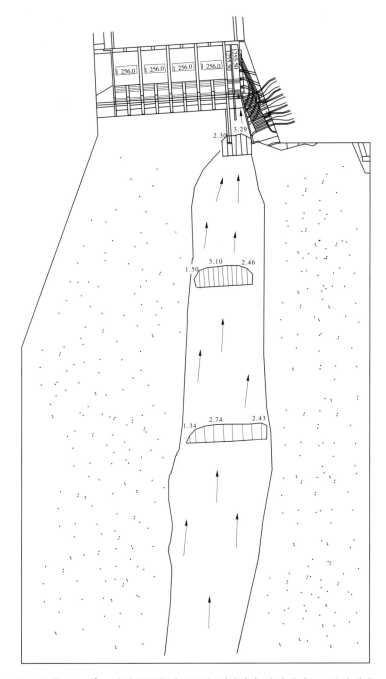

图 6-143　流量 913 m³/s 冲沙闸和取水口运行时流态与流速分布　（流速单位：m/s）

　　试验结果表明,当取水口正常引水,冲沙闸开启运用,特别是 2 孔 4.5 m×4.5 m 冲沙闸开启时,取水口进口水面波动较大(见图 6-144),进流分布不均,特别是左右两边孔,左边进流明显大于其他孔,右边孔进流明显又小于其他孔,左边孔断面平均流速是其他孔的 1.4 倍,是右边孔的 3.9 倍。模型观测到在左侧几孔流道内有泥沙淤积,特别是 12# 孔淤积比较严重。库区主流基本在主槽内,流速 1~3 m/s。

图 6-144　冲沙闸冲沙时取水口前流态照片

组次 2:含沙量 5 kg/m³,冲沙闸全部关闭,库水位 1 277.12 m,溢流坝溢流,取水口引水 222 m³/s。图 6-145、图 6-146 为取水口孔口断面流速分布,图 6-147 为库区流态与流速分布。

试验结果表明,冲沙闸全部关闭溢流坝过流且取水口进水正常时,取水口进口前流态较平顺(见图 6-148),取水口各孔进流较均匀,左边孔口断面平均流速与其他孔断面平均流速接近,右边孔口断面平均流速略小于其他孔断面平均流速。由于库水位升高,库区水流漫滩,主流流速较大,最大流速为 1.76 m/s。

4)入库流量 1 300 m³/s

当入库流量达到 1 300 m³/s 时共进行了 3 种组合运用试验。

组次 1:入库流量 1 300 m³/s,含沙量 7 kg/m³,取水口引水流量 222 m³/s,冲沙闸全开,库水位 1 275.6 m。

图 6-149、图 6-150 为取水口 12 孔孔口断面流速分布,图 6-15 内取水口进口流态照片,图 6-152 为库区流态与流速分布。

试验结果表明,当取水口正常引水时,冲沙闸全部开启排沙,取水口进口前水面波动较大,受冲沙闸过流及取水口右侧裹头影响,取水口进流不均匀,左边孔平均流速明显大于其他孔,同时受取水口前淤积影响,右侧 3 孔过流流速小于 1 m/s。

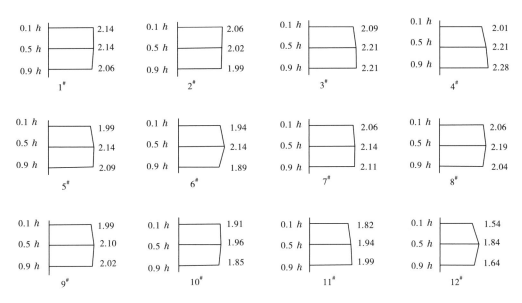

图6-145 流量913 m³/s 冲沙闸关闭时取水口垂线流速分布 （流速单位：m/s）

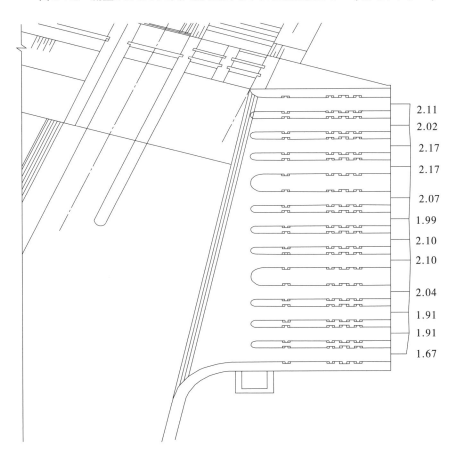

图6-146 流量913 m³/s 冲沙闸关闭时取水口平均流速 （流速单位：m/s）

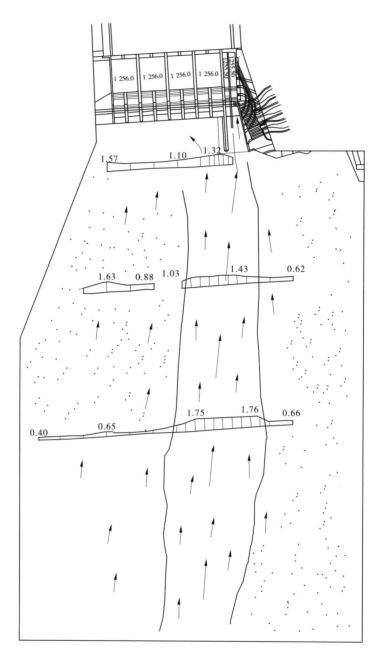

图 6-147　流量 913 m³/s 冲沙闸关闭时库区流态和流速分布　（流速单位：m/s）

图 6-148　流量 913 m³/s 冲沙闸关闭时取水口进口流态照片

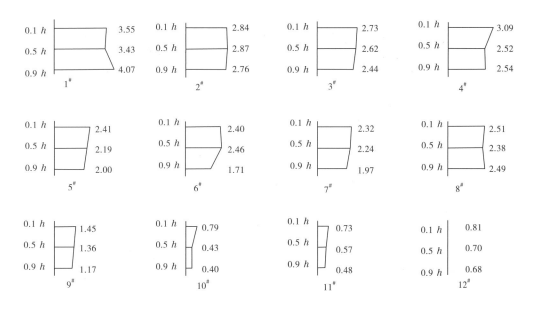

图 6-149　流量 1 300 m³/s 冲沙闸开启时取水口垂线流速分布　（流速单位：m/s）

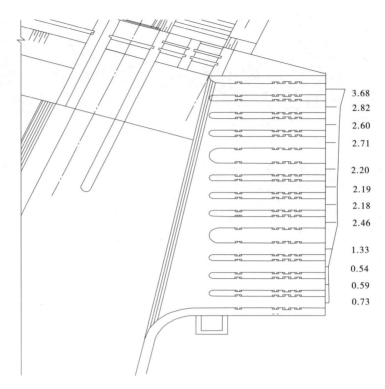

图 6-150　流量 1 300 m³/s 冲沙闸开启时取水口平均流速　（流速单位：m/s）

图 6-151　流量 1 300 m³/s 冲沙闸开启取水口进口流态照片

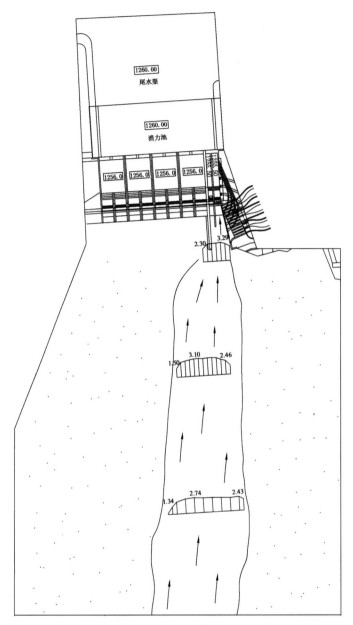

图 6-152　流量 1 300 m³/s 冲沙闸开启时库区流态与流速分布　(流速单位:m/s)

　　组次 2:入库流量 1 300 m³/s,取水口引水流量 222 m³/s,两孔 4.5 m×4.5 m 冲沙闸关,8 m×8 m 冲沙闸全开,库水位 1 276.66 m。

　　结果表明,当取水口正常引水,平板门冲沙闸关闭后,取水口进口前流态较为平顺,但弧形门冲沙闸进口受两侧导墙的影响,闸前水面波动剧烈(见图 6-153)。取水口各孔流速分布较开启平板门冲沙闸时均匀(见图 6-154)。

　　组次 3:入库流量 1 300 m³/s,取水口引水流量 222 m³/s,冲沙闸全部关闭,库水位 1 277.68 m。

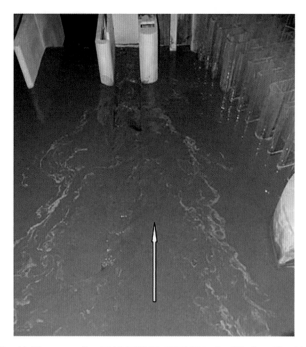

图 6-153　流量 1 300 m³/s 平板门关闭、弧形门开启时取水口进口流态照片

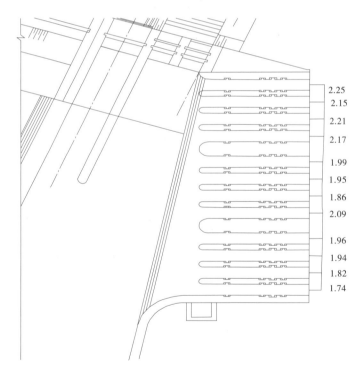

图 6-154　流量 1 300 m³/s 平板门关闭、弧形门开启时取水口平均流速分布　（流速单位：m/s）

图 6-155 和图 6-156 为取水口各孔口流速分布，图 6-157 为库区流态与流速分布。

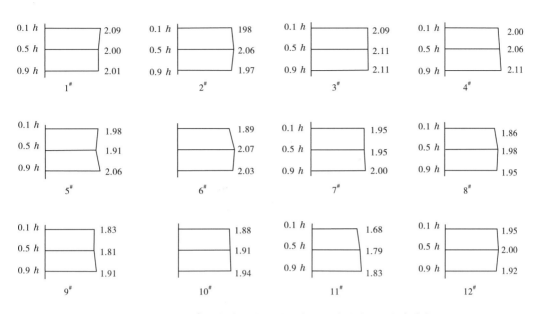

图 6-155　流量 1 300 m³/s 冲沙闸关闭时取水口垂线流速　(流速单位:m/s)

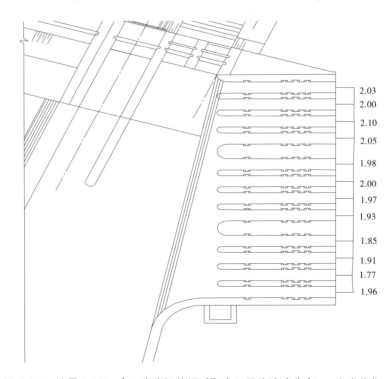

图 6-156　流量 1 300 m³/s 冲沙闸关闭时取水口平均流速分布　(流速单位:m/s)

　　结果表明,当取水口正常引水、冲沙闸全部关闭时,取水口进口前水面比较平静,如图 6-158 所示,取水口各孔进流相对均匀。

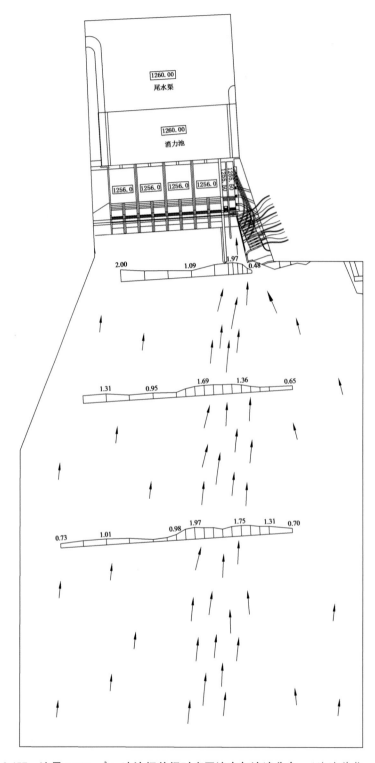

图 6-157　流量 1 300 m³/s 冲沙闸关闭时库区流态与流速分布　（流速单位:m/s）

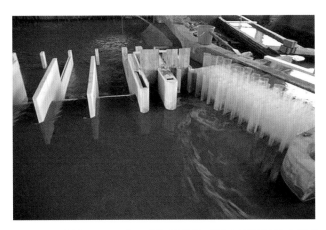

图 6-158　流量 1 300 m³/s 冲沙闸关闭时取水口进口流态照片

5) 入库流量 2 500 m³/s

入库流量 2 500 m³/s 时共进行了两种组合运用试验。

组次 1: 入库流量 2 500 m³/s, 含沙量 10 kg/m³, 取水口引水流量 222 m³/s, 冲沙闸全开, 库水位 1 277.1 m。

试验结果表明, 当取水口正常引水、冲沙闸全部开启排沙时, 取水口进口前水面波动较大, 如图 6-159 所示。受冲沙闸过流以及取水口右侧裹头影响, 取水口进流不均匀, 左边孔流速是右边孔流速的 1.6 倍。库区主槽流速在 2.0 m/s 左右, 滩地流速在 1.0 m/s 左右。图 6-160、图 6-161 为取水口 12 孔孔口断面流速分布, 图 6-162 为库区流态与流速分布。

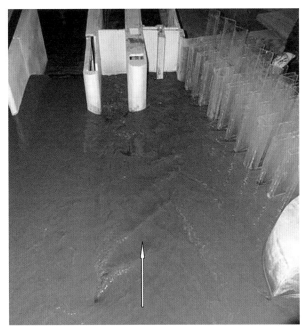

图 6-159　流量 2 500 m³/s 冲沙闸开启时取水口进口流态照片

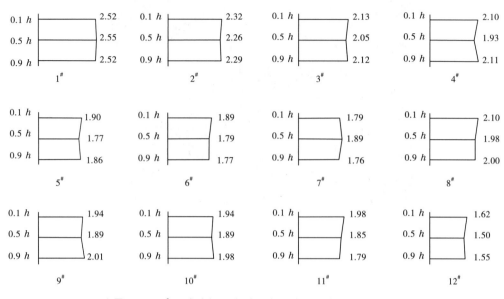

图6-160　流量2 500 m³/s冲沙闸开启时取水口孔口垂线流速分布　（流速单位：m/s）

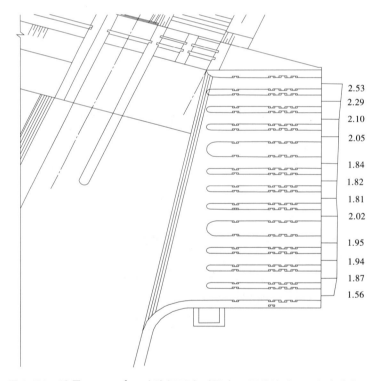

图6-161　流量2 500 m³/s冲沙闸开启时取水口平均流速　（流速单位：m/s）

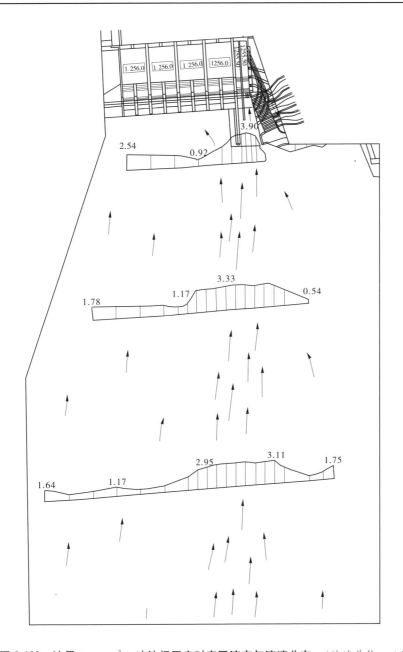

图 6-162　流量 2 500 m³/s 冲沙闸开启时库区流态与流速分布　（流速单位:m/s）

　　组次 2:入库流量 2 500 m³/s,取水口引水流量 222 m³/s,冲沙闸全部关闭,库水位 1 278.5 m。

　　试验结果表明,当冲沙闸关闭、取水口引水时,取水口进流平顺。库区主槽流速在 2.0 m/s 左右,滩地流速在 1.0 m/s 左右。图 6-163 为库区流态与流速分布,进口流态照片见图 6-164,图 6-165 和图 6-166 为取水口孔口断面流速分布。

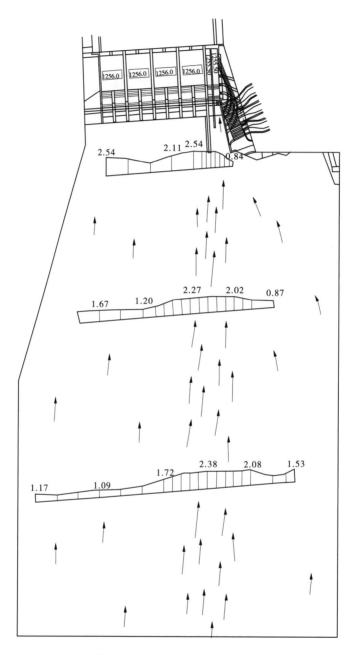

图 6-163　流量 2 500 m³/s 冲沙闸关闭时库区流态与流速分布　（流速单位:m/s）

3. 排沙管排沙和冲沙闸冲沙试验

库区冲淤达到平衡后,进行排沙管排沙和冲沙闸冲沙试验,以观测取水口前漏斗形态,验证排沙管和冲沙闸的拉沙效果。

1)排沙管排沙效果分析

(1)漏斗淤积试验。

图 6-164　流量 2 500 m³/s 冲沙闸关闭时取水口进口流态照片

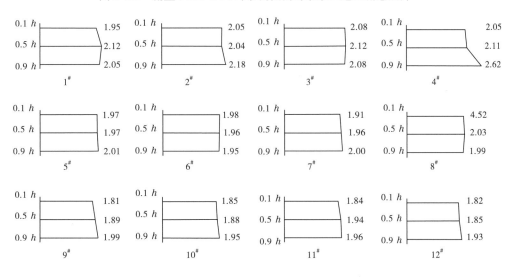

图 6-165　流量 2 500 m³/s 冲沙闸关闭时取水口孔口垂线流速分布　(流速单位:m/s)

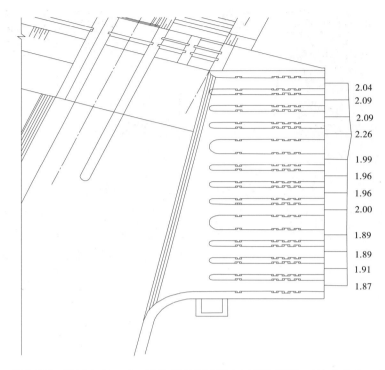

图 6-166　流量 2 500 m³/s 冲沙闸关闭时取水口平均流速　（流速单位：m/s）

取水口下方 1 263.0 m 高程处布设 4 条排沙管，排沙管尺寸 1.50 m×2.00 m（高×宽）。库区造床试验结束后，冲沙闸前形成一个冲刷漏斗，在此基础上试验观测取水口前漏斗泥沙淤积情况，试验流量为 250 m³/s，含沙量为 7 kg/m³，关闭冲沙闸和 4 条排沙管，仅开启引水闸，量测沿程含沙量变化，如图 6-167 所示。结果表明，初期漏斗区水深大，流速小，来流挟带的泥沙在进口前的漏斗内淤积，水流含沙量沿程降低，引水含沙量较入库含沙量减小 31.6%，即泥沙沉降率为 31.6%。

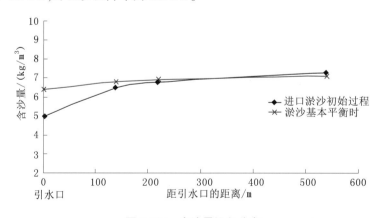

图 6-167　含沙量沿程分布

随着进口前的漏斗逐渐淤满，取水口前淤积面达到 1 270 m 高程，引水含沙量逐渐增大。

（2）排沙管排沙试验。

当漏斗淤满时，开启 1# 排沙管开始排沙，排沙过程中对排水管出口含沙量进行观测，试验量测到的最大含沙量约 53 kg/m³，见图 6-168。排沙管排出含沙量随着时间增加而减小，约 60 min 后，含沙量趋于稳定。

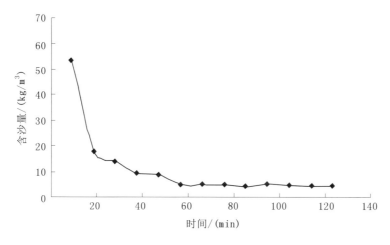

图 6-168　1# 排沙管出口含沙量过程线

1# 排水管排沙试验结束后对冲沙闸前地形进行了测量，见图 6-169。随后进行 4 条排沙管排沙试验，60 min 后排沙管出口含沙量趋于稳定，测量冲沙闸前地形，见图 6-169。

可以看出，排沙管排沙前，取水口前淤积高程达到 1 270～1 272 m，弧形门冲沙闸前淤积高程达到 1 273.8 m；1 条排沙管拉沙形成的漏斗上口宽约 20 m；4 条排沙管拉沙范围较 1 条时增大，形成的漏斗上口最大宽度约为 60 m，见图 6-170。

2）冲沙闸排沙效果分析

根据工程布置，取水口紧邻 2 孔 4.5 m×4.5 m 平板门冲沙闸，平板门冲沙闸与左侧弧形门冲沙闸之间有 37 m 长的导墙。冲沙闸排沙试验也是在库区造床淤积地形上进行的。

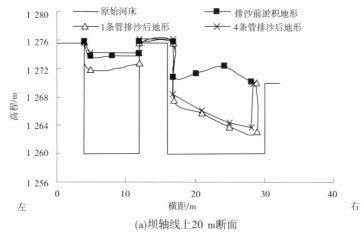

(a)坝轴线上20 m断面

图 6-169　排沙管排沙前后闸前不同断面形态

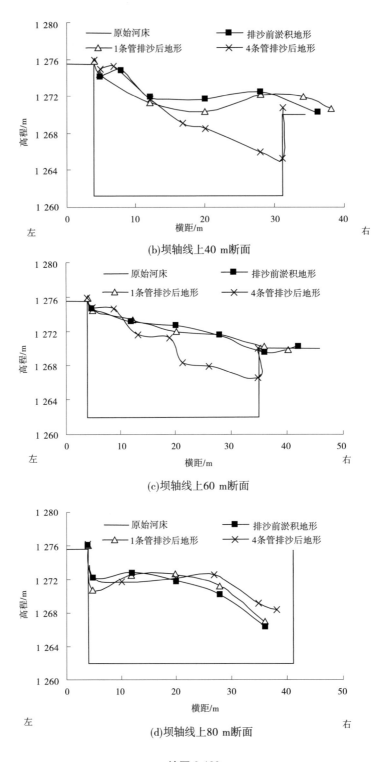

(b)坝轴线上40 m断面

(c)坝轴线上60 m断面

(d)坝轴线上80 m断面

续图 6-169

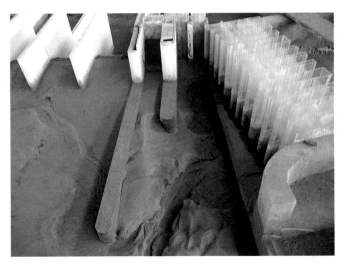

图 6-170　4 条排沙管排沙后取水口进口漏斗形态照片

的。首先进行闸前淤积试验,当闸前淤积面高程达到取水口进口底板高程 1 270 m 时,进行冲沙闸排沙试验。

闸前淤积是按照流量 913 m^3/s、含沙量 13 kg/m^3 进行试验的,当闸前淤积高程达到取水口进口底板高程 1 270 m 时,对闸前淤积地形进行了量测,排沙闸前淤积高程 1 270~1 272 m。

淤积高程达到 1 270 m 后,将来流流量调整为 415 m^3/s,关闭取水口闸门,保持库水位在 1275.5 m,开启平板门冲沙闸排沙。排沙过程中试验量测到的最大含沙量约为 77 kg/m^3,冲沙闸下泄水流含沙量随着开闸时间的增加而减小,约 60 min 后含沙量趋于稳定,且排出含沙量与入库含沙量接近。排沙结束后对闸前地形进行了量测。前后闸前不同断面形态图 6-171、图 6-172 为排沙后取水口和库区地形。结果表明,冲沙闸排沙效果比较显著,取水口前高程 1 268 m 以上淤积的泥沙全部排出。图 6-173 为平板门冲沙闸排沙过程中冲沙闸下泄水流含沙量变化过程,仅供设计参考。

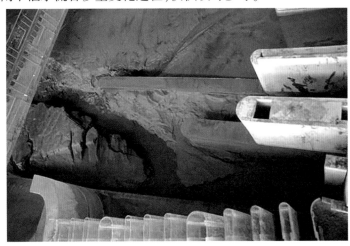

图 6-171　平板门冲沙闸排沙后进口漏斗地形照片

图 6-172　平板门冲沙闸排沙后库区地形照片

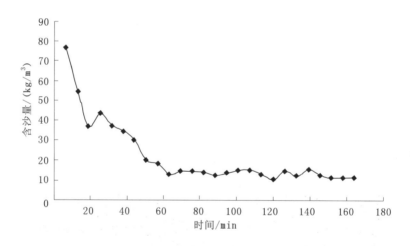

图 6-173　平板门冲沙闸冲沙过程中含沙量变化

在平板门冲沙闸排沙稳定后,开启弧形门冲沙闸,流量调整为 1 009 m³/s,保持库水位在 1 275.5 m,进口流态见图 6-174。冲沙闸排沙出口含沙量过程线见图 6-175,可以看出,排沙约 50 min 后,排出水流含沙量趋于稳定。

然后切断水流,观测排沙后闸前地形,见图 6-176。排沙后取水口进口、库区地形照片见图 6-177、图 6-178。结果表明,冲沙闸排沙效果比较显著,可以在闸前 40 m 范围内保持门前清,在 40~80 m 范围内淤积面高程降至 1 265~1 268 m,库区引渠内主槽宽度也展宽加深。

图 6-174　冲沙闸全部开启时进口流态照片

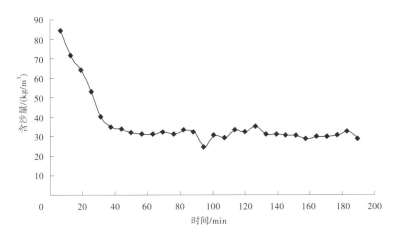

图 6-175　冲沙闸含沙量过程线

6.2.4.5　修改设计方案试验结果

根据溢流坝试验推荐结果,冲沙闸与上游溢流坝之间顶部高程 1 289.5 m、长 80 m 的导墙为直墙,取消平面闸门和弧形闸门之间的导墙。

导流墙修改前和修改后进水口和冲沙闸的流态如图 6-179～图 6-182 所示。保持水库水位 1 275.5 m,弧形冲沙闸前较差流态消失,下游出流顺畅。弧形闸门和左侧平面闸门防浪墙前产生一个直径为 1～3 m 的间歇性合流涡。图 6-183 为冲沙闸关闭时取水口进口流态。

冲沙闸开启和关闭,水库水位为 1 275.5 m 时,测量取水口闸门流速,如图 6-184、图 6-185 所示。试验结果表明,冲沙闸开启时,取水口入流均匀,但冲沙闸在使用时,取水口不均匀,左侧闸门流量大于右侧闸门。与原设计相比,对进水口影响不明显。

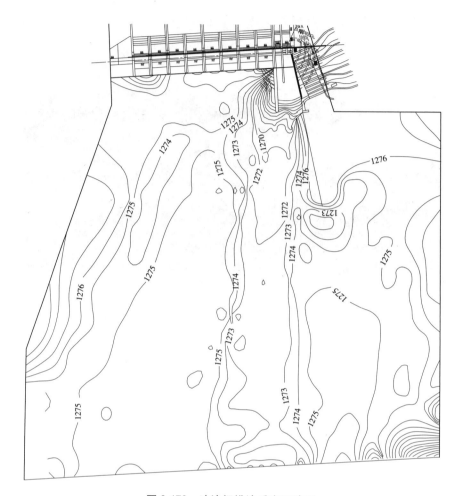

图 6-176　冲沙闸排沙后库区地形

图 6-177　冲沙闸全部开启排沙后取水口进口地形照片

图 6-178　冲沙闸全部开启排沙后库区地形照片

图 6-179　取水口进口流态照片

图 6-180   裹头前流态照片

图 6-181   冲沙闸运行时取水口进口流态照片

图 6-182　原设计方案取水口进口流态照片

图 6-183　冲沙闸关闭时取水口进口流态照片

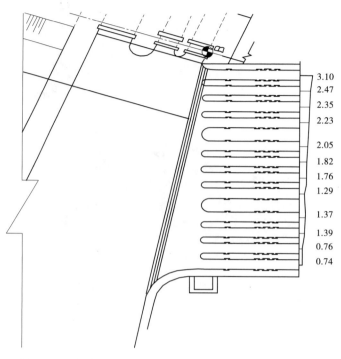

图 6-184 冲沙闸开启时取水口平均流速 （流速分布:m/s）

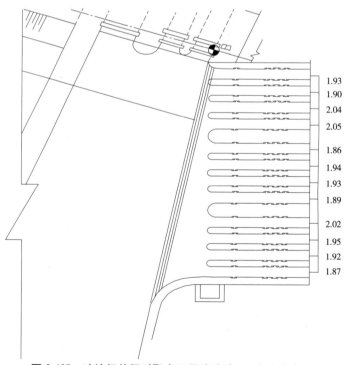

图 6-185 冲沙闸关闭时取水口平均流速 （流速分布:m/s）

6.2.4.6　结论

通过模型试验得出如下结论：

（1）按照设计提供的造床流量 913 m³/s 和含沙量 0.6~13 kg/m³ 进行造床试验，经过库区淤积、沙滩出露、流路散乱等流路的变化，最后形成较为顺直的单一河槽，河槽宽 100~150 m，深 2~3 m，河槽流路方向与开挖引渠基本一致。

（2）取水口不同组合试验结果表明，在冲沙闸全闭、2 条沉沙池运用（4 孔开启）条件下，取水口进流均较平顺；取水口 12 孔全部开启引水时，进口流态比较平顺，但是 12# 孔受左侧裹头影响，流量小于其他孔口；当来流流量大于 222 m³/s 时，冲沙闸关闭，取水口进流比较平顺。冲沙闸特别是平板门冲沙闸开启，对引水进流有较大的影响，取水口各孔进流不均匀，左侧孔口过流大于右侧孔。

（3）弧形门冲沙闸排沙时，受中墩绕流影响，进口流态较乱，建议考虑取消平板门冲沙闸与弧形门冲沙闸之间的导墙。

（4）冲沙闸门和上游溢流坝之间的导墙是直的，并经过加高、加长。当平板闸门与弧形闸门之间的导墙取消时，弧形门冲沙闸门前的不良流态消失，与原设计相比，导流墙形状修改后对进水口的影响不明显。

（5）当取水口前淤积高程达到 1 270 m 时，1# 排沙管开启。排沙管有效，需要大约 1 h 的排沙时间。在 1 h 内，4 条排沙管可冲刷干净取水口前 60 m×14 m 范围内的泥沙。

（6）冲沙闸排沙效果明显，可以保持取水口门前清。排沙时间通常需要 1 h 左右。由于模型沙的淤积固结过程与原型沙不一定完全相似，因此拉沙试验的时间参数仅作为定性参考。

6.2.5　抗冲磨设计

6.2.5.1　抗冲磨设计的必要性和目前常用措施

泄洪建筑物是枢纽的重要组成部分，是保障工程安全和枢纽能发挥预期效益的关键性建筑物，大流量泄洪建筑物的重要意义尤为明显。CCS 水电站工程首部枢纽泄洪排沙建筑物水流、泥沙条件复杂，泄洪消能具有"大流量、长历时"特点，大流量泄洪过程中必将产生高速水流，其对过流面混凝土的冲刷磨蚀是不可避免的，抗冲耐磨混凝土的性能直接影响泄洪建筑物的使用寿命及整个工程的安全性。

目前，水工建筑物抗冲耐磨混凝土及表面防护材料种类繁多，抗冲耐磨混凝土主要包括硅粉混凝土、纤维混凝土、矿渣混凝土、多元胶凝粉体混凝土、聚合物混凝土、铁矿砂混凝土、HF 混凝土（高强耐磨蚀粉煤灰混凝土）、刚玉混凝土、铸石混凝土及掺特种外加剂（抗裂剂、抗冲磨剂、减缩剂、膨胀剂）混凝土，表面防护材料主要包括环氧砂浆、聚合物砂浆、环氧涂层、聚脲防护材料等。每种材料均具有不同的优缺点，适应于不同特点的水利水电工程。各种材料的优缺点简要分析如下：

（1）硅粉混凝土。优点是抗压强度高及抗磨蚀性能好，施工方便，易于修复；缺点是早期强度发展快，收缩量大，易于产生裂缝。适用范围：比较广，三峡、小浪底、小湾、溪洛渡、映秀湾、糯扎渡等多个工程采用，宜在大面积防护工程中使用。

（2）环氧砂浆。优点是抗压强度和黏结强度都很高，是很好的抗磨材料；缺点是施工工艺要求较高,且胺类固化剂有毒,污染环境。适用范围:主要用于水工建筑物磨蚀部位的修复等,不宜在大面积防护工程中使用。

(3)高强纤维混凝土。常用的有钢纤维和聚丙烯纤维。国内外研究表明纤维加入到混凝土中,能提高混凝土强度、延性和耐久性,有效改善混凝土抗裂、抗冲磨、抗冲击等性能;缺点是施工过程中,纤维不易在混凝土中均匀分散,影响混凝土的性能及和易性,还有纤维价格较高,增加混凝土成本等。适用范围:较广,宜在大面积防护工程中使用。

(4)钢板衬护。钢板衬护一般为 10~20 mm 厚。优点是钢板韧性好,抗撞击能力强。缺点:①钢板的抗磨性能较低。主要原因是,钢的铁原子之间是以金属键连接的,结合力较弱,易发生错动。在高速水流冲击下,较短时间内金属表面微细颗粒即开始剥落,造成破坏。三门峡工程运用结果表明,流速超过 10 m/s 采用钢板衬护易发生冲磨破坏。②钢板与混凝土结合面黏结困难。钢板与混凝土由于材料性能差异,可靠黏结一直是个技术难题,运行中常发生与基层脱离后,高速水流作用下大面积冲毁的事故。多数工程破坏表现为与基层剥离,整体性冲毁。钢板衬护一旦冲毁就是大面积的,修复困难。适用范围:适用于闸墩立面等抗撞击的部位,不宜在大面积防护工程中使用。

(5)抗磨防护涂层。特种高分子材料抗磨防护涂层。目前,发展较快的是喷涂聚脲弹性体技术(spraying polyurea,SPUA)。优点是黏结能力强,抗冲耐磨性能好,施工效率高;缺点是抗老化能力差,有一定的污染性挥发物。适用范围:属于新型材料,用于建筑物形状复杂表面的喷涂处理,尚未在工程中大量使用。

(6)HF 混凝土。是由 HF 外加剂、优质粉煤灰、符合要求的砂石骨料和水泥等组成并按一定的施工工艺要求浇筑的混凝土。HF 混凝土具有干缩性小、和易性好、水化热温升小、施工简单易行、原材料易得、造价低廉等优点。其作用机理是:在 HF 外加剂的激发作用下,活性被激发,与水泥水化产生的 $Ca(OH)_2$ 发生快速反应,生成 S-C-H 凝胶,即显著提高混凝土的整体强度并使混凝土的胶凝产物致密、坚硬、耐磨,改善胶材与骨料间的界面性能,使混凝土形成一种较均匀的整体。

国内部分工程抗冲耐磨混凝土配合比见表 6-20。

6.2.5.2 国内部分工程抗冲耐磨混凝土应用实例

1. 二滩水电站——R600 硅粉混凝土

二滩水电站位于四川省西部攀枝花,在雅砻江下游河段上。挡水坝为双曲拱坝,最大坝高 240 m,坝身设有 7 个 11 m×12 m 的溢流表孔,6 个 6 m×5 m 的泄洪深孔,右岸布置有 2 条 13 m×13.5 m 的明流泄洪洞。在设计水位、校核水位下,7 个表孔的泄量分别为 6 300 m³/s 和 9 800 m³/s,6 个深孔的泄量分别为 6 262 m³/s 和 6 452 m³/s,右岸泄洪洞单洞泄量分别为 3 700 m³/s 和 3 800 m³/s。水垫塘采用复式梯形断面,长 300 m,底宽 40 m,底板厚度为 5 m、3 m,底板表面采用 40 cm 厚的硅粉混凝土,强度等级为三级配 R600。

二滩水电站的水垫塘 1998 年投入使用。三滩水电站 1998~2005 年泄量统计见表 6-21。

表 6-20　国内部分工程抗冲耐磨混凝土配合比

工程名称	工程部位	设计指标	配合比参数									单方材料用量/(kg/m³)							备注
			级配	水胶比	砂率/%	粉煤灰/%	硅粉/%	纤维/kg	减水剂/%	引气剂/(1/10 000)	坍落度/cm	水	水泥	粉煤灰	硅粉	纤维	砂	石	
李家峡	中底孔泄水道	$C_{28}50W8F300$	二	0.30	34	—	8	—	0.9	1.1	5~7	129	385	—	34	—	633	1 229	单掺硅粉混凝土
万家寨	溢洪道消力池	$R_{90}300D200$	二	0.50	37	—	8	—	1.0	—	5~7	135	248	—	22	—	738	1 257	单掺硅粉混凝土
		$R_{90}350D200$	二	0.45	36	—	8	—	1.0	—	5~7	135	276	—	24	—	707	1 258	单掺硅粉混凝土
拉西瓦	消力塘及底孔底板	$C_{28}55W8F300$	二	0.28	26	15	8	—	0.8	9	5~7	95	261	51	27	—	529	1507	硅粉+粉煤灰混凝土
溪洛渡	泄洪洞	$C_{90}60W8F150$	三	0.33	34	30	5	0.9	0.8	1.8	11~13	130	256	118	19.7	PVA0.9	687	1 342	低热水泥+硅粉+粉煤灰+纤维
			三	0.33	37	30	5	0.9	0.8	1.8	14~18	138	272	125	20.9	PVA0.9	730	1 252	低热水泥+硅粉+粉煤灰+纤维
	水垫塘	$C_{90}60W8F150$	三	0.31	28	25	5	0.9	0.8	1.0	4~6	130	293	105	21	PVA0.9	568	1 470	中热水泥+硅粉+粉煤灰+纤维
			三	0.31	24	25	5	0.9	0.8	1.0	4~6	110	248	89	18	PVA0.9	520	1 657	中热水泥+硅粉+粉煤灰+纤维
白鹤滩	泄洪洞尾水洞	$C_{90}40W10F150$	三	0.39	34	25	—	—	0.6	4	16~18	147	377	94	—	—	805	1 132	低热水泥+粉煤灰+高性能减水剂
	水垫塘二道坝	$C_{90}50W8F150$	三	0.38	36	15	—	—	0.6	5	7~9	121	319	48	—	—	746	1 336	低热水泥+粉煤灰+高性能减水剂
			三	0.34	31	20	—	—	0.7	1.4	7~9	125	294	74	—	—	608	1 392	

表 6-21　二滩水电站 1998~2005 年泄量统计

年份	年泄洪总量/ 亿 m³	年总泄洪 时间/h	最大泄洪 流量/(m³/s)	设计水位和校核水位 下最大泄量
1998	571.855	22 072	8 670	
1999	472.300	11 074	9 216	
2000	376.131	11 146	5 639	
2001	284.999	4 562	8 350	设计水位下(1 200 m),坝体 最大下泄流量 12 472 m³/s;校 核水位下(1 203.5 m),坝体最 大下泄流量 16 252 m³/s
2002	107.634	3 415	4 416	
2003	231.010	5 289	5 618	
2004	176.110	5 207	4 352	
2005	217.287	6 531	6 746	
合计	2 437.326	69 296		

一年半后进行首次检查,发现异物造成水垫塘磨蚀损坏,在水垫塘两侧增加 60 cm 的挡坎,防止异物进入水垫塘造成损坏。

2001 年进行第二次检查,发现水垫塘底板出现局部磨损,最大深度 10 cm 左右,为积累修复经验,在底板磨损部位采用不同单位的不同修复方法进行试验研究。

2003 年进行第三次检查,根据试验块的抗磨损情况,确定采用改性环氧砂浆材料。

2005 年进行第四次检查,修复部位基本完好,但局部出现麻面、掉块现象。

2006 年再次采用环氧砂浆进行修补。

截至 2006 年,二滩水垫塘安全运行 8 年,总结运行经验,得出以下体会:

(1)二滩水垫塘的形式是合理可行的,水垫深度能满足消能的要求,起到了很好的保护下游河床和坝体安全的作用。

(2)要保证水垫塘的安全运行,不仅要在设计、施工质量上把好关,还要在安全运行中及时总结运行经验,避开对水垫塘安全不利的运行工况。

(3)做好现场检查和维护,对发现的问题要及时分析,对影响结构安全的问题要及时处理。

(4)防止异物进入是防止水垫塘磨蚀破坏的关键,主要是做好水垫塘两岸边坡的支护,水垫塘边缘设防止异物进入的挡墙,同时在水垫塘边上的施工,应注意防止施工材料和工具掉入水垫塘。

(5)根据运行情况,安排必要的检查,检查水垫塘运行情况及磨蚀情况,以便决定是否采取措施。

工程所在地攀枝花是著名的阳光城,夏季以晴天为主,平均气温 30 ℃ 左右,水垫塘位于二滩水电站坝体下游洼地,凹面效应使得水垫塘的白天最高温度达 65 ℃,昼夜温差近 50 ℃。施工环境温度高、温差大导致水垫塘底板混凝土的伸缩变形大,而高水头、高流速的运行环境以及水中推移质对底板的冲击磨蚀破坏对抗冲磨修补材料提出了更高的要求。

从 2004 年第一次采用环氧砂浆材料进行修补,到 2012 年第四次修补,针对二滩水垫塘的环境对修补材料 JME 抗冲磨改性环氧砂浆进行了持续改进,并取得了明显成效。

研究表明:解决抗冲磨问题不能一味追求高强度,而应提高材料的韧性,提高其抵抗温度、湿度变化的能力,提高其对基层混凝土的黏结力等,使其成为混凝土表面抗高速水流冲磨破坏的保护层。

2. 紫坪铺水库——C50 硅粉混凝土

紫坪铺水利枢纽工程位于四川省都江堰渠首工程的上游 6 km 处,是以灌溉、供水为主,兼有发电、防洪、环境保护、旅游等综合效益的大(1)型水利枢纽工程。挡水坝为混凝土面板堆石坝,最大坝高 156 m。工程于 2001 年 3 月正式开工,2002 年 11 月截流,2004 年 12 月下闸蓄水,2006 年年底完工。

两条泄洪排沙洞是由原导流洞以龙抬头方式改造而成的,设计最大流量为 1 667 m^3/s,最高流速为 45 m/s。其中,1# 泄洪排沙洞全长 812.35 m,洞身长 694.38 m,利用原导流洞 488.34 m;斜井段长 157.53 m,为 6.2 m×(15.18~13.7) m 的城门洞形断面,经反弧连接段、斜切线段、反弧段与原导流、泄洪结合洞段相接。导泄结合段为缓坡洞段,底坡 0.543 2%,为底宽 7.83 m 的 10.7 m×10.7 m 的马蹄形断面,末端 40 m 渐变为 10.7 m×10.7 m 的城门洞形断面。渐变段后接异型挑流鼻坎段,将水流挑射入下游河道。

库区多年平均悬移质输沙量 792 万 t,平均含沙量 0.572 kg/m^3,汛期平均含沙量 0.886 kg/m^3,入库悬沙中径 d_{50} = 0.078 mm,d>0.1 mm 粒径所占比重为 37%,粗粒径组成比黄河、长江含沙粒径粗。为长期保持库容,在来沙集中的汛期尽量排沙,因此含沙水流对水工建筑的磨损是不可忽视的。

导泄结合段的洞身为钢筋混凝土衬砌,侧墙 5.35 m 以下全断面采用 C50 硅粉混凝土,底板面层 50 cm 全断面采用 C50 硅粉混凝土。在体型设计合理及采用抗冲耐磨材料基础上,施工时严格控制不平整度。

1)导流运行一年后修补

经 2002 年一个运行期的导流,在高速水流及推移质的冲刷磨蚀作用下,混凝土衬砌表层磨损较为普遍,局部出现冲蚀坑槽,为确保工程的长期安全运行,2003 年对冲磨蚀破坏部位进行了处理。

(1)局部冲蚀坑处理。

面积大于 1 m^2、深度超过 10 cm 的冲坑,先将混凝土表面清理干净后,再安装间距为 30 cm×30 cm、孔深为 50 cm 的 φ16 树脂锚杆,布设 20 cm×20 cm 的 φ16 钢筋网,回填浇筑 C50 细石混凝土;面积小于 1 m^2 或深度小于 10 cm 的冲坑,将混凝土表面清理干净后,回填环氧混凝土。

(2)边墙和底板保护层处理。

边墙 5.35 m 以下涂抹 7 mm 环氧砂浆抗冲磨保护层,底板涂抹 20 mm 厚的环氧砂浆抗冲磨保护层。

(3)材料的性能要求。

聚氨酯浆材:抗拉强度 4 MPa,遇水膨胀倍数>100%,伸长率>100%。

环氧混凝土:抗压强度 60 MPa。

环氧砂浆:抗压强度 80 MPa,抗拉强度 12 MPa,抗冲磨强度 7.0 h/(m²·kg),线性热膨胀系数≤15×10⁻⁶/℃,无毒、无污染,符合环保要求。

(4)抗冲磨材料的选择。

结合国内水利工程实践经验,经试验对比和工艺性试验研究,最终选用了当时处于国内领先水平的 NE-Ⅱ型环氧砂浆材料进行表面抗冲磨防护处理。

NE-Ⅱ型环氧砂浆的主要特性如下:

①具有良好的施工性能,常温条件下类似于水泥砂浆,施工方便快捷,施工面平整光洁。

②与混凝土的匹配性良好,具有较小的线性热膨胀系数和较低的弹性模量,不会因两者的变形性能不一致而出现破坏现象。

③具有良好的耐久性、抗老化性能和抗碳化性能。

④无毒、无污染,符合现代环保要求。

2)震后修复

2008 年"5·12"地震后,对泄洪洞、排沙洞进行了全面检查,发现由于地震原因而导致的破坏主要有混凝土裂缝、错台和结构缝周边个别部位环氧砂浆掉块等。出现的裂缝有些是原有裂缝受到地震作用而变宽变长,有些是新增裂缝,对这些裂缝的处理采用的是低黏度环氧浆液和聚氨酯浆液相结合的化学灌浆处理方法;对错台和结构缝周边个别部位脱落的环氧砂浆,采用的修补方案是首先对错台缝和结构缝进行处理,然后再用环氧混凝土和环氧砂浆修复,修复效果理想。

第一次修补后,截至 2010 年,环氧砂浆在紫坪铺工程上使用已经经过了 5~7 年的过水运行。用环氧砂浆做过抗冲磨处理的部位,运行效果比较理想,没有出现明显的冲磨蚀破坏和其他形式的破坏等现象,而没有进行环氧砂浆保护的部位,部分部位出现了冲磨蚀现象。

2#泄洪排沙洞的震后恢复重建处理措施大致为:3#掺气坎后在原 5.35 m 高度的基础上侧墙环氧砂浆新增高度为 5 m,厚度为 7 mm;4#掺气坎后在原 5.35 m 高度的基础上侧墙环氧砂浆新增高度为 2 m,厚度为 7 mm;5#掺气坎后在原 5.35 m 高度的基础上侧墙环氧砂浆新增高度为 2.5 m,厚度为 7 mm;共 5 000 m²。对 F3 出口段顶拱环氧砂浆以上的部位进行水泥基渗透复合增强材料处理,共计 6 500 m²。对洞内裂缝采用化学灌浆材料,共计 1 450 m。

震后修复工程于 2010 年 6 月 1 日开工,11 月 15 日竣工。

3. 洪家渡水电站——C₉₀45HF 混凝土

洪家渡水电站位于贵州西北部黔西的乌江干流北源六冲河下游,挡水坝为混凝土面板堆石坝,最大坝高 179.5 m。工程于 2000 年 11 月正式开工,2004 年 4 月下闸蓄水,2005 年年底完工。

洞室溢洪道无压洞段尺寸为 14 m×21.54 m,长 756.66 m,最大流速 35.67 m/s。泄洪洞有压洞段直径 9.8 m、长 427 m;无压洞段为 7 m×12.41 m 的直墙拱形,长 426 m;最大流速 38.13 m/s。

洞室溢洪道与泄洪洞均采用 $C_{90}45HF$ 混凝土。

2008 年溢洪洞泄洪,进口溢流面施工缝出现渗水,洞室底板施工缝冲刷起壳严重,部分洞壁露出钢筋,溢洪道出口边墙出现裂缝。之后将被破坏部位原混凝土凿除后,采用 $C_{90}45HF$ 混凝土、环氧砂浆、PSI-EHP 环氧基高性能抗冲耐磨涂料等进行加固补强。

至 2012 年,泄洪洞运行时间 163.5 h,运行情况良好。

4. 盘石头水库——C40HF 混凝土

盘石头水库位于河南省鹤壁市卫河支流淇河中游,挡水坝为混凝土面板堆石坝,最大坝高 102.2 m。水库于 2007 年 6 月开始蓄水运用。

泄洪建筑物有左岸非常溢洪道、右岸 2 条泄洪洞。1# 泄洪洞为城门洞形的无压隧洞,洞身尺寸 7 m×9.76 m,洞长 423 m,出口采用底流消能。2# 泄洪洞由导流洞改建而成,为城门洞形的无压隧洞,洞身尺寸 7 m×9.76 m,洞长 445.15 m,出口采用底流消能。2 条泄洪洞在 50 年一遇及其以下的洪水时控泄,超 50 年一遇洪水时敞泄,在宣泄 2 000 年一遇校核洪水时,单洞泄量 1 187 m³/s,1#、2# 泄洪洞洞内最大流速分别为 31 m/s 和 40 m/s。泄洪洞底板及侧墙采用 C40HF 抗冲耐磨混凝土。2# 泄洪洞兼作导流洞洞段,自 2001 年 12 月起开始导流运用。

由于右岸山体绕坝渗流问题,在外水压力长期作用下,2 条泄洪洞洞身衬砌结构产生较多裂缝,多处裂缝宽度超出规范允许范围,同时由于渗水及碳化作用,裂缝内钢筋锈蚀,钢筋截面面积锈蚀率超过 20%。

考虑到泄洪洞外水渗透压力较大,渗水点众多、施工条件苛刻,经多方分析论证,确定选择 CW 聚合物水泥砂浆及聚合物水泥净浆作为泄洪洞混凝土表面防护涂层材料。

室内试验(见表 6-22、表 6-23)及现场效果表明,CW 聚合物水泥砂浆在抗冲磨、防碳化、防渗漏等方面体现一定的优越性,与聚脲防护材料和环氧类防护材料相比,具有应用范围广、施工工艺简单、节省投资和工期的显著效果,具有实用和推广价值。

表 6-22　各掺加剂的试验结果

混凝土种类	抗冲磨度 RH 单值/（h/cm）	试验结果/（h/cm）	混凝土种类	抗冲磨度 RH 单值/（h/cm）	试验结果/（h/cm）
基准混凝土	1.60	RH＝1.74	掺高强耐磨剂 HF	2.68	RH＝2.72
	1.76			2.87	
	1.85			2.60	
高效减水剂 SK-2 混凝土	2.80	RH＝2.61	掺硅粉	2.18	RH＝2.23
	2.54			2.22	
	2.48			2.29	

表 6-23　混凝土施工配合比及各材料用量

C40HF 混凝土施工配合比									
混凝土种类	水胶比	胶材用量/（kg/m³）	粉煤灰掺量/（kg/m³）	砂率/%	HF 外加剂/（kg/m³）	砂子/（kg/m³）	骨料级配	用水量/（kg/m³）	坍落度/cm
掺高强耐磨剂HF	0.42	355	55	36	7.8	680	50:50	150	16.6

1 m³ 混凝土各种材料用量								
混凝土种类	用水量/kg	水泥/kg	粉煤灰/kg	外加剂HF/kg	砂子/kg	石子/kg		备注
						20~40 mm	5~20 mm	
C40HF	150	300	55	7.8	680	604	604	泵送混凝土

5. 官地水电站——C50 硅粉混凝土、C35HF 混凝土

官地水电站位于四川雅砻江卡拉至江口河段,挡水坝为碾压混凝土重力坝,最大坝高 168 m,采用坝身 5 个表孔和 2 个中孔泄洪,设计洪水工况泄量 14 000 m³/s,校核洪水工况泄量 15 900 m³/s,上下游水头差最大达 105.6 m。大坝混凝土于 2009 年 9 月开仓浇筑,2011 年 12 月浇筑至坝顶,坝体混凝土总浇筑量 344 万 m³。

溢流面、消力池表面采用 C50 硅粉混凝土、C35HF 混凝土。溢流表孔为开敞式,孔口尺寸 5 孔–15 m×19 m。溢流坝采用溢流表孔宽尾墩+连续跌坎+消力池的底流消能方式。消力池池长 135 m,宽 95 m。

2012 年 3~11 月,首次泄洪,表孔最大泄流量 7 412 m³/s,泄洪后损坏情况如下:

(1)溢流面。溢流坝表面反弧段出现 7 个较大冲蚀破坏处,其中最大的一处冲蚀面积达到 312 m²,如表 6-24 所示。

(2)消力池。靠近反弧段跌坎左右岸边墙位置的底板冲磨最严重,冲蚀坑最深处达 0.87 m;消力池前 30 m 范围内底板及边墙 2 m 高度范围,表面大面积磨损,除深坑外一般磨损深度在 15 cm 以内;消力池中下游底板、边墙表面磨损轻微,深度在 5 mm 以内。

(3)反弧段混凝土强度。通过对溢流坝面反弧段 11~15 号坝段混凝土超声回弹综合法的测试,所检测的 15~11 号坝段混凝土的强度推定值 f_{ccu}（单位 MPa）为:$f_{ccu} \geqslant 50$ MPa 所占比例为 25.7%,50 MPa>$f_{ccu} \geqslant 40$ MPa 所占比例为 49.4%,40 MPa>$f_{ccu} \geqslant 30$ MPa 所占比例为 24.4%;$f_{ccu}<30$ MPa 所占比例为 0.6%。达到设计要求的仅为 25.8%。

溢流面反弧段修复措施如下:

(1)冲磨坑深度小于 30 cm 的部位,根据冲磨坑深度不同,采用 M50 环氧砂浆或 C50 环氧混凝土进行修复,钢筋按原设计修复。

表 6-24　官地水电站首次泄洪溢流面冲蚀破坏情况

型号	位置	描述
KD01	坝 0+91.5~坝 0+128.0,1 194~1 214,0+208.0~0+221.0	顺水流方向冲蚀面积 312 m²,反弧段二期混凝土整体剥离,表面钢筋冲毁,一期混凝土预留台阶显露,溢流面结构线内冲蚀最大深度 3.0 m
KD02	坝 0+91.0~坝 0+92.0,1 211~1 214,0+233.0~0+235.0	沿施工缝水平走向冲蚀面积 8 m²,抗冲磨混凝土冲蚀,出露小石,表层钢筋外露,冲蚀最大深度 0.4 m
KD03	坝 0+90.0~坝 0+93.0,1 210~1 214,0+253.5~0+259.0	沿施工缝水平走向冲蚀面积 18 m²,抗冲磨混凝土冲蚀,出露小石,表层钢筋外露,冲蚀最大深度 0.4 m
KD04	坝 0+113.0~坝 0+131.0,1 191~1 198,0+251.0~0+267.5	顺水流方向冲蚀面积 250 m²,0+255.5 右侧 12 号坝段反弧段二期混凝土局部整体剥离,表面钢筋冲毁,一期混凝土预留台阶显露,溢流面结构线内冲蚀最大深度 3.0 m;0+255.5 左侧混凝土表面撕裂、缺角,钢筋外露
KD05	坝 0+94.0~坝 0+113.0,1 210~1 198,0+274.0~0+280.0	顺水流方向冲蚀面积 120 m²,抗冲磨混凝土冲蚀,大面积出露小石,表层钢筋外露,局部出现孔洞,冲蚀最大深度 0.4 m
KD06	坝 0+92.0~坝 0+94.0,1 203~1 201,0+284.5~0+279.0	沿施工缝水平走向冲蚀面积 5.5 m²,抗冲磨混凝土冲蚀,出露小石,表层钢筋外露,局部出现孔洞,冲蚀最大深度 0.4 m
KD07	坝 0+90.0~坝 0+92.0,1 210~1 214,0+287.5~0+279.0	沿施工缝水平走向冲蚀面积 13 m²,抗冲磨混凝土冲蚀,出露小石,表层钢筋外露,局部出现孔洞,冲蚀最大深度 0.3 m

（2）冲磨坑深度大于 30 cm 且小于 100 cm 的部位,直接采用三级配 C50 抗冲磨混凝土回填,钢筋按原设计恢复,并布置插筋。

（3）冲磨坑深度大于 100 cm 的部位,底部采用 C35 混凝土回填,表面 50 cm 采用 C50 抗冲磨混凝土。老混凝土表面和新浇筑混凝土表面各布置一层钢筋,并布置插筋。

消力池修复措施:根据冲磨坑深度不同,采用 M50 环氧砂浆或 C40 环氧混凝土、C40 硅粉聚丙烯纤维混凝土进行修复。

6.景洪水电站——C30 硅粉、$C_{90}35$ 高掺粉煤灰混凝土

景洪水电站位于澜沧江下游河段,挡水坝为碾压混凝土重力坝,最大坝高 108m,共布置 7 个溢流表孔和 5 个导流底孔。3~7 号溢流表孔共用一个消力池,池长 120 m,底宽 92 m。

溢流表面采用 C30 硅粉(8%掺量)混凝土、$C_{90}35$ 高掺粉煤灰混凝土。

水电站溢流坝段布置在河床右侧,溢流表孔共 7 孔,孔口尺寸为 15 m×21 m。1 号表孔采用底流消能,2~7 号表孔采用收缩比为 1:0.5 的对称 Y 形"宽尾墩+消力池"联合消

能工消能。溢流表孔一期混凝土台阶法浇筑,二期抗冲磨层混凝土采用滑模施工。

从 2007 年 2 月浇筑完成投入运行至 2019 年,溢流表孔经历了 12 年的防洪度汛,其过流面出现了裂缝、冲蚀坑、麻面等缺陷。裂缝最大开度 2 mm;冲蚀坑最大深度 25 cm,最大尺寸 1.7 m×0.6 m。

2020 年 3~5 月,对 3~7 号溢流表孔过流面进行修补加固(见图 6-186~图 6-190)。加固措施如下:

(1)对麻面、小气孔及平整度不符合要求的过流面采用表面涂刷抗冲磨材料 EQ 环氧胶泥。

(2)裂缝采用表面封闭法或贴嘴灌浆法处理。

(3)冲蚀坑修补,凿旧补新法处理。

①冲蚀坑深度小于 5 cm 时,采用 HK-UW-3 环氧砂浆修补。

②冲蚀坑深度大于 5 cm 时,采用 HK-UW-3 环氧树脂细石混凝土修补;若深度大于 10 cm,则埋设插筋,提高修补材料与母体混凝土之间的整体性。

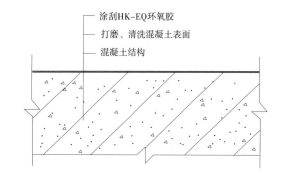

图 6-186　表面处理施工示意图

图 6-187　冲蚀坑处理前

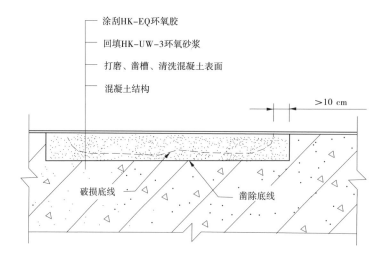

图 6-188　冲蚀坑处理施工示意图

图 6-189　冲蚀坑环氧砂浆修补

（a）修补前

（b）修补后

图 6-190　3~7 号溢流表孔修补前后状况

7. 小湾水电站——C$_{90}$60 硅粉+纤维混凝土

小湾水电站位于云南省凤庆县和南涧彝族自治县之间的澜沧江与漾濞江汇合处下游 1.5 km,上游为功果桥水电站,下游为漫湾水电站。挡水坝为混凝土双曲拱坝,最大坝高 294.5 m,坝身设有 5 个 11 m×15 m 的溢流表孔、6 个 6 m×6.5 m 的泄洪中孔和 2 个放空 底孔,左岸设有两条岸边泄洪洞。坝身采用挑流+水垫塘联合消能。水垫塘长 380 m,底 宽 70 m,深度 40 m,底板设计厚度 3 m。设计洪水工况下,枢纽总泄量为 17 680 m³/s;校 核洪水工况下,枢纽总泄量 20 680 m³/s,其中坝身表孔分担 8 625 m³/s,坝身中孔分担 6 730 m³/s,左岸泄洪洞分担 5 325 m³/s。泄洪水头高达 221.8 m。

小湾水电站于 1999 年 6 月开始筹建,2002 年 1 月正式开工,2004 年 10 月提前一年 实现大江截流,2005 年 12 月大坝首仓混凝土浇筑,2008 年 12 月导流洞下闸蓄水,2011 年 工程竣工。

水垫塘底板和边墙 5 m 高度范围内采用 0.5 m 厚的掺微纤维(单丝聚丙烯微纤维及 钢纤维)的硅粉抗冲耐磨混凝土 C$_{90}$60F$_{90}$150W$_{90}$10。

抗冲耐磨混凝土配合比及性能如表 6-25、表 6-26 所示。

表 6-25 抗冲耐磨混凝土配合比   单位:kg/m³

级配	水	水泥	粉煤灰	砂	大石	中石	小石	减水剂	引气剂	微纤维	硅粉	钢纤维
二	139	357	70	779		629	419	11.58	0.14	0.9	37	45
三	110	282	55	633	546	410	410	8.06	0.11	0.9	29	0

表 6-26 各混凝土性能

试样	水泥/%	粉煤灰/%	硅粉/%	28 d 抗压强度/MPa	抗冲耐磨强度相对倍数	抗空蚀强度相对倍数
普通混凝土	77	23	0	58.0	0.744	7.61
硅粉混凝土	77	15	8	63.3	0.996	21.3

8. 溪洛渡水电站——C$_{90}$60 低掺硅粉+高掺粉煤灰混凝土

溪洛渡水电站位于四川省雷波县和云南省永善县接壤的金沙江溪洛渡峡谷内。挡水 坝为混凝土双曲拱坝,最大坝高 278 m。坝身设有 7 个 12.5 m×13.5 m 的溢流表孔、8 个 6 m×6.7 m 的泄洪深孔,左岸、右岸各布置有 2 条明流泄洪洞。在校核洪水工况下,7 个 表孔的泄量为 18 082 m³/s,8 个深孔的泄量为 12 820 m³/s,4 个泄洪洞的泄量为 19 252 m³/s。

水垫塘采用复式梯形断面,底宽 60 m,底板厚 4 m,底板表面采用 60 cm 厚的抗冲磨 混凝土(C$_{90}$60F150W8 硅粉混凝土)。

泄洪洞采用有压弯洞后接无压洞,洞内为龙落尾的布置形式;有压洞(圆形断面,洞 径 15 m,最大流速 25 m/s)及无压上平段采用 C40 抗冲磨混凝土(C$_{90}$40F150W8 硅粉混凝 土),龙落尾(圆拱直墙型,14 m×19 m,最大流速达 50 m/s)及出口明渠、挑坎等部位过流面采用"两低一高"(低掺硅粉、低热水泥、高掺粉煤灰)复合胶材配制技术,配制出多性能协调最优的抗冲磨混凝土(C_{90}60F150W8 硅粉混凝土)。

为解决拌和料板结现象,提高和易性,在抗冲磨混凝土中掺入 3%~5% 的硅粉(不是为提高抗冲磨性能)。

溪洛渡水电站于 2003 年开始筹建,2005 年正式开工,2007 年工程截流,2013 年按期蓄水发电。

2013 年 9 月 14 日,首次开启泄洪洞泄洪。

运行接管前,对混凝土外观及内部质量进行详细排查,并对各类施工缺陷进行处理,在源头上治理缺陷。

运行维护策略:单洞泄流量小于 2 000 m³/s 时,按持续过流不超过 48 h 检查一次;单洞泄流量大于 2 000 m³/s 时,按持续过流不超过 24 h 检查一次;检查后汇总缺陷情况,总结规律,并制订对应的处理方案,对影响过流面安全或有扩大趋势的缺陷,利用泄洪设施运用间隙组织修复,坚持"随坏随修,不等岁修"的原则。

修补材料:环氧砂浆和环氧胶泥。环氧砂浆抗压强度≥60 MPa,与混凝土的黏结强度≥2 MPa;环氧胶泥抗压强度≥45 MPa,与混凝土的黏结强度≥2.5 MPa。

混凝土缺陷处理工作能否顺利开展和完成,意识是根本。应从混凝土浇筑期间树立严谨的质量意识,并将其持续到消缺工作中来。管理人员应做到"基本概念清楚,基本情况了解,基本方法掌握,基本职责履行"的要求,以精益求精的态度控制质量,以坚决处理的决心消除质量隐患,才能在管理过程中及时决策,正确指导。特别是面对可能存在的混凝土内部缺陷时,即便付出一定代价,也毫不犹豫地要将其彻底消除,不留隐患。

截至 2016 年 12 月,溪洛渡水电站泄洪洞累计过流时间超过 1 000 h,最高流速接近40 m/s,过流后经各方联合检查,未发现明显破坏,过流后流道情况好于各方预期。

流道过流面修补的主要内容包括气泡处理、孔洞填补、薄层贴补、施工裂缝灌浆等,如表 6-27~表 6-30 所示。

表 6-27　不平整度控制标准

部位	流速/(m/s)	不平整度最大允许高度/mm	垂直水流磨平坡度	平行水流磨平坡度
进水口、有压段	20~30	5	—	—
工作闸室、无压上平段	20~30	5	1/30	1/10
奥奇曲线段、斜坡段	30~40	3	1/30	1/10
反弧段、下平段及出口	40~50	3	1/50	1/30

表 6-28　薄层修补材料冲磨性能检测

序号	材料名称	冲毛效果描述	
		28 MPa 冲刷/5 min	20 MPa 冲刷/5 min
1	RCS120 抗冲击耐磨蚀饰面砂浆	冲刷掉角	修补材料与混凝土之间轻微损伤
2	GP 岩补(富斯乐)高性能修补砂浆	—	表层轻微损伤
3	马贝环氧腻子	—	表层完好
4	马贝触变砂浆 302	—	表层完好
5	#101 密封环氧砂浆	表层完好	修补区域内完好、修补区域外表面脱落
6	爱涂超陶 AM-SKJ 修补剂	表层掉块	表层掉块
7	NE-Ⅱ型环氧砂浆	黏接面脱空	修补区域内完好、修补区域外表面脱落
8	JN-CE 建筑胶粘剂	表层完好	表层完好
9	MS-1086ST 弹性环氧砂浆	—	表层完好
10	巴斯夫砂浆	—	表层轻微损伤
11	NHEM-Ⅲ型抗冲磨环氧胶泥	—	—
12	NHEM-Ⅰ型抗冲磨环氧砂浆	—	表面基本完好
13	德国 KOSTER POX-CMC 贴补材料	表层掉块	表面完好
14	德国 KOSTER POX-BS 抗冲磨蚀	—	表面磨损

表 6-29　孔洞修补材料冲磨性能检测

序号	材料名称	冲毛效果描述	
		28 MPa 首次冲刷/5 min	20 MPa 二次冲刷/5 min
1	RCS120 抗冲击耐磨蚀饰面砂浆	表层损伤	表层轻微损伤
2	GP 岩补(富斯乐)高性能修补砂浆	表层损伤	表层轻微损伤
3	马贝环氧腻子	表层完好	—
4	马贝触变砂浆 302	表层损伤	混凝土及表层轻微损伤
5	#101 密封环氧砂浆	表层损伤	表层完好
6	爱涂超陶 AM-SKJ 修补剂	表层完好	—
7	NE-Ⅱ型环氧砂浆	表层损伤	修补区域内完好,区域外表面脱落

表 6-30　气泡修补材料冲磨性能检测

序号	材料名称	冲毛效果描述（20 MPa 冲刷/5 min）
1	NE-Ⅱ型环氧砂浆	表层脱落
2	马贝环氧腻子	表面完好
3	Nit omolar FC 高性能修补砂浆（富斯乐）	表面完好
4	SCBK 高性能改性环氧胶泥	表面完好

由于本次施工缝化学灌浆试验实施单位缝面处理多数采用环氧胶泥类，因此试验仅对 3 组施工缝面处理材料采用 20 MPa 压力值、时间为 5min，对其表面及边角进行了冲水试验，效果如下：

（1）"KOSTER 封堵砂浆"冲刷 5 min 后其表面脱落；

（2）"KOSTER CMC 贴补材料"冲刷 5 min 后其表面损伤；

（3）"环氧胶泥"冲刷 5 min 后其表面轻微损伤。

经过溪洛渡泄洪洞多次泄洪检验，混凝土本体和过流面处理质量优良，没有因高速水流的冲刷、磨损和渗透、侵蚀等作用，影响泄洪洞的安全性及耐久性。

9. 拉西瓦水电站——C55 硅粉+纤维混凝土

拉西瓦水电站位于青海省贵德县与贵南县交界的黄河干流上，挡水坝为双曲拱坝，最大坝高 250 m。坝身设有 3 个 13 m×8.5 m 的溢流表孔、2 个 5.5 m×6 m 的泄洪深孔和 1 个放空底孔。

采用 C55F300W8 混凝土，粉煤灰、硅粉和钢纤维多元复合抗冲磨材料。

2002 年 12 月 28 日导流洞开工建设，2004 年 1 月主河床截流，2006 年 4 月水电站正式开工建设，大坝开始浇筑，2009 年 3 月下闸蓄水，2010 年 6 月大坝施工完毕，2011 年竣工。

消能防冲建筑物按 100 年一遇洪水设计、2 000 年一遇洪水校核，相应下泄流量分别为 4 180 m³/s 和 6 280 m³/s。

反拱水垫塘（见图 6-191）长 184.6 m，宽 84 m，深 29 m，底板厚度 2.5 m、3 m，抗冲磨混凝土与常态混凝土同仓号浇筑。

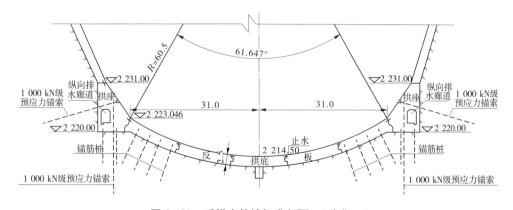

图 6-191　反拱水垫塘标准剖面　（单位：m）

(1)水垫塘表面裂缝处理措施:采用环氧砂浆进行处理,见图 6-192、图 6-193。环氧砂浆是以改性环氧树脂、新型固化剂及特种填料等混合制成的高性能抗冲耐磨材料,具有固化快、强度高、潮湿面黏结良好、施工方面、无毒无污染等特点。

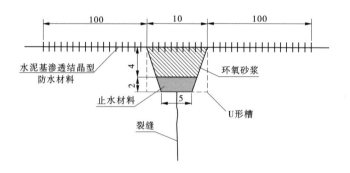

图 6-192　浅层裂缝处理(缝宽 0.2 mm≤δ<0.3 mm,缝深<0.7 m)　(单位:cm)

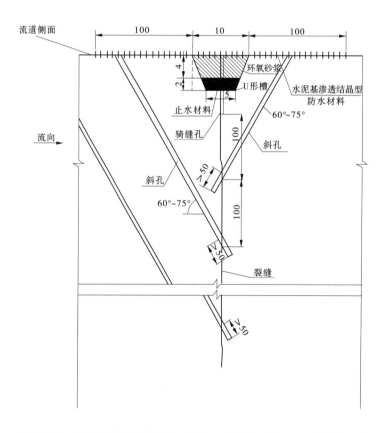

图 6-193　浅层裂缝处理(缝宽≥0.3 mm,缝深≥0.7 m)　(单位:cm)

(2)冲坑处理措施:填补预缩砂浆、涂抹环氧砂浆进行处理,钢筋按原设计方案修复。

10. 三门峡水利枢纽

三门峡水利枢纽是新中国成立后在黄河上兴建的第一座以防洪为主综合利用的大型水利枢纽工程,被誉为"万里黄河第一坝",位于黄河中段下游,河南省三门峡市和山西省平陆县交界处。控制流域面积 68.84 万 km², 占流域总面积的 91.5%, 控制黄河来水量的 89% 和来沙量的 98%。工程由主坝、副坝、隧洞和坝后发电站组成。主坝为混凝土重力坝, 最大坝高 106 m; 副坝为钢筋混凝土心墙土坝, 最大坝高 24 m。

工程始建于 1957 年,1960 年基本建成并开始蓄水。

水库蓄水后,泥沙淤积,库尾河床抬高,造成上游大量农田淹没并威胁城镇安全。因此,试发电后不久,电站即停止运行。为减缓淤积,保持调节库容,尽可能发挥水库防洪、防凌、灌溉效益,于 1964~1981 年间,先后两次进行改建。第一次改建,增建 2 条泄洪排沙洞,改建 5~8 号 4 台机组段为泄洪管。第二次改建,打开 1~8 号 8 条施工导流底孔,将其改造为泄流排沙底孔。

通过泄流工程二期改建,从 1981 年起枢纽原有的泄流孔洞全部具备过流条件;1990年汛期新打开的 9 号、10 号底孔又投入运用。2000 年前进一步打开 11 号、12 号底孔,至此,12 个导流底孔全部打开。

现有泄流孔洞包括 12 个底孔(3 m×8 m)、12 个深孔(3 m×8 m)、2 条泄洪排沙洞和 1条泄洪排沙钢管。

运行过程中,因高速含沙水流的冲蚀,底孔和深孔的底板和边墙均存在严重的磨损。

1970~1981 年,三门峡底孔运用累计时间 12 000~20 000 h,水流最大含沙量达 600~900 kg/m³, 每年通过泄水建筑物下泄的泥沙约 16 亿 t。河流的年平均含沙量为 38.23 kg/m³, 汛期平均含沙量 68.33 kg/m³, 泥沙平均粒径 0.046 mm。底孔过流平均流速 18~20 m/s, 深孔过流平均流速 14~17 m/s。

1981 年,检查发现底孔的底板、边壁、深孔的底部均有明显的磨损,其中底孔底板平均磨蚀厚度 10 cm,最深处达 20 cm,粗糙表面也有局部空蚀的痕迹。

三门峡底孔曾用过多种抗空蚀和耐磨材料,底孔底板曾用过环氧砂浆粘贴铸石板。作为材料本身,铸石板有很好的耐磨性能,也具有很好的耐空蚀性能,但粘贴铸石板用环氧砂浆,其施工工艺要求较高,尤其在工地现场施工,很难满足工艺上的要求。三门峡底孔底板粘贴铸石板后,过一次水就有许多块被冲掉。

苏联资料曾建议采用高标号碎石混凝土作为抗空蚀耐磨材料,碎石粒径要求小于 40 mm,水灰比不大于 0.42。

据三门峡的运行经验,在底孔历次修补与检查中,发现高标号混凝土砂浆作为底孔底板防护材料,运行 10 年仅磨去 10 cm 厚,平均每年仅磨去 1 cm 厚,而且这种材料的施工工艺简单,极易维修,只要能经常检查,认真维修,高标号混凝土砂浆是一种很好的耐磨蚀材料。

底孔原设计为 R200S8 抗冲混凝土,水灰比不超过 0.5,实际 28 d 强度超过 30 MPa。三门峡工程改建时,1~3 号底孔底板坑洞用一级配 300 号抗冲混凝土或水泥砂浆抹平。

1970年汛期1~3号底孔投入运用,经过3个汛期泄流后检查,发现底板及其两侧边墙的下部磨蚀严重,某些冲坑直径达6~12 cm,深2~6 cm。

1973年5~6月,在3号底孔底板上做了三种材料的抗磨试验:①环氧砂浆;②高标号R500水泥砂浆,厚度7 cm;③辉绿岩铸石板,尺寸为25 cm×34 cm×3.8 cm,用高标号R500水泥砂浆作黏结材料。

一个汛期的过水试验结果表明,辉绿岩铸石板抗磨性能较好。因此,1974年后,在1、4~8号底孔底板上大面积推广铺砌了铸石板抗磨层。

1970~1981年期间的运行资料统计显示:①未曾采用任何抗磨措施的2号底孔混凝土底板磨损最为严重,底板粗骨料及部分钢筋裸露,有的钢筋已被磨扁和冲弯,最大磨损深度为20 cm;②3号、6号底孔辉绿岩铸石板基本完好,剥落面积仅4%~8%;③1号、4号、5号、7号、8号底孔辉绿岩铸石板破坏严重,工作门槽后铸石板剥落面积达56%~87%,铸石板破坏部位的水泥砂浆垫层平均磨损深度5~7 cm;④3号底孔采用的高强水泥砂浆护底段,经8个汛期运用后,平均磨损8 cm。

检查底孔底板及边墙原型破坏形态发现,辉绿岩铸石板或环氧砂浆表面均有顺水流方向的划痕或沟槽状痕迹,为典型的泥沙磨损外观。

根据多种材料(钢板、环氧砂浆、普通混凝土、辉绿岩铸石板、高强混凝土、高强石英砂浆等)的抗磨试验,1985年开始,对底孔进行修补。底板主要以R600高强混凝土作为抗磨层,厚度10 cm;在进口底板及出口压缩段等部位,采用抗磨性能强的R600高强纤维混凝土浇筑;在门槽原有高强混凝土上,涂0.5 cm厚环氧砂浆抗磨层。

对所用抗磨材料的抗磨效果进行比较分析:

(1)钢板。抗磨性能较低,主要原因是钢的铁原子之间是以金属键连接的,结合力较弱,易发生错动,在高速含沙水流的冲击下,较短时间内金属表面微细颗粒即开始剥落,造成破坏。三门峡工程运用结果表明,钢板所处断面的平均过流速度小于10 m/s时,可不考虑泥沙的磨损作用,如大于此值,则必须采取诸如环氧砂浆护面等抗磨措施。

(2)环氧砂浆。环氧砂浆的抗压强度和黏结强度都很高,是很好的抗磨材料,经过几个汛期冲刷,砂浆表面仅有磨损,没有坑洞。缺点是价格贵,工艺要求高,当时使用的胺类固化剂对人体有害。

(3)普通混凝土。实践证明,普通混凝土在高含沙量、高速水流作用下磨蚀严重,不宜采用。

(4)辉绿岩铸石板。是由辉绿岩等矿物经高温熔化结晶而成的,硬度高,莫氏硬度达到7~8级,超过三门峡水库泄水泥沙所含最硬矿物质硬度1~2级,也超过了耐磨性能较好的环氧砂浆。但板间接缝是一个薄弱环节,容易碎裂,而且黏结工艺要求高,在有水、低温条件下难以确保质量,容易逐块被掀掉,发展至成片破坏。

(5)高强石英砂浆和高强混凝土。具有良好的抗磨损和抗空蚀能力。1973年5月在3号底孔涂抹的R600石英水泥砂浆,28 d抗压强度达62 MPa,经过8个汛期运用,平均磨损厚度8 cm。高强混凝土由于有粗骨料,抗磨损能力略高于高强石英砂浆。

(6)钢纤维混凝土。高标号R600钢纤维混凝土具有很好的抗磨损、抗空蚀能力,并强于同标号高强混凝土。试验表明,环氧砂浆、钢纤维混凝土、高强混凝土、高强砂浆、石英砂浆的抗空蚀、抗磨蚀强度相对值分别为 8.01、4.81、3.56、2.29 和 1.00。

(7)铸石砂浆。1984 年 4 月,在 6 号底孔工作门槽后 2 m 范围内做了铸石砂浆抗磨试验,历时 7 年后,于 1991 年汛前进行了检查。从现场情况看,表面光滑平坦,无明显磨痕。根据试验结果,铸石砂浆在过水断面平均流速为 26~30 m/s 条件下,仍具有一定的抗空蚀、抗磨损能力。

1984 年 4 月,对 6 号底孔进行修补后,由于闸门漏水严重及泥沙淤积,每年枯期都无法检查各种材料的应用效果,直至 1990~1991 年枯水季节才进行检修,其间 6 号底孔的运行情况见表 6-31。

表 6-31 6 号底孔的运行情况

年份	运行时间/h	过流量/亿 m³	过沙量/亿 t
1984	1 765.7	21.56	1.33
1985	1 942.9	22.80	1.40
1986	1 525.5	16.89	1.04
1987	154.9	1.21	0.07
1988	1 812.0	18.19	1.12
1989	1 829.5	20.50	1.26
1990	1 246.5	12.29	0.76
Σ	10 277.0	113.44	6.98

铸石砂浆(铸石混凝土)作为抗冲耐磨材料,既保留了铸石耐磨性能好的优点,又克服了铸石板易被冲揭的缺点,铸石砂浆(铸石混凝土)从材料的物理性质到施工工艺,都与基础混凝土相似,能长期与基础混凝土黏结成一体。

(1)环形试件抗磨试验,含沙量 15%,流速 14.2 m/s,试验结果见表 6-32。

表 6-32 环形试件抗磨试验结果

材料	抗压强度/MPa		抗磨强度/[h/(m²·kg)]					
			龄期 28 d		龄期 180 d		龄期 180 d 重磨	
	7 d	28 d	数值	相对比较	数值	相对比较	数值	相对比较
高强砂浆	73.5	88.6	1.11	1	1.2	1	1.92	1
钢纤维砂浆	75.5	92.2	1.19	1.07	1.43	1.19	2.2	1.15
高强混凝土	68.5	71.3	1.56	1.41	1.63	1.36	3.19	1.66
钢纤维混凝土	66.0	79.6	1.45	1.31	1.59	1.33	2.35	1.22
石英砂浆	27.8	—	2.07	1.86	—	—	—	—

续表 6-32

材料	抗压强度/MPa		抗磨强度/[h/(m²·kg)]					
			龄期 28 d		龄期 180 d		龄期 180 d 重磨	
	7 d	28 d	数值	相对比较	数值	相对比较	数值	相对比较
普通砂浆	48.4	63.5	0.71	0.64	—	—	—	—
环氧砂浆	—	85.4	4.61	3.87	—	—	—	—

①28 d 龄期试件的抗磨强度顺序为：环氧砂浆>石英砂浆>高强混凝土>钢纤维混凝土>钢纤维砂浆>高强砂浆>普通砂浆。

②180 d 龄期试件重磨试验表明,高强混凝土抗磨强度优于钢纤维混凝土、钢纤维砂浆和高强砂浆。

③掺用硅粉的水泥砂浆较不掺硅粉的水泥砂浆抗冲磨强度显著提高,掺 10%硅粉后,抗冲磨强度提高约 50%。

（2）文丘里式装置抗空蚀试验。试验装置工作段的过水断面为矩形,喉部流速为 26 m/s,试验过程中空穴数为 0.84~0.87,挟沙水流含沙量分别为 0、25 kg/m³、50 kg/m³、80 kg/m³。6 种脆性材料的抗空蚀对比试验结果见表 6-33。

表 6-33　抗空蚀对比试验结果

材料名称	石英砂浆	环氧砂浆	钢纤维砂浆	钢纤维混凝土	高强混凝土	高强砂浆
平均空蚀率/(g/h)	1.92	0.24	0.35	0.40	0.54	0.84
抗空蚀强度/[h/(m²·kg)]	5.2	41.67	28.57	25.0	18.52	11.90

①在相同水流条件下,材料抗空蚀强度大小次序为：环氧砂浆>钢纤维砂浆>钢纤维混凝土>高强混凝土>高强砂浆>石英砂浆。

②钢纤维混凝土、钢纤维砂浆由于在混凝土或砂浆中掺入钢纤维,其抗空蚀强度分别提高了 35%和 140%,这主要是因为钢纤维在混凝土和砂浆中均匀散布,提高了其抗拉强度和韧性,使其具有优越的吸收变形能量和抗冲击的特性所致。

（3）工程实践表明,在多泥沙河流上要使泄流建筑物一劳永逸不受磨损是不现实的。在材料的选择上,除考虑应具有满足要求的较强抗磨性能外,还应从材料价格、施工工艺、运行维护等多方面加以综合比较。

由于黄河泥沙含量大,颗粒硬且尖利,通过底孔的水流含沙量更大,且含有较多的推移质,磨损破坏力相当强。因此,底孔的抗磨层要做到一劳永逸非常困难,即使在技术上能够实现也将花费大量投资,在经济上是不合理的。采用高强混凝土和高强砂浆并掺入 20%硅粉作为底孔抗磨层比较经济,且施工方便,通过加强经常性的维修和管理,发现磨损及时修补,基本能满足抗磨要求,保证工程安全运行。

（1）磨蚀机理研究。多年试验研究表明，泄水孔下部边墙、底板磨蚀的主要原因是高速含沙水流冲磨致使结构表面粗糙度增大，水流扰动加剧，各种类型的涡流导致粗骨料裸露、剥落；工作门槽附近的磨蚀主要是涡旋切向流速下含沙水流磨蚀，以及局部压力减小导致的空蚀破坏。

（2）抗磨蚀措施研究。针对破坏机理，主要从以下两个方面提高泄水建筑物抗磨蚀能力：

①优化过流部位体型，将斜门槽体型由矩形改为带错矩斜坡形，并将方形斜门槽导轨改为无凸台的平板形导轨，从而保证良好的水力学条件。

②抗磨材料保护，通过大量现场试验，得出各种材料抗磨蚀和抗空蚀性能，见表6-34。试验表明，在相同水沙条件下，环氧砂浆、钢纤维砂浆（混凝土）、高强砂浆（混凝土）、石英砂浆均具有较好的抗磨蚀效果，普通钢和合金钢不宜作为悬移质泥沙河流中泄水建筑物的抗磨蚀材料。

表 6-34　不同材料抗磨蚀和抗空蚀性能

材料	试件抗压强度/MPa	平均空蚀率/（g/h）	抗空蚀强度相对值	平均磨蚀率/（g/h）	抗磨蚀强度相对值	相对单价
环氧砂浆	94.9	0.24	8.01	0.79	3.87	15.14
钢纤维砂浆	98.4	0.35	5.49	2.84	1.07	4.83
钢纤维混凝土	84.9	0.40	4.81	2.32	1.31	4.94
高强混凝土	67.3	0.54	3.56	2.16	1.41	0.78
高强砂浆	73.3	0.84	2.29	3.04	1.00	1.00
石英砂浆	67.1	1.92	1.00	1.63	1.86	3.86

一般来说，磨蚀破坏与流速、含沙量、沙粒矿物质硬度、过水时间、材料的抗磨蚀强度等因素有关，且是缓慢地由量变到质变、由缓变到突变的渐进过程。磨蚀破坏在前期主要是泥沙磨损，这一过程是渐进而缓慢的；待磨损破坏达到一定程度时，将破坏水工隧洞的平整度，伴随出现气蚀破坏；气蚀与磨损联合作用，导致结构破坏的速度大大加快。当水工隧洞的磨蚀破坏处于由量变到质变的临界状态时，如其继续带"病"运行，则可能在短期内发生突发性破坏，并在高速含沙水流作用下进一步加速磨蚀及动水破坏，进而危及水工建筑物安全。

从长期应用的经验中，科研工作者逐渐认识到：高速水流对水工建筑物冲刷、磨蚀破坏后，修补材料不能一味追求高强度，而应提高材料的韧性，提高其抵抗温度、湿度变化的能力，提高其对基层混凝土的黏结力等，使其成为混凝土表面抗高速水流冲磨破坏的保护层。

根据水工混凝土磨蚀破坏机理和抗磨蚀修复材料配合比设计，研发了复合树脂砂浆涂层材料,通过室内试验获得不同填料的基本力学性能、抗冲磨性能和与基体的黏结强度。2013 年 4 月,在三门峡水库泄洪排沙洞挑流鼻坎位置开展了磨蚀修复现场试验,经过两个排沙汛期检查,表面涂层防护效果显著,达到预期试验目的,如图 6-194、图 6-195 所示。

图 6-194　一个排沙汛期后效果(2014 年 7 月)

图 6-195　两个排沙汛期后效果(2015 年 9 月)

复合树脂砂浆原材料包括:①棕刚玉,其主要成分为 Al_2O_3、TiO_2,莫氏硬度为 9.0;②标准石英砂,其主要成分为 SiO_2,莫氏硬度 7.0;③复合树脂,采用环氧树脂和聚氨酯复合树脂;④固化剂,采用胺类固化剂;⑤增韧剂,采用脂类增韧剂。

复合树脂砂浆配合比见表 6-35,选用了金刚玉和石英砂两种填料。

表 6-35   复合树脂砂浆配合比

材料分类	复合树脂/份	填料/份	复合固化剂/份	复合增韧剂/份
复合树脂金刚砂浆	100	500（棕刚玉）	6	8
复合树脂石英砂浆	100	500（石英砂）	6	8

基本力学性能试验结果见表 6-36。复合树脂石英砂浆抗压强度比复合树脂金刚砂浆抗压强度高出 20%左右。分析原因，砂浆是由起骨架作用的填料颗粒和起黏结作用的浆液共同组成的，抗压强度主要体现为砂浆颗粒间的黏结力及填料颗粒的骨架作用，砂浆内部浆液与填料颗粒黏结力越大，填料级配越好，其抗压强度越高。由于试验采用的石英砂由不同粒径的沙粒组成，级配良好，因此用其拌制的砂浆遵循填充机制，填充较为密实；而复合树脂金刚砂浆采用的金刚玉，粒径单一，级配较差，颗粒间的孔隙较大，且金刚玉粒径小，比表面积大，在复合树脂用量相同的条件下，造成复合树脂胶液包裹填料颗粒的均匀性较差，影响了颗粒间的黏结力。

表 6-36   复合树脂砂浆基本力学性能试验结果

材料分类	抗压强度/MPa	抗折强度/MPa	压折比
复合树脂金刚砂浆	74.80	26.80	2.79
复合树脂石英砂浆	90.07	26.48	3.40

采用水下钢球法进行抗冲磨试验，试验结果见表 6-37。由试验结果可知，复合树脂砂浆石英砂浆的抗冲磨强度比复合树脂金刚砂浆的高出 71%左右。

表 6-37   复合树脂砂浆抗冲磨试验结果

材料分类	平均磨失量/g	平均抗冲磨强度/（kg/m²）
复合树脂金刚砂浆	20.73	245.38
复合树脂石英砂浆	12.15	418.67

经过市场调研和测算，当时金刚玉的市场价格为 4 000~6 000 元/t，而经过反复洗选达到或接近 ISO 标准石英砂的粒度级配的普通石英质河砂测算价格为 400~600 元/t。复合树脂石英砂浆的材料综合成本仅为复合树脂金刚砂浆的 50%。

采用"8"字模正拉试验方法测定两种不同填料的复合树脂砂浆与混凝土基面的黏结性能，试验结果见表 6-38。由试验结果可知，两种试件的抗拉强度均大于 4 MPa，且断裂破坏形式为内聚破坏，说明复合树脂砂浆与混凝土的黏结强度大于混凝土的抗拉强度。

表 6-38　复合树脂砂浆与混凝土基面的黏结性能

材料分类	平均黏结强度/MPa	断裂位置
复合树脂金刚砂浆	4.09	混凝土断裂
复合树脂石英砂浆	4.07	混凝土断裂

11. 小浪底水利枢纽

1) 工程简介

小浪底水利枢纽是"以防洪(包括防凌)、减淤为主,兼顾供水、灌溉和发电"为开发目标的大型综合利用水利工程,位于河南省洛阳市孟津县与济源市之间,三门峡水利枢纽下游 130 km、河南省洛阳市以北 40 km 的黄河干流上,控制流域面积 69.4 万 km^2,控制黄河花园口以上 90% 的径流量和近 100% 的黄河泥沙。

工程由拦河主坝(壤土斜心墙堆石坝,最大坝高 160 m)、副坝(土质心墙堆石坝,最大坝高 47 m)、泄洪排沙系统和引水发电系统三部分组成。泄洪排沙和发电建筑物全部布置在左岸,泄洪排沙建筑物由 3 条直径为 14.5 m 的孔板消能泄洪洞(导流洞改建)、3 条断面尺寸为(10.0~10.5)m×(11.5~13.0)m 的明流泄洪洞、3 条直径为 6.5 m 的排沙洞、1 条直径为 3.5 m 的压力灌溉洞、1 座正常溢洪道、10 座进水塔、1 座综合消能水垫塘组成;引水发电系统由 6 条直径为 7.8 m 的引水发电洞,1 座长 251.5 m、跨度为 26.2 m、最大开挖深度为 61.44 m 的地下厂房,1 座主变室,1 座尾闸室和 3 条断面为 12.0 m×19.0 m 的尾水洞组成。

小浪底汛期来水平均含沙量 48.6 kg/m^3,瞬时最大含沙量 941 kg/m^3。3 条孔板消能泄洪洞最大泄流量分别为 1 638 m^3/s、1 579.1 m^3/s、1 579.1 m^3/s,最大水头 139.4 m,洞内最大流速 35 m/s;3 条明流泄洪洞最大泄流量分别为 2 600 m^3/s、2 110 m^3/s、1 790 m^3/s,总泄量为 6 500 m^3/s,洞内最大流速 35 m/s;3 条排沙洞单洞控制泄量 500 m^3/s,最大泄量 675 m^3/s,最大水头 122 m,最大流速 25 m/s;溢洪道最大泄量 3 961.55 m^3/s,最大流速 35.5 m/s。

为减缓高速含沙水流对流道的空蚀和磨损破坏,在 3 条孔板消能泄洪洞洞身段、3 条明流泄洪洞洞身段、3 条排水洞出口明流段、溢洪道均采用了抗空蚀耐磨性能较好的高标号 C70 硅粉混凝土(见表 6-39)。

表 6-39　抗冲耐磨混凝土类别及参数

混凝土类别	最小抗压强度		相应混凝土标号	抗渗标号	抗冻标号	最大骨料粒径/mm	最大水灰比	使用部位	混凝土类型
	MPa	天数							
A1	70	28	300	S6	D50	40	0.30	明流洞和排沙洞	硅粉混凝土
A2	70	28	300	S6	D50	80	0.28~0.30	明流洞、孔板洞、排沙洞和溢洪道	

在泄洪排沙系统出口布置一座综合消力塘,自南向北依次为 1 号、2 号、3 号消力塘。消力塘体型尺寸如表 6-40 所示。消力塘顺水流方向设有两级消力池,1 号、2 号消力塘一级池长 140 m,3 号消力塘一级池长 160 m,顺水流方向底板坡度为 2%。一级池和二级池由尾堰隔开。消力塘二级池长 35 m,底板为平坡。二级池后接护坦,护坦长 70~98 m,护坦后设块石防冲槽,水流经护坦调整后,进入泄水渠与黄河衔接。

消力塘一级池底板厚度 3 m,其中上部采用 0.9 m 厚的 400 号混凝土,下部 2.1 m 厚采用 250 号混凝土。

表 6-40　消力塘体型尺寸　　　　　　　　　　　单位:m

	桩号	1 号消力塘		2 号消力塘		3 号消力塘	
		池底高程	池底宽度	池底高程	池底宽度	池底高程	池底宽度
一级池	1+129.45	113.0	91.35	113.0	108.8	113.0	93.85
	1+269.45	110.2	88.2	110.2	108.8	110.2	90.70
	1+289.45	—	—	—	—	109.8	90.25
二级池	1+279.45 1+299.45	125.0	107.18	125.0	115.05	125.0	109.68
	1+299.45 1+314.50						
	1+314.50 1+334.45	—	—	—	—		
护坦	1+319.45	130.0	112.81	130.0	116.3	—	—
	1+339.45	130.0	112.81	130.0	116.3	130.0	115.307
	1+417.45	—	—	130.0	121.3	130.0	117.807

工程于 1991 年 9 月前期准备工程开工,1994 年 9 月主体工程开工,1997 年 10 月实现大河截流,1999 年 10 月开始蓄水运用,2001 年底枢纽主体工程全部竣工。

2) 3 号明流泄洪洞运行情况

3 号明流泄洪洞 2019~2021 年运用情况统计见表 6-41,由于 3 号明流洞为高位泄洪洞,运用时间较短,且泄洪时水流含沙量较少,2021 年高水位情况下连续运行 84 h(泄量 1 667 m³/s),汛后检查发现洞身状况良好,仅局部结构缝处有破坏。

表 6-41　3 号明流泄洪洞 2019~2021 年运用情况统计

序号	库水位/m	起始开度/m	目标开度/m	目标流量/ (m³/s)	实际完成时间 (年-月-日 T 时:分)	过流时长/h
1	268.51	全关	3.28	534.2	2019-02-28T09:50	

续表 6-41

序号	库水位/m	起始开度/m	目标开度/m	目标流量/（m³/s）	实际完成时间（年-月-日 T 时:分）	过流时长/h
2	268.51	3.28	全关	0	2019-02-28T10:20	0.50
3	257.33	全关	3.32	543.5	2019-05-11T17:46	
4	257.18	3.32	全关	0	2019-05-11T18:06	0.33
5	256.29	全关	3.39	506	2019-05-19T16:57	
6	256.24	3.39	全关	0	2019-05-19T17:06	0.15
7	249.18	全关	全开	1 090	2019-06-22T08:00	
8	243.4	全开	全关	0	2019-06-26T09:00	97.00
9	236.57	全关	全开	484.6	2019-06-30T09:42	
10	235.33	全开	全关	0	2019-07-01T04:40	18.97
11	235.18	全关	全开	402.6	2019-08-21T09:17	
12	235.18	全开	全关	0	2019-08-21T09:47	0.50
13	247.35	全关	全开	1 020.6	2019-09-13T13:30	
14	247.66	全开	全关	0	2019-09-16T07:43	66.22
15	248.08	全关	全开	1 049.4	2019-09-18T09:50	
16	248.14	全开	全关	0	2019-09-18T16:30	6.67
2019 年过流时长合计						190.34
1	248.64	全关	全开	1 070.3	2020-06-24T07:44	
2	248.01	全开	全关	0	2020-06-24T20:18	12.57
3	242.31	全关	全开	809.8	2020-06-28T03:51	
4	235.64	全开	全关	0	2020-06-30T19:38	63.78
5	241.36	全关	全开	759.4	2020-08-27T18:29	
6	241.66	全开	全关	0	2020-08-28T08:56	14.45
7	240.68	全关	全开	724.1	2020-09-04T08:44	
8	240.31	全开	全关	0	2020-09-05T11:37	26.88
9	240.18	全关	全开	696.5	2020-09-05T18:32	
10	239.57	全开	全关	0	2020-09-07T12:51	42.32

续表 6-41

序号	库水位/m	起始开度/m	目标开度/m	目标流量/(m^3/s)	实际完成时间（年-月-日 T 时:分）	过流时长/h
			2020 年过流时长合计			160.00
1	269.94	全关	全开	1 682.6	2021-03-01T09:28	
2	269.83	全开	全关	0	2021-03-01T18:12	8.73
3	269.31	全关	全开	1 667	2021-03-10T23:09	
4	268.57	全开	全关	0	2021-03-14T11:06	83.95
			2021 年过流时长合计			92.68

3）排沙洞运行情况

3 号排沙洞 2018~2021 年运用情况统计见表 6-42。

表 6-42　3 号排沙洞 2018~2021 年运用情况统计

序号	闸门名称	起始开度/m	目标开度/m	目标流量/(m^3/s)	实际完成时间（年-月-日 T 时:分）	过流时长/h
1	工作门	全关	3.36	350	2018-07-03T08:00	
2	工作门	3.36	4.47	500	2018-07-03T10:00	
3	工作门	2.64	全关	0	2018-07-27T13:00	581
4	工作门	全关	4.47	500	2018-08-10T17:18	
5	工作门	4.47	全关	0	2018-08-12T08:58	40
6	工作门	全关	4.47	500	2018-08-12T22:00	
7	事故门	全开	全关	0	2018-08-13T18:06	20
8	工作门	4	4.5	500	2018-08-18T14:00	
9	事故门	全开	全关	0	2018-08-18T22:00	8
10	工作门	全关	4.46	499	2018-08-22T12:37	
11	工作门	4.46	全关	0	2018-08-22T14:38	2
12	工作门	全关	4.43	495	2018-08-23T19:30	
13	工作门	4.43	全关	0	2018-08-31T12:08	184
14	工作门	全关	4.34	500	2018-09-03T20:30	
15	工作门	2.7	全关	0	2018-09-04T15:37	17

续表 6-42

序号	闸门名称	起始开度/m	目标开度/m	目标流量/（m³/s）	实际完成时间（年-月-日 T 时：分）	过流时长/h
16	工作门	全关	4.01	460	2018-09-06T09：16	
17	工作门	4.24	全关	0	2018-09-08T13：20	52
18	工作门	全关	4.1	490.3	2018-09-27T08：54	
19	工作门	2.61	全关	0	2018-09-28T23：30	39
20	工作门	全关	3.39	400	2018-09-29T08：50	
21	工作门	3.01	全关	0	2018-10-02T09：30	72
22	工作门	全关	3.41	400	2018-10-03T09：30	
23	工作门	3.41	全关	0	2018-10-04T09：55	24
24	工作门	全关	3.81	450	2018-10-05T12：45	
25	工作门	3.81	全关	0	2018-10-07T09：30	45
2018 年过流时长合计						1 084
1	工作门	全关	3.93	470	2019-06-21T08：00	
2	工作门	3.93	全关	0	2019-06-22T08：00	24
3	工作门	全关	2.62	300	2019-06-22T20：48	
4	工作门	2.62	全关	0	2019-06-23T16：59	19
5	工作门	全关	3.09	350	2019-06-26T09：30	
6	工作门	4.47	全关	0	2019-07-01T17：30	128
7	工作门	全关	2.83	300	2019-07-03T04：32	
8	工作门	4.47	全开	500	2019-07-10T13：00	
9	工作门	3.2	全关	0	2019-08-12T11：50	967
10	工作门	全关	1.85	200	2019-09-15T16：22	
11	工作门	1.85	2.63	300	2019-09-15T18：01	
12	工作门	2.63	全关	0	2019-09-16T01：54	9
13	工作门	全关	3.42	400	2019-09-16T08：36	
14	工作门	3.42	4.22	500	2019-09-16T10：30	
15	工作门	4.22	全关	0	2019-09-18T09：50	49
16	工作门	全关	4.21	500	2019-09-18T19：27	

续表 6-42

序号	闸门名称	起始开度/m	目标开度/m	目标流量/ (m³/s)	实际完成时间 (年-月-日 T 时:分)	过流时长/h
17	工作门	4.21	全关	0	2019-09-24T17:05	142
18	工作门	全关	4.23	500	2019-09-26T09:40	
19	工作门	4.23	全关	0	2019-09-29T08:47	71
2019 年过流时长合计						1 409
1	工作门	全关	3.89	500	2020-04-08T09:40	
2	工作门	3.89	全关	0	2020-04-08T15:17	5
3	工作门	全关	3.9	500	2020-04-08T19:07	
4	工作门	3.9	全关	0	2020-04-08T21:45	3
5	工作门	全关	3.17	400	2020-04-10T01:30	
6	工作门	3.9	全关	0	2020-04-10T13:10	12
7	工作门	全关	3.9	499	2020-04-11T19:02	
8	工作门	3.9	全关	0	2020-04-12T08:25	13
9	工作门	全关	2.17	261	2020-04-17T16:50	
10	工作门	3.19	全关	0	2020-04-18T10:15	17
11	工作门	全关	1.73	199.4	2020-04-19T11:20	
12	工作门	1.73	全关	0	2020-04-19T16:10	3
13	工作门	全关	1.73	200	2020-04-20T07:42	
14	工作门	1.73	全关	0	2020-04-20T13:00	5
15	工作门	全关	1.74	200	2020-04-24T10:00	
16	工作门	1.74	3.95	500	2020-04-24T15:40	
17	工作门	1.75	全关	0	2020-04-27T09:05	71
18	工作门	全关	2.59	300	2020-06-15T22:42	
19	工作门	2.59	全关	0	2020-06-16T18:49	20
20	工作门	全关	3.02	350	2020-06-24T20:47	
21	工作门	3.02	4.24	500	2020-06-25T16:00	
22	工作门	2.79	全关	0	2020-08-27T14:20	1 529
23	工作门	全关	1.5	150	2020-08-27T19:56	

续表 6-42

序号	闸门名称	起始开度/m	目标开度/m	目标流量/（m³/s）	实际完成时间（年-月-日 T 时:分）	过流时长/h
24	工作门	1.5	4.2	480	2020-08-27T23:42	
25	工作门	1.92	全关	0	2020-09-08T20:18	288
26	工作门	全关	4.17	500	2020-10-02T08:48	
27	工作门	3.8	全关	0	2020-10-10T20:48	204
28	工作门	全关	3.99	500	2020-11-20T06:20	
29	工作门	3.99	全关	0	2020-11-20T17:05	11
30	工作门	全关	2.85	350	2020-11-28T11:04	
31	工作门	2.85	全关	0	2020-11-28T23:59	13
2020 年过流时长合计						2 194
1	工作门	全关	3.81	500	2021-03-01T17:28	
2	工作门	3.81	全关	0	2021-03-03T14:27	45
3	工作门	全关	3.81	500	2021-03-04T09:30	
4	工作门	3.81	全关	0	2021-03-10T22:50	157
5	工作门	全关	3.83	500	2021-03-14T11:50	
6	工作门	3.83	全关	0	2021-03-15T23:12	35
7	工作门	全关	3.84	500	2021-03-17T23:09	
8	工作门	3.84	全关	0	2021-03-23T17:10	138
9	工作门	全关	3.84	500	2021-03-23T18:53	
10	工作门	3.84	全关	0	2021-04-01T14:40	212
11	工作门	全关	3.87	500	2021-04-01T16:44	
12	工作门	3.87	全关	0	2021-04-21T07:58	471
13	工作门	全关	3.86	500	2021-04-24T11:59	
14	工作门	3.86	全关	0	2021-04-25T09:00	21
15	工作门	全关	2.42	300	2021-04-25T20:00	
16	工作门	2.42	3.86	500	2021-04-26T08:37	
17	工作门	3.86	全关	0	2021-05-12T08:29	396
18	工作门	全关	4.04	500	2021-06-15T22:52	

续表 6-42

序号	闸门名称	起始开度/m	目标开度/m	目标流量/（m³/s）	实际完成时间（年-月-日 T 时:分）	过流时长/h
19	工作门	4.13	全关	0	2021-06-23T06:29	175
20	工作门	全关	4.18	500	2021-06-23T08:41	
21	工作门	4.85	全关	0	2021-07-07T23:50	351
22	工作门	全关	1.56	150	2021-08-25T03:12	
23	工作门	1.56	全关	0	2021-08-26T15:16	36
24	工作门	全关	3.95	495.3	2021-09-22T01:59	
25	工作门	3.95	全关	0	2021-09-22T20:15	18
26	工作门	全关	3.73	480	2021-09-27T22:27	
27	工作门	3.73	全关	0	2021-09-28T10:33	12
28	工作门	全关	3.12	400	2021-09-29T11:03	
29	工作门	3.12	3.69	480	2021-09-29T13:41	
30	工作门	1.34	全关	0	2021-10-08T10:08	215
31	工作门	全关	1.33	150	2021-10-08T13:00	
32	工作门	1.33	2.36	300	2021-10-09T04:34	
33	工作门	2.36	3.06	400	2021-10-09T05:38	
34	工作门	3.06	3.69	490	2021-10-09T09:34	
35	工作门	3.69	全关	0	2021-10-20T07:43	283
36	工作门	全关	1.69	200	2021-10-29T00:30	
37	工作门	1.69	3.74	490	2021-10-29T08:56	
38	工作门	3.74	全关	0	2021-10-31T09:42	57
39	工作门	全关	3.74	490	2021-11-02T09:23	
40	工作门	3.74	全关	0	2021-11-13T07:13	262
2021 年过流时长合计						2 884

3 号排沙洞 2018~2021 年每年过水总时长分别为 1 084 h、1 409 h、2 194 h、2 884 h。

2021 年 10 月 20 日和 11 月 2 日,小浪底水库运行管理单位在泄洪排沙系统停运期间对泄水排沙建筑物进行了全面检查,发现小浪底水库 3 号排沙洞和 1 号排沙洞工作门后流道左侧墙混凝土破坏严重,混凝土内部钢筋架空裸露,部分钢筋被冲断。其中 3 号排沙洞破坏范围长约 12 m,最大宽度约 2 m,最大深度约 60 cm;1 号排沙洞破坏范围长约 9.15 m,最大宽度 2.45 m,最大深度约 55 cm。混凝土本体破坏严重影响流道正常泄洪运用。

1 号排沙洞边墙破坏情况见图 6-196,3 号排沙洞边墙破坏情况见图 6-197~图 6-200。

图 6-196　1 号排沙洞出口明流段破坏照片

图 6-197　3 号排沙洞出口明流段破坏照片 1

图 6-198　3 号排沙洞出口明流段破坏照片 2

图 6-199　3 号排沙洞出口明流段破坏照片 3

图 6-200　3 号排沙洞出口明流段破坏照片 4

4）抗冲磨应用情况

在高标号 C70 硅粉混凝土施工过程中，均有不同程度的裂缝出现，裂缝宽度 0.4～0.8 mm，最大宽度 2 mm，裂缝平均长度 4 m。对裂缝宽度大于 0.5 mm 或是长度大于 1.5 m 的裂缝采用环氧树脂和特细水泥进行处理。

分析原因，混凝土早期裂缝主要与混凝土升温过程早期内部与外部混凝土的温差较大，拆模后表面降温梯度过大有关；混凝土后期裂缝主要由基础温差引起，与施工分块尺寸、混凝土弹性模量/基岩弹性模量等因素有关。C70 混凝土基础温差拉应力如表 6-43 所示。

总结现场施工经验后，及时采取优化混凝土配合比、提高施工质量、缩短混凝土分块长度（由 6～12 m 调整为 4～6 m）、加强混凝土温度控制、加强混凝土养护等施工措施，有效控制裂缝的发生和发展，其中 3 号明流泄洪洞在施工后期的裂缝明显减少。

表 6-43　C70 混凝土基础温差温度拉应力

基础温差/℃	拉应力/MPa		
	$L=6$ m	$L=10$ m	$L=15$ m
37	2.7	3.4	3.6
46	3.4	4.2	4.5

注：1. C70 混凝土 $[\sigma]=3.5$ MPa，应力安全系数为 1.3。

　　2. L 为浇筑块最长边尺寸。

孔板消能泄洪洞、明流泄洪洞、排沙洞的进水塔流道段设有 5 mm 和 10 mm 两种环氧砂浆层来抵御挟沙水流的磨蚀。

2005 年汛前，对泄洪排沙洞群进行检查时发现孔板消能泄洪洞闸门段、排沙洞进口闸门段和出口闸门段的环氧砂浆涂层存在剥蚀现象，为保证安全，对剥蚀部位采用 NE 型环氧砂浆进行了处理，处理时间为 2005 年 4 月 18 日至 2005 年 6 月 1 日。当年调水调沙运用后，再次检查，修补后的环氧砂浆情况良好，没有出现新的剥蚀现象。

2014 年汛前，选取 2 号排沙洞出口工作门后明流段冲蚀破坏最明显的 9 块试验区域，总面积 234 m²，分别用 7 种不同的材料进行修补，各试验块所用材料性能指标见表 6-44。

表 6-44　各试验块所用材料性能指标

试验块序号	采用材料	抗压强度/MPa	抗拉强度/MPa	与混凝土黏结强度/MPa
1	YZ-改性环氧修补砂浆	≥80	≥10	≥4
2	XLD-11 环氧砂浆	≥100	≥12	≥4
3	环氧砂浆 1 型	≥75	≥12	≥6
	环氧砂浆 2 型	≥70	≥14	≥4
	环氧砂浆 3 型	≥85	≥10	≥5

续表 6-44

试验块序号	采用材料	抗压强度/MPa	抗拉强度/MPa	与混凝土黏结强度/MPa
4	HK-UW-3 环氧砂浆	≥90	≥12	≥4
5	丙烯酸酯共聚乳液	≥24	≥7	≥1.2
6	环氧砂浆	≥100	≥10	≥3
	环氧胶泥	≥80	≥10	≥3
	手刮聚脲	拉伸强度/MPa	断裂伸长率/%	潮湿基面黏结强度/MPa
		≥9	≥350	≥0.5
7	NE-Ⅱ环氧砂浆	≥80	≥10	≥7

2014 年 5 月底,完成 2 号排沙洞的消缺及各试验块缺陷处理工作。2014 年 6 月底,小浪底工程开始调水调沙,2 号排沙洞运用共历时 184 h。

2014 年 8 月 14 日,对 2 号排沙洞修补试验块的抗冲耐磨情况进行检查,发现试验块 7 的环氧砂浆整体良好,表面平整,无明显磨损痕迹,说明该环氧砂浆的施工可以同时满足表面平整度和抗冲磨强度的要求,效果最好,若材料的砂料能改为石英砂可能会更好地提高材料的耐磨性。

小浪底 3 条排沙洞在出口控制室各设置 1 扇偏心弧形工作闸门,闸门经常处于动水启闭和局部开启工作状态,因此弧形工作闸门面板迎水面除应按重防腐条件对待外,还应满足抗磨要求。

自 2002~2014 年,小浪底连续实施了 13 次调水调沙,截至 2014 年年底,1 号排沙洞弧形工作闸门过流时间累计 8 666 h,运行次数累计 997 次。在泄洪排沙期间,经过弧形工作闸门的水流流速达 33 m/s,检查发现弧形工作闸门面板迎水面出现较严重磨蚀坑(见图 6-201),致使闸门面板变薄、使用寿命缩短,甚至危及闸门安全运行。

2014 年汛后对 1 号排沙洞弧形工作闸门底部约 10 cm 高度范围内采用环氧砂浆进行尝试性修复。2015 年 4 月,采用黄河水利科学研究院研发的高弹性聚氨酯耐磨漆,在闸门底部的部分区域进行了现场试验,为了与传统防腐方案进行对比,两侧采用了普通防腐方案(环氧富锌底漆、环氧云铁中间漆、氯化橡胶面漆),如图 6-202 所示。

经过一年排沙冲刷检验,2016 年 1 月对所做试验效果进行查看,发现普通防腐油漆已经开始脱落,环氧砂浆脱落比较严重,而高弹性聚氨酯耐磨漆效果较好,没有任何脱落情况,如图 6-203 所示。

图 6-201　弧形工作闸门底部磨蚀严重

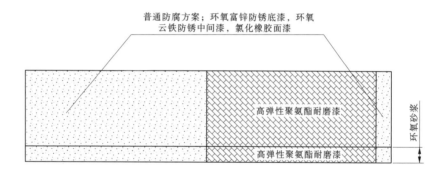

图 6-202　1 号排沙洞弧形工作闸门底部防腐方案

自 1999 年小浪底水库蓄水起,消力塘长期淹没在水下,不能常规检查水下建筑物实际状况,也无法开展水下建筑物的常规修补加固工作。

截至 2016 年年底,消力塘已安全运用 17 年,其中 3 号消力塘累计运用 16 000 h(约667 d)。在 2015 年开展的水下检查中发现,3 号消力塘底板混凝土存在不同程度的冲刷、磨蚀,靠近明流泄洪洞挑流入消力塘中心线附近磨蚀最严重,平均磨蚀深度 9 cm,磨蚀面积约占 3 号消力塘底板总面积的 40%。

2016 年 7 月,管理单位组织国内知名专家召开了小浪底工程 3 号消力塘缺陷修补专题咨询会。会后根据专家意见,对 3 号消力塘进行了进一步检查。考虑黄河多泥沙,消力塘底板淤泥及碎石淤积较厚,对水下检查干扰较大,现场采用围堰干地法检查方案。

对 3 号消力塘进行围堰干地法检查发现:底板磨蚀严重部位平均深度 4~6 cm,最深

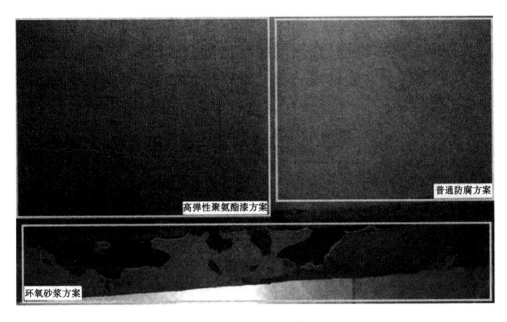

图 6-203　三种防腐方案效果对比

10.6 cm;底板磨蚀平均深度大于 5 cm 的共计 17 块,约 2 500 m²,占消力塘底板面积的 15.6%;底板磨蚀深度介于 2~5 cm 的共计 22 块,约 2 700 m²,占消力塘底板面积的 16.9%;底板磨蚀深度小于 2 cm 的共计 73 块,约 10 800 m²,占消力塘底板面积的 67.5%。

2017 年 2 月,管理单位组织召开了 3 号消力塘底板磨蚀专项维修技术方案审查会,考虑工期、造价和施工方法等因素,会议形成以下维修方案:平均磨蚀深度小于 2 cm 的区域不做处理;平均磨蚀深度介于 2~5 cm 的区域,表面一次涂抹 2 cm 厚的环氧砂浆;平均磨蚀深度大于 5 cm 的区域,整体底部浇筑环氧混凝土加强层至原设计高程,保持环氧混凝土加强层表面整体平整。

2018 年 7 月 3~27 日,小浪底水库经历了蓄水运用以来历时最长、库水位最低、泄水含沙量最高的一次泄洪排沙运用,2 号和 3 号孔板消能泄洪洞投入实际生产运行。

2018 年泄洪排沙运用期间,7 月 14 日 10 时小浪底河道出库含沙量达最大值 369 kg/m³,7 月 14 日 17 时排沙洞实测含沙量达历史最大值 857.2 kg/m³,7 月 14 日 11 时发电尾水含沙量达最大值 70.45 kg/m³。

汛后开展过流建筑物流道检查工作,发现高含沙水流对流道混凝土的磨蚀情况严重。其中,1 号明流泄洪洞混凝土破损 81 处,最大破损尺寸 350 cm×200 cm×20 cm,总破损面积约 53 m²;2 号孔板消能泄洪洞多处混凝土冲蚀,但不影响流道结构安全;3 号孔板消能泄洪洞破损 11 处,总破损面积 2.8 m²;3 号排沙洞混凝土破损 57 处,最大破损尺寸 60 cm×400 cm×3 cm,总破损面积约 8.2 m²。针对发现的缺陷,随即进行了修补处理,对混凝土掉块破损处采取环氧砂浆修补处理,对混凝土麻面进行打磨,环氧砂浆抹面处理。

12. 乌东德水电站

乌东德水电站是金沙江下游河段(攀枝花市至宜宾市)四个水电梯级——乌东德、白鹤滩、溪洛渡、向家坝中的最上游梯级,坝址所处河段的右岸隶属云南省禄劝县,左岸隶属四川省会东县。电站开发任务以发电为主(总装机容量 1 020 万 kW),兼顾防洪,并促进地方经济社会发展和移民群众脱贫致富,电站建成后可发展库区航运,具有改善下游河段通航条件和拦沙等作用。

枢纽工程主体建筑物由挡水建筑物、泄水建筑物、引水发电建筑物等组成。挡水建筑物为混凝土双曲拱坝,最大坝高 270 m。工程泄洪采用坝身表、中孔和岸边泄洪洞相结合的泄洪方式,设计洪峰流量 35 800 m³/s,坝身布置 5 个表孔、6 个中孔,左岸靠山侧布置 3 条泄洪洞。表孔孔口尺寸 12 m×16 m,中孔尺寸 6 m×7 m,坝下采用护岸不护底的天然水垫塘消能。表孔溢流面表层采用 1 m 厚的 $C_{90}35$ 抗冲耐磨混凝土;坝下水垫塘边墙下部采用 0.5 m 厚的 $C_{90}40$ 抗冲耐磨混凝土;岸边泄洪洞出口水垫塘底板厚 3 m,表面采用 0.5 m 厚的 $C_{90}40W8F150$ 抗冲耐磨混凝土。

2015 年 12 月,乌东德水电站全面开工;2017 年 3 月,大坝混凝土开仓浇筑;2020 年 6 月,首批机组正式投产发电;2021 年 6 月,全部机组正式投产发电。

13. 白鹤滩水电站

白鹤滩水电站位于四川省凉山州宁南县和云南省昭通市巧家县境内,是金沙江下游干流河段梯级开发的第二个梯级电站,开发任务以发电为主(总装机容量 1 600 万 kW),兼顾防洪、拦沙、改善下游航运条件和发展库区通航等综合利用效益,是西电东送骨干电源点之一。

枢纽工程由拦河坝、泄洪消能建筑物和引水发电系统等建筑物组成。拦河坝为混凝土双曲拱坝,最大坝高 289 m,坝下设水垫塘和二道坝。泄洪设施包括坝身的 6 个表孔、7 个深孔和左岸的 3 条泄洪隧洞。

2010 年 10 月,白鹤滩水电站正式启动前期筹建工作;2017 年 8 月,主体工程开始全面建设;2020 年 4 月,完成水垫塘反拱底板混凝土浇筑;2020 年 7 月,世界首台百万千瓦机组长短叶片转轮吊装成功;2021 年 4 月,下闸蓄水;2021 年 5 月,大坝封顶;2021 年 6 月,正式投产发电;2022 年 1 月,最后一台百万千瓦水轮机组转子吊装完成。

拱坝坝身泄洪孔口按水舌"纵向分层起跃,横向充分扩散,空中碰撞消能,分散入水"的原则进行布置。6 个表孔为开敞式溢洪道,对称于溢流中心线布置,孔口尺寸 14 m×15 m(宽×高),溢流堰面采用 WES 型溢流曲线,堰面末端采用大差动跌流坎(或舌形坎)的自由跌流;表孔溢流表面采用 $C_{90}40W15F300$ 混凝土。7 个深孔对称布置在表孔闸墩下方,采用孔身上翘(或下弯)型有压泄水孔,孔身断面尺寸为 4.8 m×12 m(宽×高),出口工作闸门尺寸 5.5 m×8 m(宽×高),工作水头 100 m,出口采用挑流消能。

坝身布置 6 个导流底孔,1~5 号导流底孔出口控制断面孔口尺寸为 5.5 m×10 m(宽×高),孔身断面尺寸为 5.5 m×11 m(宽×高);6 号导流底孔出口控制断面孔口尺寸为 5 m×7 m(宽×高),孔身断面尺寸为 5 m×10.5 m(宽×高)。底孔流道表面 0.6 m 厚范围内采用 $C_{28}40W15F300$ 硅粉抗冲耐磨混凝土。

拱坝下游设水垫塘消能,水垫塘全长约 360 m,采用反拱底板接复式梯形断面。反拱圆弧半径 107.02 m,圆心角 74.796°,弦长 130 m。底板混凝土厚 4 m,表面采用 60 cm 厚的 $C_{90}50W8F150$(掺粉煤灰+高效减水剂)硅粉抗冲耐磨混凝土。

　　3 条泄洪洞布置在左岸,长度分别为 2 317 m、2 258.5 m、2 170 m。泄洪洞洞身为城门洞型的无压隧洞,由上平段和龙落尾段组成。1# 和 2# 泄洪洞龙落尾的断面尺寸为(15.0~16.4)m×18 m(宽×高),3# 泄洪洞龙落尾的断面尺寸为(15.0~16.4)m×18 m(宽×高)。泄洪洞单洞泄量 3 905~4 083 m³/s,上平段流速 25.2~29 m/s,龙落尾流速 40~50 m/s。为解决硅粉混凝土早凝块、易干缩开裂等问题,白鹤滩水电站委托两家研究院进行了掺硅粉与不掺硅粉混凝土平行试验,最终泄洪洞龙落尾段采用了 C₉₀60W10F150 不掺硅粉、低热水泥抗冲耐磨混凝土;同时龙落尾最大不平整度要求在 3 mm/2 m 靠尺以下。

6.2.5.3　抗冲磨混凝土设计

1. 冲沙闸

冲沙闸冲沙泄洪运用频繁,过流流速较高,泥沙含量大。弧门冲沙闸单宽流量 $q = 58$ m³/(s·m),平门闸单宽流量 40 m³/(s·m),下游消力池首端底部流速最大 20 m/s 左右。考虑冲沙闸运用频率比较高,除悬移质外,还有大量推移质,根据河床砂砾料的级配曲线,中值粒径约 30 mm,需要采取抗冲磨措施:一是解决抗冲磨问题;二是解决推移质抗撞击问题。

已建工程试验研究表明,硅粉混凝土抗冲磨能力比相同强度等级的普通混凝土抗冲磨能力提高 3 倍以上,高强硅粉混凝土与普通混凝土相比,虽具有较高的强度和耐久性,但由于其水灰比小、水泥用量大且不易泌水,因此更容易发生塑性干缩,往往会出现早期开裂的问题。试验数据表明,在硅粉混凝土中掺加聚丙烯纤维、钢纤维能很好地改善混凝土的抗裂性能,降低混凝土的干缩值,提高硅粉混凝土的抗冲击性能。

综合考虑推荐方案:冲沙闸闸墩墩头和下游消力池尾坎受推移质冲击部位,流速相对较低,采用抗撞击性能好的钢板防护;闸室底板及消力池底板主要是承受含沙水流的磨蚀作用,采用抗冲磨及抗冲击性能良好的硅粉钢纤维混凝土(0.4~0.5 m 厚)。

冲沙闸闸室底板及闸墩过流部分采用抗压强度 60 MPa,掺硅粉的钢纤维混凝土,冲磨层厚度 0.5 m;消力池及下游出口闸也采用抗压强度 60 MPa,掺硅粉的钢纤维混凝土,冲磨层厚度 0.4 m。冲沙闸闸墩墩头及消力池末端下游出口闸尾坎采用 20 mm 厚、抗撞击性能好的钢板防护。具体采用抗冲磨措施如下。

1)进口引渠段(U0-093.10~U0-021.10)

防护范围:底板及边墙(根据流速分布确定 1 269 m 高程以下)。

防护措施:0.5 m 厚钢纤维混凝土,A-3 混凝土(32 MPa)+钢纤维(掺量 40~50 kg/m³)。

2)冲沙闸闸室段(U0-021.10~D0+031.51)

防护范围 1:底板及闸墩(根据泄流水面线确定 1 265~1 268 m 以下)。

防护措施 1:0.5m 厚硅粉钢纤维混凝土,硅粉混凝土(抗压强度 60 MPa,硅粉掺量 6%~10%)+钢纤维(掺量 40~50 kg/m³)。

防护范围 2:闸墩墩头(根据泄流水面线确定 1 265~1 268 m 以下)。

防护措施 2:采用 20 mm 厚钢板衬护。

3)消力池段(D0+031.51~D0+093.92)

防护范围:底板、中墙及侧墙(1 260 m 高程以下,根据流速分布确定)。

防护措施:0.5 m 厚硅粉钢纤维混凝土,硅粉混凝土(抗压强度 60 MPa,硅粉掺量 6%~10%)+钢纤维(掺量 40~50 kg/m³)。

4)下游出口闸段(D0+093.92~D0+115.92)

防护范围:消力池尾部直墙、闸室底板及边墙。

防护措施:底板及闸墩过流面 0.5 m 厚硅粉钢纤维混凝土,硅粉混凝土(抗压强度 60 MPa,硅粉掺量 6%~10%)+钢纤维(掺量 40~50 kg/m³);消力池尾部直墙采用 20 mm 厚钢板衬护。

5)混凝土海漫段

防护措施:0.5 m 厚钢纤维混凝土,A-3 混凝土(32 MPa)+钢纤维(掺量 40~50 kg/m³)。

2. 引水闸

研究国内高速水流抗冲磨材料的现状,结合具体情况,在闸室段表层采用 $C_{90}40HF$ 混凝土,并掺 UF500 纤维素纤维。

闸室及鼻坎段,表面最小 1.0 m 深的范围采用 $C_{90}40HF$ 混凝土(掺 UF500 纤维素纤维)。

6.2.6 溢流坝设计

6.2.6.1 结构布置

溢流坝段主要由溢流堰、下游消力池、海漫及防冲槽组成。

1. 溢流堰结构布置

溢流坝的建基面高程为 1 250.5 m,坝高 39 m,基础位于砂卵砾石层上。基础以下的覆盖层主要为砂卵砾石和砂层,厚度 2~130 m。闸基砂砾石层采用塑性混凝土垂直防渗墙,防渗墙最大深度 30 m,上部深入闸体 0.50 m,并留 0.20~0.30 m 的压缩空间,墙身厚度 0.8 m。

8 孔开敞式溢流堰采用 WES 型实用堰,堰顶高程 1 275.50 m,单孔净宽度 20.0 m,闸墩厚度 2.0 m,溢流堰上游坡度 3∶2,堰顶布设一道检修门,为满足交通和运行要求,溢流堰顶面设交通桥和工作桥,采用预制钢混组合结构,桥面高程 1 289.50 m。WES 型实用堰下游直线段通过反弧段与消力池相接,反弧半径 15.00 m。

溢流堰顺水流向底板长度 52.61 m,垂直水流向 22 m,采用堰面分缝,缝宽 2 cm,缝内设一道铜片止水,一道 PVC 止水,伸缩缝迎水表面填充 0.05 m 厚聚硫密封胶封闭。为减小块体之间地基不均匀沉降,提高堰体整体性,缝面布设多层键槽,块体间相互咬合。溢流堰缝面典型结构图见图 6-204。

根据溢流堰各部位环境条件的不同,抗冲耐磨性能要求不同,溢流堰过流表面采用 A-3 混凝土,最小厚度 1.0 m;堰体内部采用 D-3 混凝土,与堰体的交接面呈台阶状,并布设连接插筋;闸墩 1 280.0 m 高程以上采用 C-3 混凝土,1 280.0 m 高程以下、堰体以上采用 B-3 混凝土。

2. 下游消力池

溢流坝下游采用底流消能形式,消力池长度 64.41 m,消力池由中隔墙分隔成 4 个相对独立的消能体,自左向右为 1 号、2 号、3 号和 4 号消力池,每 2 孔溢流堰对应 1 个池室,

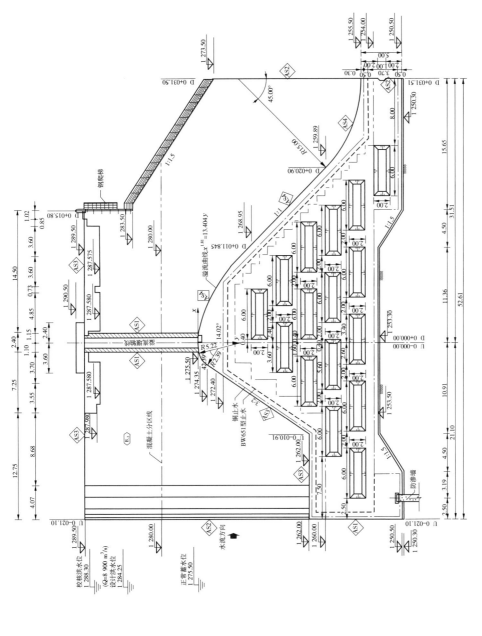

图 6-204　溢流堰缝面典型结构图　（单位：m）

有利于控制流势流态、抑制回流和检查维修。消力池底板高程为 1 255.50 m,深度 4.0 m,底板厚度 3.0 m,后部设排水孔,边墙顶高程 1 273.50 m;消力池末端设出口检修闸,与上游 8 孔溢流堰对应,共 8 孔,单孔净宽度 20.00 m,长度 22.0 m,闸底板高程 1 259.50 m,布设一道检修门,闸顶设门机工作桥和交通桥,桥面高程 1 277.00 m。

消力池底板过水表面抗磨混凝土厚 1.0 m,采用 A-3 混凝土,下部采用 B-3 混凝土,顺水流向分为三块,从上游到下游为 24.41 m、20 m、18 m,块体间缝宽 2 cm,缝内设两道止水,为减小不均匀沉降,提高底板整体性,缝面布设键槽。键槽布置见图 6-205、图 6-206。

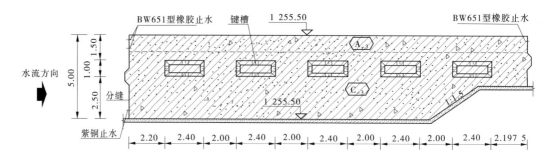

图 6-205　消力池底板键槽布置图 （单位:m）

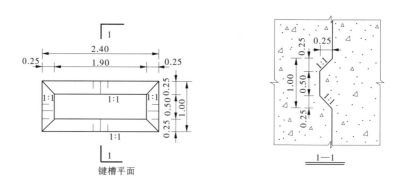

图 6-206　消力池底板键槽详图 （单位:m）

3.海漫及防冲槽

出口闸下游接钢筋混凝土海漫,长度 60.0 m,厚度 2.0 m,混凝土海漫设置伸缩缝,缝宽 1 cm;缝内设橡胶止水,缝内填高压聚乙烯闭孔板填缝材料,采用 C-3 混凝土。为保证海漫安全和海漫基础稳定,在其末端设深 7.8 m、底宽 6 m 的抛石防冲槽保护,上游坡度 1∶2,下游坡度 1∶3,防冲槽顶面高程 1 259.50 m。

6.2.6.2　稳定分析

1.计算内容

选取溢流堰一个完整的坝段作为分析对象,计算内容包括闸室基底应力、抗滑稳定和抗浮稳定计算。

2. 荷载计算

溢流坝承受荷载主要有结构自重、水压力、扬压力、泥沙荷载、地震荷载等。其他荷载计算同国内规范基本一致，可按常规方法计算。地震荷载计算美标和中国标准有差别，这里主要介绍地震荷载的定义和计算。

1) 地震荷载

地震荷载指惯性效应，防震设计应基于以下的地震事件，遵守规范 EM1110-2-1806 的要求。

根据规范要求，地震荷载分为下面几种情况：运行基准地震(OBE)，OBE 定义为超过 100 年(或 144 年一周期)的时间内发生概率为 50% 的地震；最大设计地震(MDE)，为需要设计或评估一种结构地面运动的最高级别。对于关键结构而言，MDE 类似于最大可行地震(MCE)。一般而言，为其他结构进行概率确定的 MDE 为超过 100 年的时间内(或 950 年一周期)发生概率为 10% 的地震；最大可信地震，MCE 定义为根据地震和地质证据，可在特定的波源预测到的最大地震。MCE 是根据确定的地点进行的危险性分析。因为本工程的溢流堰为关键结构，所以 MDE 和 MCE 为同一种类型。

溢流堰地震荷载采用地震系数法计算。地震系数法中，惯性力计算为结构质量(包括坝踵和坝趾上的土壤和结构内所有水)和震动加速度之积。

$$F_h = ma = k_h W$$

式中　F_h——惯性力的水平分力；

　　　　m——结构质量；

　　　　a——地震加速度。

假定惯性力的水平分力、垂直分力作用于结构重心处。发生地震时，垂直惯性力作用于溢流堰上。

$$F_v = \frac{1}{2} \times \frac{2}{3} F_h$$

2) 地震动水荷载

地震发生时地面以上及结构周围的水对结构作用的惯性力增加量。使用地震系数法时，通过 Westergaard 法估计动压效应。水动力可增加或减少水力，取决于地震加速度的方向。

$$P_E = (7/12) k_h \gamma_w h^2$$

式中　P_E——单位长度动水压力；

　　　　k_h——水平地震系数；

　　　　γ_w——单位水重；

　　　　h——水深。

动水压力和静水压力的和等于作用于结构总的水压力，压力分布为抛物线形，P_E 的作用点为地面以上 $0.4h$ 处。

3. 计算工况及荷载组合

结构可能遇到的荷载条件分为正常 U、非正常 UN 与特殊 E 三种情况。溢流堰稳定计算荷载组合见表 6-45、表 6-46。

表 6-45　溢流堰计算工况荷载条件分类表

序号	工况说明	工况分类
1	施工完建	UN
2	正常蓄水位（上游水位 1 275.5 m）	U
3	200 年一遇洪水（上游水位 1 282.25 m）	UN
4	运行基准地震（OBE）	E
5	OBE+正常蓄水位（上游水位 1 275.5 m）	UN
6	最大设计地震（MDE）+ 正常蓄水位（上游水位 1 275.5 m）	E
7	最大灾难洪水（MDF）	E
8	10 000 年一遇设计洪水（上游水位 1 284.25 m）	E

注：* U—正常，UN—非正常，E—特殊。

表 6-46　溢流堰稳定分析荷载组合表

工况	工况分类	荷载组合				
		恒载	静水压力	扬压力	泥沙荷载	地震荷载
1	UN	√				
2	U	√	√	√	√	
3	UN	√	√	√	√	
4	E	√				√
5	UN	√	√	√	√	√
6	E	√	√	√	√	√
7	E	√	√	√	√	
8	E	√	√	√	√	

4. 稳定计算

（1）抗滑稳定安全系数为

$$FS_s = \frac{N\tan\varphi + cL}{T}$$

式中　N——作用于结构上的全部荷载对计算滑面的法向力分量；

　　　φ——地基内摩擦角；

　　　c——地基与基础间黏聚力；

　　　L——基础沿滑动方向的长度；

　　　T——作用于结构上的全部荷载对计算滑面的切向力分量。

（2）抗浮稳定安全系数为

$$FS_f = \frac{W_s + W_c + S}{U - W_G}$$

式中　W_s——结构自重；

　　　W_c——结构内水重；

S——附加荷载；

U——基础底面上的扬压力；

W_G——结构顶以上的水重。

从计算结果(见表 6-47)看,溢流坝的稳定性满足美国规范 EM 1110-2-2100 要求。

表 6-47 溢流坝稳定计算结果汇总

工况类别	计算工况	抗滑 FS_s	$[FS_s]$	抗浮 FS_f	抗浮 $[FS_f]$	σ_{yt}/kPa	σ_{yh}/kPa	$[\sigma_y]$/kPa
UN	施工完建	∞	1.5	∞	1.2	367.33	372.01	818.01
U	正常蓄水位(上游水位 1 275.5 m)	3.38	2.0	3.27	1.3	301.99	308.13	1 427.51
UN	200 年一遇设计洪水(上游水位 1 282.25 m)	2.27	1.5	2.19	1.2	249.97	256.03	1 001.82
E	运行基准地震(OBE)	5.02	1.1	22.50	1.1	380.76	391.44	576.74
UN	OBE+正常蓄水位(上游水位 1 275.5 m)	1.12	1.1	2.59	1.1	313.74	312.73	384.92
E	最大设计地震(MDE)+正常蓄水位(上游水位 1 275.5 m)	1.52	1.5	2.86	1.2	325.41	323.75	446.28
E	最大灾难洪水(MDF)(上游水位 1 288.3 m)	1.72	1.1	2.02	1.1	257.56	258.29	770.77
E	10 000 年一遇设计洪水(上游水位 1 284.25 m)	2.09	1.1	2.13	1.1	254.47	258.69	1 133.28

6.2.6.3 结构分析

溢流坝结构设计内力计算,采用有限元程序 ANSYS 进行了三维有限元整体结构静动力分析,将应力云图转化为内力进行结构配筋设计。

1. 计算范围

取溢流坝一个完整的坝段作为分析对象,闸室上下游基础取 50 m,基础以下取 50 m。

2. 计算工况

计算工况及上、下游水位如表 6-48 所示。

表 6-48 计算工况及上、下游水位

序号	计算工况	上游库水位/m	下游水位/m
1	最大灾难洪水(MDF)	1 288.3	1 271.34
2	正常蓄水位	1 275.5	1 260.00
3	10 000 年一遇设计洪水	1 284.25	1 269.18
4	检修工况	1 279.13	1 266.03

计算中考虑的荷载主要有结构自重、水荷载、扬压力、泥沙荷载、地震荷载、闸顶荷载等。

3. 计算成果

计算结果应力云图分为以下五部分表示：①溢流坝整体；②溢流坝面(取溢流坝表面两层网格单元)；③上游溢流坝底板，高程 1 262.0 m；④上游溢流坝面；⑤下游溢流坝面。

图 6-207~图 6-212 列出计算的典型工况(最大灾难洪水 MDF)下的应力云图。

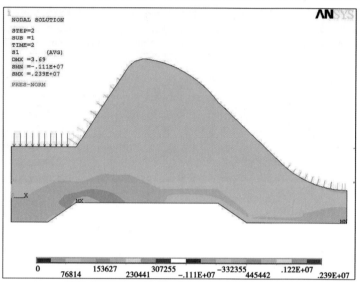

图 6-207　溢流坝受力示意图

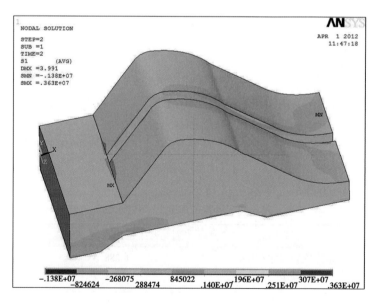

图 6-208　溢流坝整体应力云图

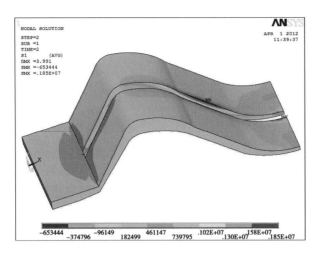

图 6-209　溢流坝面应力云图

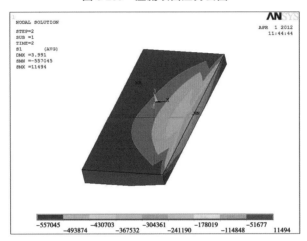

图 6-210　溢流坝上游底板应力云图

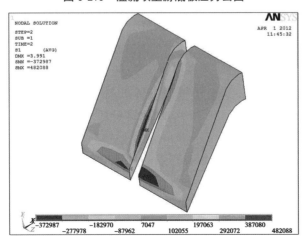

图 6-211　上游溢流坝面应力云图

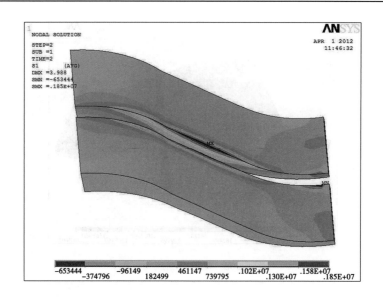

图 6-212   下游溢流坝面应力云图

从计算结果来看,应力总体不大,堰体大部分区域受压,上游齿墙与堰体连接部位和下游堰面局部存在拉应力,根据计算内力配置结构钢筋,同时溢流面钢筋满足美标《水工钢筋混凝土结构强度设计规范》(EM 2104)关于温度荷载配筋的要求。实际堰面配钢筋φ 32@ 200,底板钢筋φ 28@ 200,垂直水流向钢筋φ 25@ 200。

6.2.6.4   基础沉降分析

1.地质情况

溢流坝坝基主要为 d 层砂砾石和 c 层粉细砂、粉土及粉质黏土等覆盖层。存在的主要工程地质问题为坝基渗漏、坝基渗透破坏及坝基沉降,同时覆盖层厚度不均,相差很大,会产生不均匀沉降变形。

溢流坝的建基面高程为 1 250.5 m,基础位于砂卵砾石层上。基础以下的覆盖层主要为砂卵砾石和砂层,砂砾石的厚度不均,厚度 2~130 m。右侧砂卵砾石层厚 2 m,下为花岗闪长岩侵入岩体;左侧覆盖层逐渐变厚,深达 130 余 m。砂卵砾石动探击数均值约为23 击,具有一定的密实程度,但仍有一定的压缩性,因而会产生一定的沉降变形,同时覆盖层厚度相差很大,可能会产生不均匀沉降变形。

2.计算理论及方法

根据地质资料,溢流堰基础沉降按压缩模量法计算,采用压缩土层的压缩模量 E_s 近似计算该层的沉降量方法如下:

$$S_i = m \frac{\Delta p_i}{E_{si}} H_i$$

将每层的压缩量累加,即得地基的总沉降量。计算中按开挖后上下游埋深的平均值考虑地基的自重应力;以稳定计算的上下游基底应力作为条形地基附加应力的初始值计算基底以下的附加应力。

本工程溢流坝地基主要是砂卵砾石层,砂卵砾石层材料是非线性弹塑性材料,$e \sim p$ 曲线见图 6-213。

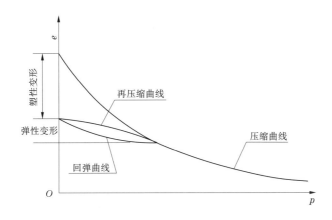

图 6-213　$e \sim p$ 曲线

若采用上述的 Schmertmann 方法计算,附加应力 Δp 等于建坝后的基底应力减去开挖后卸载的自重应力。由于溢流坝开挖深度为 25 ~ 40 m,卸载的自重应力偏大,算出的附加应力非常小或为负值,因此算出的沉降量偏小或为负值,这明显与实际不符。若不考虑卸载的自重应力,按土的变形模量计算,算出来的沉降量会偏大。造成上述计算偏差的主要原因是砂卵砾石这种材料。砂卵砾石是非线性弹塑性材料,受力卸载后存在可恢复弹性变形和不可恢复的塑性变形。而用 Schmertmann 方法计算时,是假定土为完全的弹性体材料。不管是加载还是卸载,是严格按照压缩曲线变形的,当卸载到荷载为 0 时,变形也为 0。实际土是非弹性材料,在开挖卸载过程中,是沿着回弹曲线卸载变形的,会有不可恢复的塑性变形。在开挖完后建坝过程中,是按回弹曲线加载变形的,不是沿着原来压缩曲线变形的。因此,Schmertmann 方法只适合浅基础开挖,并不适用于深基础大开挖。

若采用 Schmertmann 方法计算沉降,采用如下假定:①只计算开挖完后到大坝完建期间的沉降量。因为根据土的固结理论,对于砂卵砾石这种无黏性粗颗粒土地层,开挖完后变形基本完成,大坝建成后沉降也基本完成。②变形模量取回弹曲线的变形模量,考虑到压缩曲线的弹性阶段的弹性模量与回弹曲线的变形模量斜率相差不大,最终取土的弹性模量作为计算参数。一般弹性模量是变形模量的 3 ~ 5 倍,所以弹性模量偏安全取为 150 MPa。

3. 计算成果及分析

完建期基底应力最大,且沉降在此时期大部分完成,故仅分析完建工况。

根据表 6-49 中计算结果,溢流坝计算最大沉降量为 113 mm,小于规范规定的 150 mm,满足设计要求。从监测成果来看,溢流坝基础累积最大沉降量出现在 S0+95.00 的下游齿槽内(D0+026.00),累积最大沉降量为 42.2 mm,从累积沉降曲线来看,溢流坝基础沉降已经稳定,实际沉降量远小于规范允许最大沉降量,沉降监测结果也进一步验证了溢流坝的沉降设计满足规范要求。

表 6-49   各坝段沉降量计算结果

坝段	基础计算深度/m	总沉降量/m	沉降斜率
1 号坝段	135	0.113	
2 号坝段	120	0.113	0
3 号坝段	110	0.110	0.000 12
4 号坝段	100	0.107	0.000 14
5 号坝段	85	0.099	0.000 35
6 号坝段	65	0.082	0.000 77
7 号坝段	50	0.058	0.001 13
8 号坝段	30	0.035	0.001 01
9 号坝段	15	0.013	0.001 29

注:从左到右分别为 1 号到 9 号坝段。

6.2.7   冲沙闸设计

6.2.7.1   结构布置

冲沙闸段主要由上游引渠段、冲沙闸闸室段、下游消力池、海漫及防冲槽组成。

1. 上游引渠段

冲沙闸上游引渠段长 72 m,上游端高程 1 262 m,采用 1:35 的纵坡与冲沙闸底板高程 1 260 m 衔接。溢流坝与冲沙闸之间布设导水墙,导墙顶部高程 1 277.5 m,顶宽 5.75 m,采用重力式结构,引渠流道底板宽度 25.25 m,采用钢筋混凝土结构,冲沙闸防渗帷幕轴线(U0-048.60)上游底板厚度 1.0 m,下游底板厚度 1.5 m。底板上下游侧均布置齿槽。上游引渠段典型断面见图 6-214。

引渠底板采用 A-3 混凝土,导墙采用 B-3 混凝土,底板及导墙过流表面采用抗磨钢纤维混凝土,抗压强度 32 MPa,抗冲磨层厚度 0.5 m。

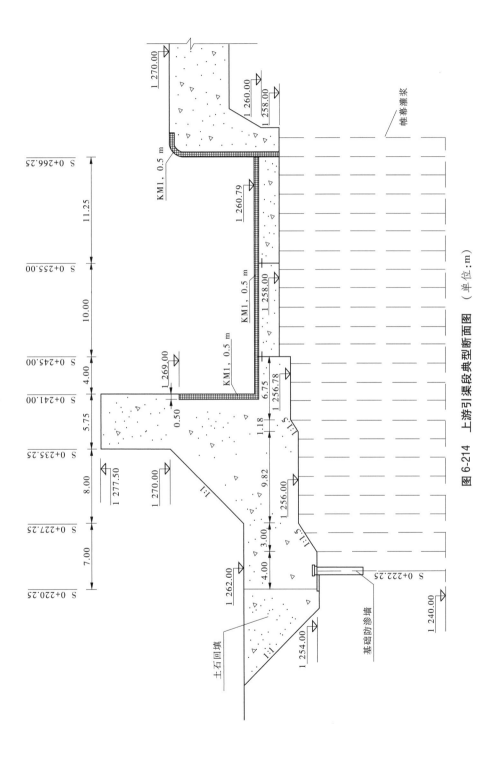

图 6-214　上游引渠段典型断面图（单位：m）

2. 冲沙闸闸室段

溢流堰右侧为3孔带胸墙的冲沙闸,底板高程均为1 260.00 m,其中1孔弧门,孔口尺寸为8.00 m×8.00 m,2孔平板门,孔口尺寸为4.50 m×4.50 m。

弧门冲沙闸为单孔U形结构,闸墩厚度3.75 m,闸室顺水流向长度52.61 m,宽度15.5 m,弧门冲沙闸顺水流向依次布置叠梁检修闸门和弧形工作闸门各1扇。叠梁闸门为平门滑动闸门,孔口尺寸为8 m×9.038 m,采用闸顶门机操作。弧形工作门孔口尺寸为8 m×8 m,采用液压启闭机操作。

平门冲沙闸为双U形结构,左边墩厚度2.0 m,中墩厚度2.5 m,右边墩厚度5.5 m,闸室顺水流向长度52.61 m,宽度19 m。闸室底板厚度6.5 m,闸顶高程1 289.50 m,闸室总高度36 m。平门冲沙闸顺水流向依次布置1扇检修闸门和2扇工作闸门。检修闸门为平门滑动闸门,孔口尺寸4.5 m×5.42 m,采用闸顶门机操作。工作闸门为平面定轮闸门,孔口尺寸4.5 m×4.5 m,采用液压启闭机操作。

冲沙闸闸室底板及闸墩过流部分采用抗压强度60 MPa掺硅粉的钢纤维混凝土KM2,冲磨层厚度0.5 m;底板下部及闸墩内部采用A-3混凝土;冲沙闸闸墩墩头采用20 mm厚、抗撞击性能好的钢板防护。

3. 下游消力池

冲沙闸下游采用底流消能形式,消力池长度64.41 m,消力池有2个池室,弧门冲沙闸和2孔平门冲沙闸分别对应1个池室,中间采用中隔墙分隔,单池宽度11.50 m,池底高程为1 253.50 m,池深6.0 m。消力池结构形式为整体双U形结构,底板厚度5.5 m,后部设排水孔,左边墙及中墙厚度4.0 m,顶部高程1 273.50 m,右边墙厚度为4.0 m,顶部高程1 273.50 m;消力池末端布设冲沙闸出口检修闸,孔口与2个消力池池室对应,共2孔,单孔净宽度11.50 m,长度22.0 m,闸底板高程1 259.50 m,布设一道检修门,闸顶设门机工作桥和交通桥,桥面高程1 277.00 m。

消力池及下游出口闸也采用抗压强度60 MPa掺硅粉的钢纤维混凝土,冲磨层厚度0.4 m。底板下部采用B-3混凝土,闸墩1 267 m高程以下采用A-3混凝土,1 267 m高程以上采用B-3混凝土,消力池末端下游出口闸尾坎采用20 mm厚、抗撞击性能好的钢板防护。

4. 海漫及防冲槽

出口闸下游接钢筋混凝土海漫,长度120.0 m,厚度2.0 m,混凝土海漫设置伸缩缝,缝宽1 cm;缝内设橡胶止水,缝内填高压聚乙烯闭孔板填缝材料,采用C-3混凝土。为保证海漫安全和海漫基础稳定,在其末端设深7.8 m、底宽6 m的抛石防冲槽保护,上游坡度1:2,下游坡度1:3,防冲槽顶面高程1 259.50 m。

弧门冲沙闸闸室纵剖面图见图6-215,平门冲沙闸闸室纵剖面图见图6-216,冲沙闸下游消力池典型横断面图见图6-217。

6.2.7.2 稳定分析

取弧门冲沙闸段和平门冲沙闸段分别进行计算,计算内容包括闸室基底应力、抗滑稳定和抗浮稳定计算。计算荷载、计算工况及计算方法同溢流堰。

弧门冲沙闸段地基承载力稳定计算结果分别见表6-50、表6-51。

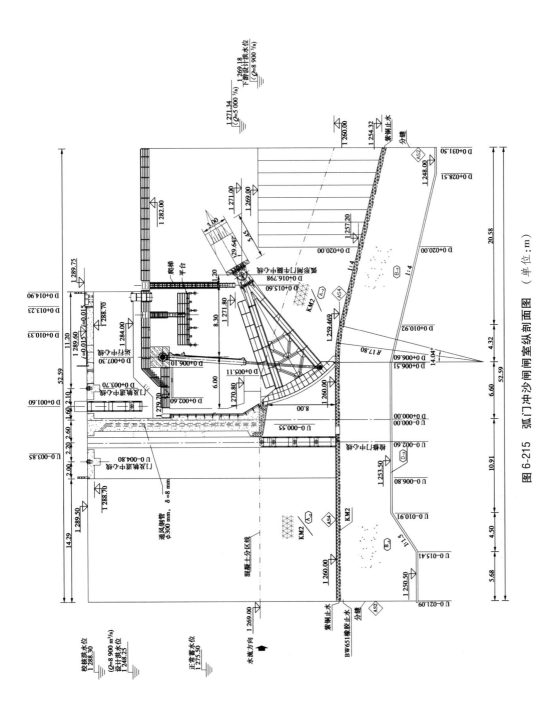

图 6-215　弧门冲沙闸闸室纵剖面图（单位：m）

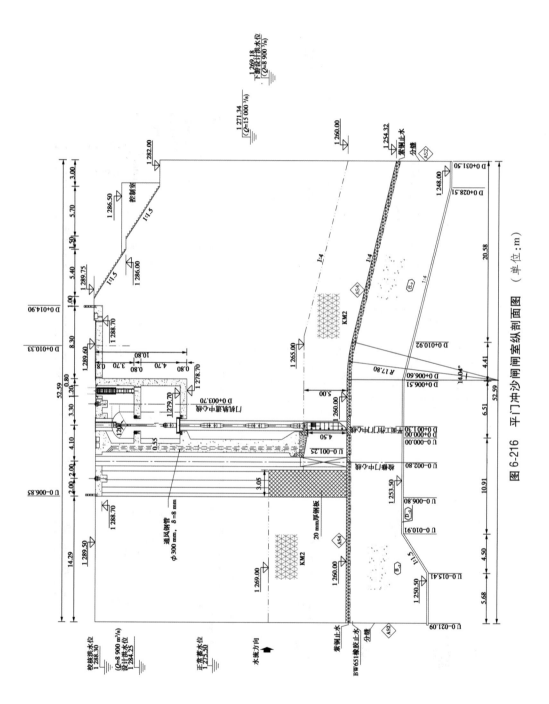

图 6-216 平门冲沙闸闸室纵剖面图 （单位：m）

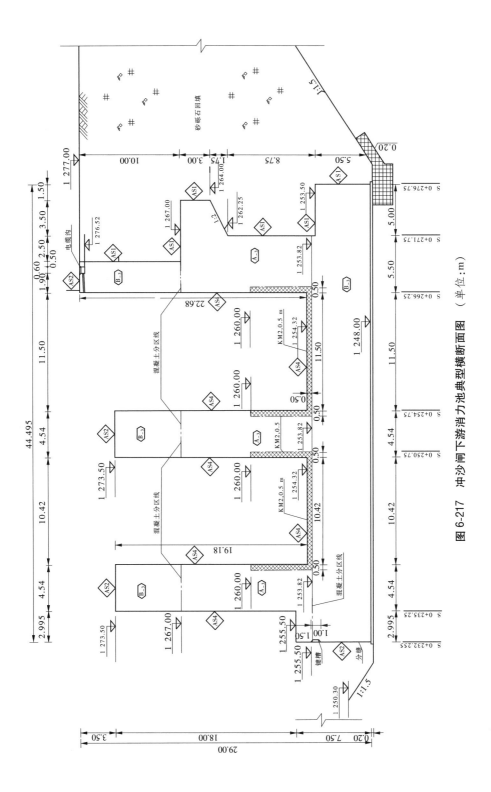

图 6-217　冲沙闸下游消力池典型横断面图 （单位：m）

表 6-50 弧门冲沙闸地基承载力计算结果

工况分类	工况	项目		数值	单位
UN	施工完建	允许承载力	q_a	1 054.67	kN/m²
U	正常蓄水位（上游水位 1 275.5 m）	允许承载力	q_a	810.13	kN/m²
UN	200 年一遇洪水（上游水位 1 282.25 m）	允许承载力	q_a	779.11	kN/m²
E	运行基准地震（OBE）	允许承载力	q_a	647.24	kN/m²
UN	OBE+正常蓄水位（上游水位 1 275.5 m）	允许承载力	q_a	596.24	kN/m²
E	最大设计地震（MDE）+ 正常蓄水位（上游水位 1 275.5 m）	允许承载力	q_a	684.69	kN/m²
E	最大灾难设计洪水（MDF）（上游水位 1 288.3 m）	允许承载力	q_a	489.28	kN/m²
E	10 000 年一遇设计洪水（上游水位 1 284.25 m）	允许承载力	q_a	470.15	kN/m²

表 6-51 弧门冲沙闸稳定计算结果

工况分类	工况	FS_s	$[FS_s]$	FS_f	$[FS_f]$	$q_{max}/$ kPa	$q_{min}/$ kPa	$[q]/$ kPa
UN	施工完建	∞	1.5	∞	1.2	529.54	284.22	1 212.87
U	正常蓄水位（上游水位 1 275.5 m）	8.76	2	3.55	1.3	457.20	220.01	810.13
UN	200 年一遇洪水（上游水位 1 282.25 m）	7.64	2	4.90	1.3	461.57	283.06	779.11
E	运行基准地震（OBE）	4.88	1.5	2.83	1.2	453.38	185.24	744.33
UN	OBE+正常蓄水位（上游水位 1 275.5 m）	4.21	1.1	2.66	1.1	454.96	169.63	894.35
E	最大设计地震（MDE）+ 正常蓄水位（上游水位 1 275.5 m）	5.45	1.5	4.48	1.2	484.60	236.60	787.40
E	最大灾难洪水（MDF）（上游水位 1 288.3 m）	3.18	1.1	2.41	1.1	467.82	132.73	733.92
E	10 000 年一遇设计洪水（上游水位 1 284.25 m）	1.55	1.1	4.09	1.1	637.82	5.90	705.22

注：表中对于 UN 工况，$[q]=1.15q_a$；对于 E 工况 $[q]=1.5q_a$。

平门冲沙闸段地基承载力稳定计算结果见表 6-52、表 6-53。

表 6-52　平门冲沙闸地基承载力计算结果

工况分类	工况	项目		数值	单位
UN	施工完建	允许承载力	q_a	1 179.33	kN/m^2
U	正常蓄水位(上游水位 1 275.5 m)	允许承载力	q_a	838.78	kN/m^2
UN	200 年一遇洪水(上游水位 1 282.25 m)	允许承载力	q_a	804.41	kN/m^2
E	运行基准地震(OBE)	允许承载力	q_a	622.87	kN/m^2
UN	OBE+正常蓄水位(上游水位 1 275.5 m)	允许承载力	q_a	562.91	kN/m^2
E	最大设计地震（MDE)+ 正常蓄水位(上游水位 1 275.5 m)	允许承载力	q_a	683.39	kN/m^2
E	最大灾难洪水（MDF） （上游水位 1 288.3 m)	允许承载力	q_a	1 012.48	kN/m^2
E	10 000 年一遇设计洪水 （上游水位 1 284.25 m)	允许承载力	q_a	403.70	kN/m^2

表 6-53　平门冲沙闸稳定计算结果

工况分类	工况	FS_s	$[FS_s]$	FS_f	$[FS_f]$	$q_{max}/$ kPa	$q_{min}/$ kPa	$[q]/$ kPa
UN	施工完建	∞	1.5	∞	1.2	506.88	178.44	1 356.22
U	正常蓄水位 （上游水位 1 275.5 m)	7.28	2	3.11	1.3	428.02	130.47	838.78
UN	200 年一遇洪水 （上游水位 1 282.25 m)	6.49	2	4.31	1.3	445.39	186.58	804.41
E	运行基准地震(OBE)	4.04	1.5	2.51	1.2	421.35	103.19	716.31
UN	OBE+正常蓄水位 （上游水位 1 275.5 m)	3.52	1.1	2.38	1.1	429.24	88.50	844.36
E	最大设计地震（MDE)+ 正常蓄水位 （上游水位 1 275.5 m)	4.65	1.5	3.94	1.2	473.48	137.53	785.90
E	最大灾难洪水（MDF） （上游水位 1 288.3 m)	2.67	1.1	2.17	1.1	443.72	55.42	1 518.72
E	10 000 年一遇设计洪水 （上游水位 1 284.25 m)	1.47	1.1	3.93	1.1	585.19	−26.36	605.54

6.2.7.3 结构分析

1. 计算方法

冲沙闸闸室结构计算,采用有限元程序 ANSYS 进行了三维有限元整体结构静动力分析,将应力云图转化为内力,根据 EM2104 附录 B 公式计算配筋,进行结构配筋设计。

2. 计算工况

冲沙闸闸室结构计算工况见表 6-54。

表 6-54 冲沙闸闸室结构计算工况

序号	计算工况	工况分类
1	施工完建	UN
2	正常蓄水位+关门挡水	U
3	正常蓄水位+开门泄洪冲沙	
4	200 年一遇洪水(上游水位 1 282.25 m)	UN
5	10 000 年一遇洪水(上游水位 1 284.25 m)	E
6	检修工况(上游水位 1 279.13 m)	UN
7	最大设计洪水(MDF)(上游水位 1 288.3 m)	E
8	最大设计地震(MDE)+正常蓄水位(上游水位 1 275.5 m)	E

计算中考虑的荷载主要有结构自重、水荷载、扬压力、泥沙荷载、地震荷载、闸顶启闭力和交通荷载等,图 6-218 为冲沙闸闸室典型荷载图。

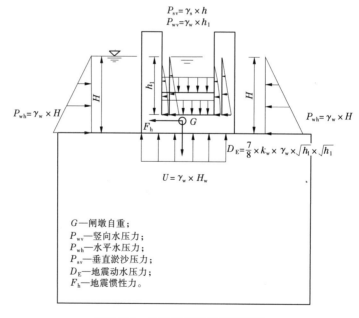

$$P_{sv} = \gamma_s \times h$$
$$P_{wv} = \gamma_w \times h_1$$

$$P_{wh} = \gamma_w \times H$$

$$P_{wh} = \gamma_w \times H$$

$$D_E = \frac{7}{8} \times k_w \times \gamma_w \times \sqrt{h_1} \times \sqrt{h_1}$$

$$U = \gamma_w \times H_w$$

G—闸墩自重;
P_{wv}—竖向水压力;
P_{wh}—水平水压力;
P_{sv}—垂直淤沙压力;
D_E—地震动水压力;
F_h—地震惯性力。

图 6-218 冲沙闸闸室典型荷载图

3. 应力计算成果

计算工况较多,图 6-219~图 6-235 仅列出计算的典型工况(200 年一遇洪水工况)的应力云图。

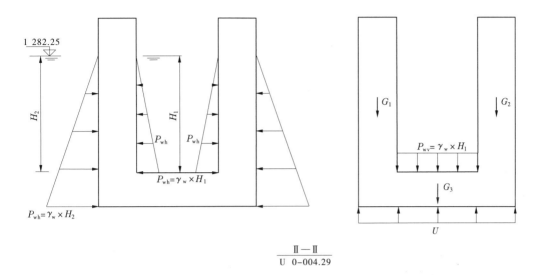

$$\frac{\text{II}-\text{II}}{\text{U } 0-004.29}$$

P_{wh}—水平水压力;P_{wv}—竖向水压力;G—自重;U—扬压力。

图 6-219 弧门闸室闸门上游荷载示意图

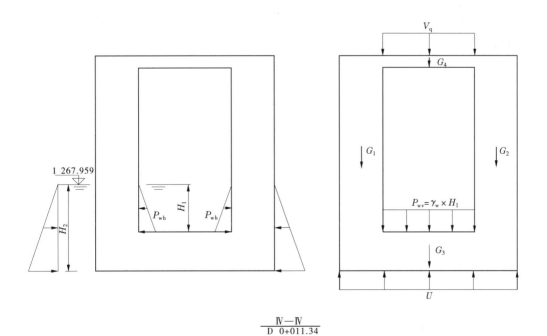

$$\frac{\text{IV}-\text{IV}}{\text{D } 0+011.34}$$

P_{wh}—水平水压力;P_{wv}—竖向水压力;G—自重;U—扬压力。

图 6-220 弧门闸室闸门下游荷载示意图

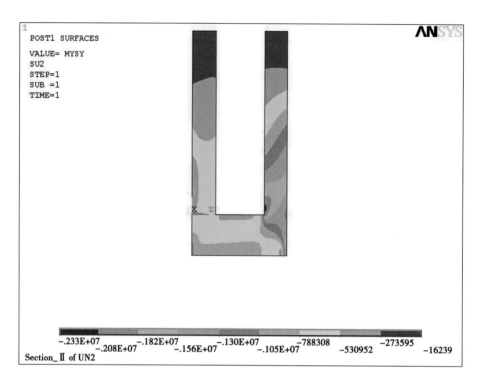

图 6-221 弧门闸室 Y 向应力云图 Ⅱ—Ⅱ

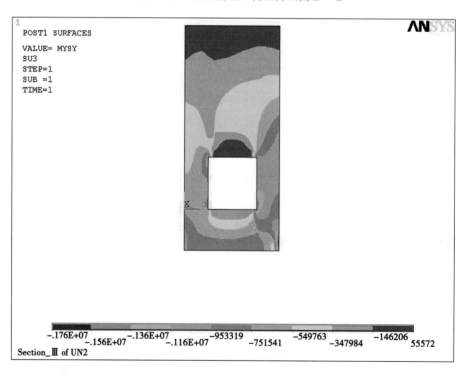

图 6-222 弧门闸室 Y 向应力云图 Ⅲ—Ⅲ

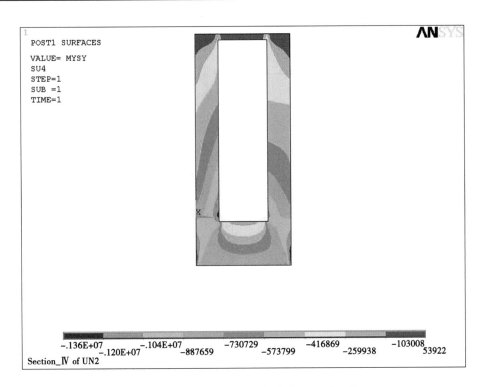

图 6-223　弧门闸室 Y 向应力云图Ⅳ—Ⅳ

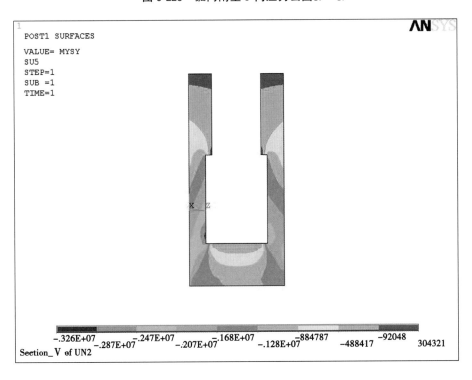

图 6-224　弧门闸室 Y 向应力云图Ⅴ—Ⅴ

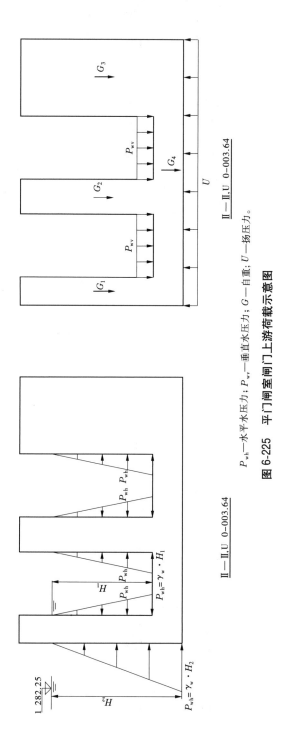

P_{wh}—水平水压力;P_{wv}—垂直水压力;G—自重;U—扬压力。

图 6-225　平门闸室闸门上游荷载示意图

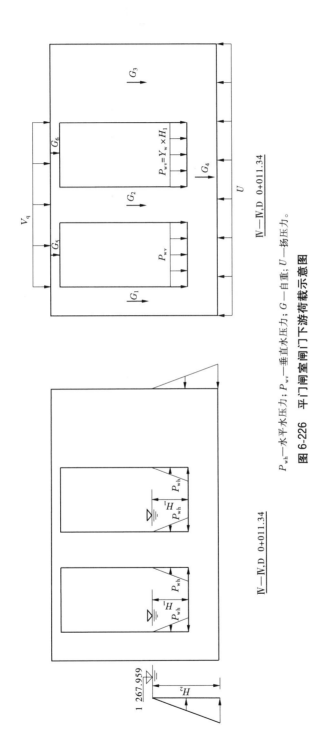

P_{wh}—水平水压力;P_{wv}—垂直水压力;G—自重;U—扬压力。

图 6-226 平门闸室闸门下游荷载示意图

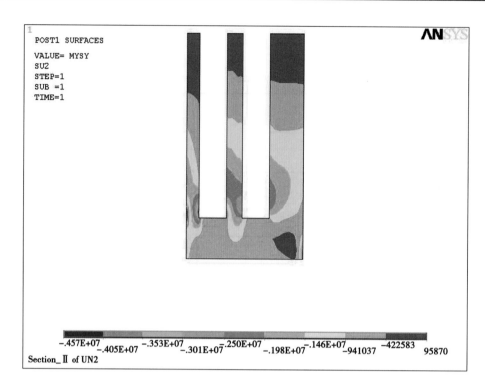

图 6-227　平门闸室 Y 向应力云图 Ⅱ — Ⅱ

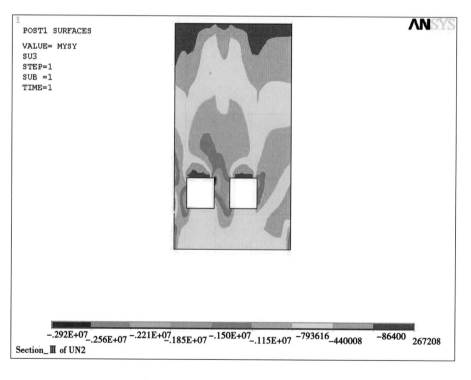

图 6-228　平门闸室 Y 向应力云图 Ⅲ — Ⅲ

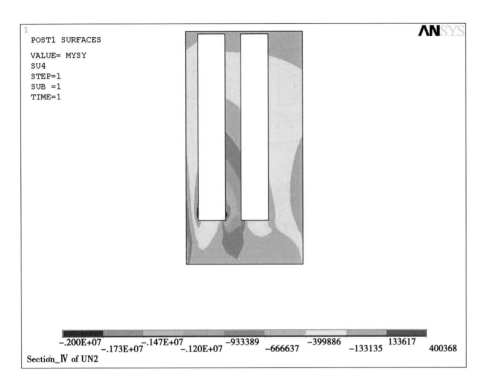

图 6-229　平门闸室 Y 向应力云图Ⅳ—Ⅳ

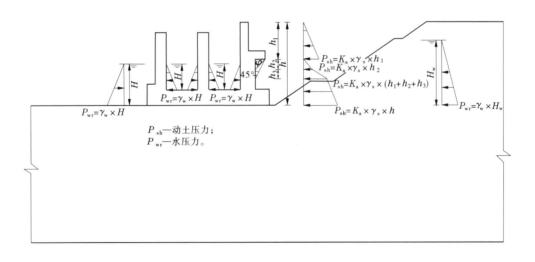

图 6-230　冲沙闸消力池水平荷载分布图

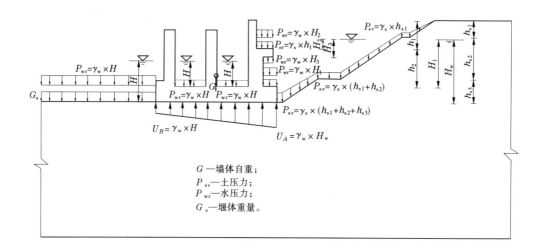

G —墙体自重；
P_{sv} —土压力；
P_{wr} —水压力；
G_s —堰体重量。

图 6-231　冲沙闸消力池竖向荷载分布图

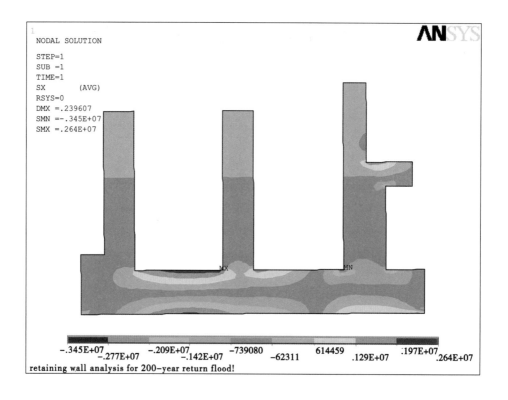

图 6-232　冲沙闸消力池 X 向应力云图

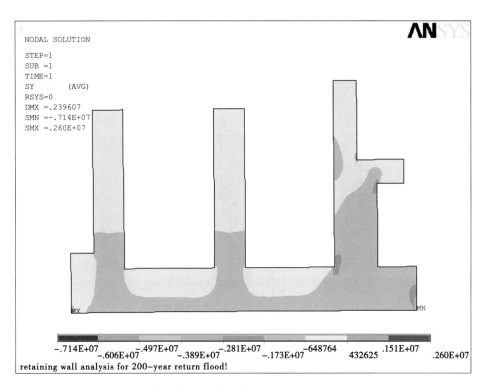

图 6-233　冲沙闸消力池 Y 向应力云图

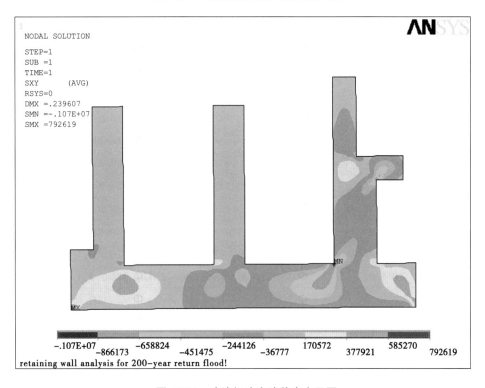

图 6-234　冲沙闸消力池剪应力云图

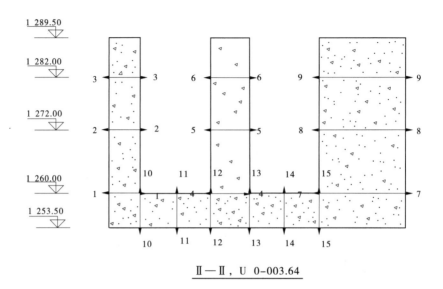

Ⅱ—Ⅱ，U 0-003.64

图 6-235　冲沙闸消力池结构计算断面

4.结构配筋计算成果

冲沙闸闸墩及底板配筋,将应力云图转化为内力,根据 EM 2104 附录 B 公式计算配筋,进行结构配筋设计,表 6-55 只列出平门冲沙闸上游侧配筋计算结果。

表 6-55　平门冲沙闸上游侧闸墩及底板配筋计算结果汇总

断面序号	计算配筋面积/mm²	采用受力主筋	采用分布钢筋
1—1	3 015.11	Φ 32@ 200, A_g = 4 021.24 mm²	Φ 32@ 200, A_g = 4 021.24 mm²
2—2	3 664.97	Φ 32@ 200, A_g = 4 021.24 mm²	Φ 32@ 200, A_g = 4 021.24 mm²
3—3	2 697.36	Φ 32@ 200, A_g = 4 021.24 mm²	Φ 32@ 200, A_g = 4 021.24 mm²
4—4	1 846.90	Φ 32@ 200, A_g = 4 021.24 mm²	Φ 32@ 200, Ag = 4 021.24 mm²
5—5	2 083.79	Φ 32@ 200, A_g = 4 021.24 mm²	Φ 32@ 200, A_g = 4 021.24 mm²
6—6	901.19	Φ 32@ 200, A_g = 4 021.24 mm²	Φ 32@ 200, A_g = 4 021.24 mm²
7—7	4 086.21	Φ 32@ 200, A_g = 4 021.24 mm²	Φ 32@ 200, A_g = 4 021.24 mm²
8—8	2 080.07	Φ 32@ 200, A_g = 4 021.24 mm²	Φ 32@ 200, A_g = 4 021.24 mm²
9—9	3 259.91	Φ 32@ 200, A_g = 4 021.24 mm²	Φ 32@ 200, A_g = 4 021.24 mm²
10—10	4 027.44	2 Φ 25@ 200, A_g = 4 908.74 mm²	Φ 32@ 200, A_g = 4 021.24 mm²
11—11	2 056.64	2 Φ 25@ 200, A_g = 4 908.74 mm²	Φ 32@ 200, A_g = 4 021.24 mm²
12—12	2 680.00	2 Φ 25@ 200, A_g = 4 908.74 mm²	Φ 32@ 200, A_g = 4 021.24 mm²
13—13	2 231.61	2 Φ 25@ 200, A_g = 4 908.74 mm²	Φ 32@ 200, A_g = 4 021.24 mm²
14—14	2 718.82	2 Φ 25@ 200, A_g = 4 908.74 mm²	Φ 32@ 200, A_g = 4 021.24 mm²
15—15	4 166.49	2 Φ 25@ 200, A_g = 4 908.74 mm²	Φ 32@ 200, A_g = 4 021.24 mm²

注:表中只列出平门冲沙闸上游侧配筋计算结果,其他部位计算模式相同。

6.2.7.4　基础处理及沉降分析

1. 基础沉降分析

根据冲沙闸基础实际施工开挖揭露情况,冲沙闸位于岩土分界区域,基础地层主要为砂卵砾石和强风化花岗闪长岩,存在闸基不均匀沉降问题,需要进行分析计算。计算取左侧弧门冲沙闸下游侧覆盖层最深的部位为代表进行计算,取典型代表区域进行分析。该部位在基础以下 30.46 m 处已达岩石层,故沉降变形计算深度按 30.46 m 考虑。基础地层分布情况见图 6-236。

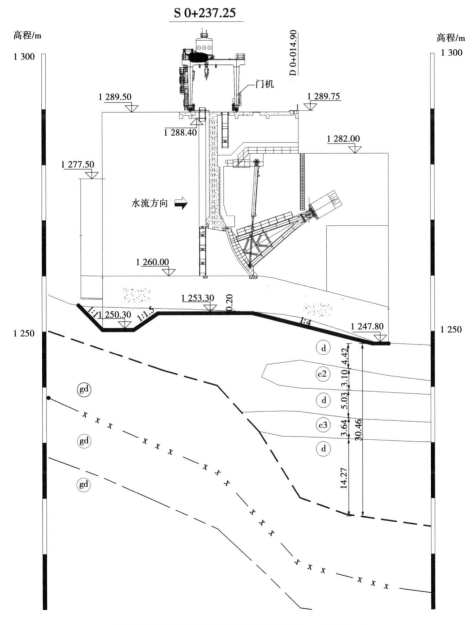

图 6-236　弧门冲沙闸基础地层分布图　(单位:m)

地基沉降变形量按下式计算：

$$s = \sum_{i=1}^{n} \frac{p_0}{E_{si}}(z_i \overline{\alpha_i} - z_{i-1} \overline{\alpha_{i-1}})$$

式中　s——最终沉降量；

　　　p_0——附加应力（$p_0 = p - \sigma_0$）；

　　　E_{si}——第 i 层土的压缩模量；

　　　z_i、z_{i-1}——基础底面计算点至第 i 层土、第 $i-1$ 层土底面的距离；

　　　$\overline{\alpha_i}$、$\overline{\alpha_{i-1}}$——基础底面计算点至第 i 层土、第 $i-1$ 层土底面范围内平均附加应力系数。

具体计算结果见表 6-56。

表 6-56　复合地基最大沉降量计算

土层编号	土层厚度/m	z_i/m	$\overline{\alpha_i}$	$z_i\overline{\alpha_i} - z_{i-1}\overline{\alpha_{i-1}}$	E_{si}/MPa	$\frac{p_0}{E_{si}}(z_i\overline{\alpha_i} - z_{i-1}\overline{\alpha_{i-1}})$/mm
1	4.42	4.42	0.995	4.399	50	27.08
2	3.10	7.52	0.983	2.990	20	46.02
3	5.03	12.55	0.959	4.655	50	28.66
4	3.64	16.19	0.932	3.044	28	33.46
5	14.27	30.46	0.798	9.224	50	56.79
Σ						192.01

按天然覆盖层地基计算，弧门冲沙闸下游侧最大沉降量为 192.01 mm，上游覆盖层很薄，沉降很小。根据规范 EM 1110—1—1904 表 2-3 规定，上下游沉降差应小于 $L/500$。计算沉降差大于 $L/500 = 52.61/500 \times 1\ 000 = 105$（mm），不满足设计要求。需要采取工程措施对地基进行加固，提高天然基础变形模量，减小上下游沉降差值。

2. 冲沙闸基础处理方案

根据复核计算结果可看出，未进行基础处理的天然砂砾石基础，冲沙闸稳定和基础应力都能够满足规范要求。主要问题是上下游沉降差偏大，超出规范 EM 1110—1—1904 规定的 $L/500$ 的限制，因此需要进行基础处理。基础处理目的是提高地基压缩模量，减小沉降变形。

根据冲沙闸基础地层分布特点，确定基础处理采用素混凝土桩复合地基方案。本方案利用素混凝土灌注桩对砂砾石地基范围进行加固。加固后的地基按复合地基考虑。桩体布设密度由加固后复合地基的沉降变形控制。为达到沉降要求，复合地基变形模量不小于 150 MPa。

复合地基压缩模量按下式计算：

$$E_{sp} = mE_p + (1 - m)E_s$$

式中　E_{sp}——复合土层的压缩模量，MPa；

　　　E_p——桩的压缩模量，MPa；

E_s——桩间土层的压缩模量,MPa;

m——桩土面积置换率。

初步估算,采用桩径 0.8 m,桩中心距 2.5 m,桩底入岩石面以下 1~2 m,桩长 8~30 m。在桩顶与建筑物基础面间布设 1.0 m 厚砂砾石层,进行夯实处理,作为基础传力层,形成复合地基,避免桩体应力集中产生破坏。

下文选取左侧弧门冲沙闸下游侧覆盖层最深的部位为代表进行计算,取典型代表区域进行计算分析。弧门冲沙闸基础地层分布情况及桩布置见图 6-237。

1)复合地基沉降变形计算

复合地基的压缩模量是指复合土体抵抗变形的能力,由于复合地基由土和桩体组成,因此影响复合地基压缩模量的因素有桩自身的压缩模量、桩侧土的压缩模量、桩端土的压缩模量等。常用的计算方式有两种,一种是用桩体材料模量和土的压缩模量加权平均;另一种是用土的压缩模量与承载力提高倍数相乘得到的压缩模量。具体计算公式如下。

(1)根据桩体材料模量和土的压缩模量加权平均来表达复合土的压缩模量:

$$E_{sp} = mE_p + (1 - m)E_s$$

式中　E_{sp}——复合地基的压缩模量;

E_p——桩体的压缩模量(取混凝土压缩模量 $3×10^4$ MPa);

E_s——桩间土的压缩模量(取桩间土的加权平均模量,具体计算见表 6-57);

m——面积置换率,本方案由于桩面积为 0.5 m^2,桩间距为 2.5 m,因此置换率为 $m = 0.5/(2.5×2.5) = 0.08$。

表 6-57　桩间土压缩模量的计算

土层编号	土层类别	变形模量 E_0/MPa	土层深度/m	权重	E_0×权重/MPa	桩间土压缩模量 E_s/MPa
1	砂砾石覆盖层 d（胶结较好）	50	4.42	0.145	7.26	
2	粉质黏土 c2	20	3.10	0.102	2.03	
3	砂砾石覆盖层 d（胶结较好）	50	5.03	0.165	8.26	44.32
4	细砂 c3	28	3.64	0.120	3.35	
5	砂砾石覆盖层 d（胶结较好）	50	14.27	0.468	23.42	

因此,$E_{sp} = 0.08×3×10^4 + (1-0.08)×44.32 = 2\,441$(MPa)。

(2)根据复合地基承载力提高倍数来计算:

$$E_{sp} = \xi E_s$$

式中　E_{sp}——复合地基的压缩模量;

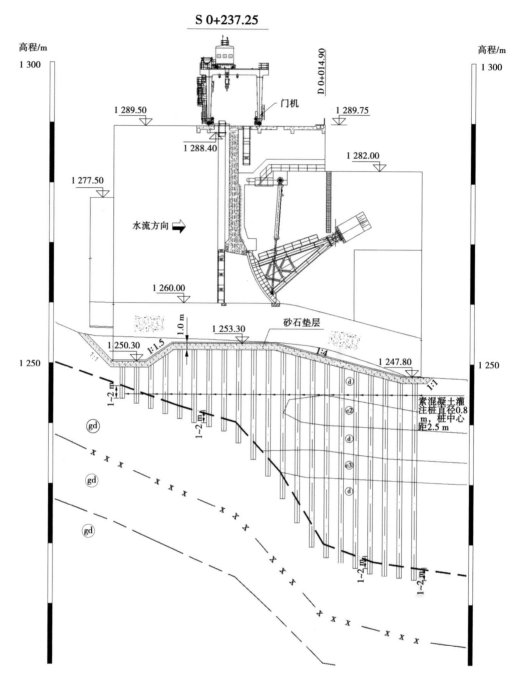

图 6-237 弧门冲沙闸基础地层分布及桩布置示意图

E_s——桩间土的压缩模量($E_s = 44.32 \text{ MPa}$);

ξ——模量提高倍数($\xi = f_{sp,k}/f_{s,k} = 2\,140/500 = 4.28$)。

因此,$E_{sp} = 4.28 \times 44.32 = 189.69 (\text{MPa})$。

综合上述两种方法,取较小值 $E_{sp} = 189.69 \text{ MPa}$。

2）最大沉降计算

由于本计算取左侧弧门冲沙闸下游侧覆盖层最深的部位为代表进行计算，取典型代表区域进行分析，该部位在基础以下 30.41 m 处已达持力岩层，故沉降变形计算深度按 30.41 m 考虑。

复合地基最终变形量可按下式计算：

$$s = \sum_{i=1}^{n} \frac{p_0}{\xi E_{si}} (z_i \overline{\alpha}_i - z_{i-1} \overline{\alpha}_{i-1})$$

式中　s——最终沉降量；

　　　p_0——附加应力（$p_0 = p - \sigma_0$）；

　　　ξ——模量提高倍数（$\xi = f_{sp,k}/f_{s,k} = 2\,140/500 = 4.28$）；

　　　E_{si}——第 i 层土的压缩模量；

　　　z_i、z_{i-1}——基础底面计算点至第 i 层土、第 $i-1$ 层土底面的距离；

　　　$\overline{\alpha}_i$、$\overline{\alpha}_{i-1}$——基础底面计算点至第 i 层土、第 $i-1$ 层土底面范围内平均附加应力系数。

冲沙闸稳定计算结果 $p_{max} = 637.82$ kPa，该部位原地面高程在 1 285 m 左右。为安全计，上覆层按 30 m 考虑，按浮容重 $\gamma = 11$ kN/m³ 计算，$\sigma_0 = 30 \times 11 = 330$（kPa），故 $p_0 = 637.82 - 330 = 307.82$（kPa）。

沉降量具体计算过程见表 6-58。

表 6-58　最大沉降量计算过程

土层编号	土层厚度/m	z_i/m	$\overline{\alpha}_i$	$z_i \overline{\alpha}_i - z_{i-1} \overline{\alpha}_{i-1}$	E_{si}/MPa	$\frac{p_0}{\xi E_{si}}(z_i \overline{\alpha}_i - z_{i-1} \overline{\alpha}_{i-1})$/mm
1	4.42	4.42	0.995	4.399	50	6.328
2	3.10	7.52	0.983	2.990	20	10.762
3	5.03	12.55	0.959	4.655	50	6.695
4	3.64	16.19	0.932	3.044	28	7.817
5	14.27	30.46	0.798	9.224	50	13.268
Σ						44.871

按复合地基计算，弧门冲沙闸下游侧最大沉降量为 44.871 mm，上游覆盖层很薄，沉降很小。计算沉降差小于 $L/500 = 52.61/500 \times 1\,000 = 105$（mm），满足设计要求。说明采用目前的素混凝土桩复合基础能够满足设计要求。

3. 基础沉降平面有限元复核分析

平面有限元采用 ANSYS 软件计算，采用 plane82 单元（高次四边形单元）。为了更好地模拟桩土分析，混凝土桩与基础之间采用面—面接触单元，在定义接触对时，基础土为接触面，混凝土桩为目标面。

计算工况采用最不利的灾难洪水工况，计算荷载作用在基础砂卵石垫层顶面，按等效均布竖直和水平分布荷载，通过砂砾石垫层传递到下部加固基础上。

计算得到桩身应力分布云图如图 6-238～图 6-244 所示。

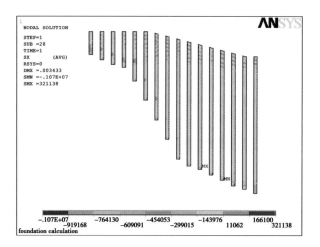

图 6-238　桩身 x 向正应力云图

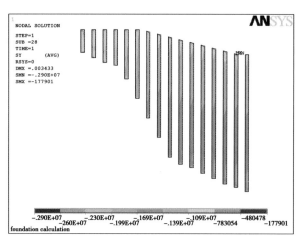

图 6-239　桩身 y 向正应力云图

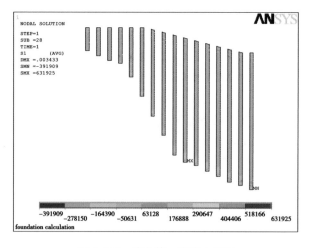

图 6-240　桩身第一主应力云图

位移云图见图 6-241~图 6-244。

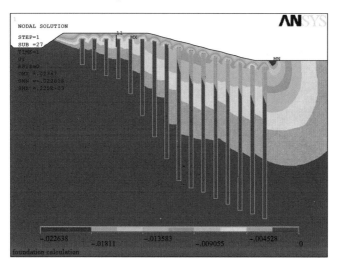

图 6-241　基础垂直位移云图

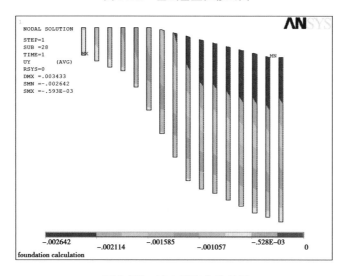

图 6-242　桩身垂直位移云图

计算结论:①从应力分布云图可看出,混凝土桩主要承受压应力,局部很小区域存在拉应力,最大主拉应力值为 632 kPa,未超过混凝土抗拉强度。素混凝土桩的目的是加固地基,提高基础的复合变形模量,即使桩身出现裂缝也不会影响其功能。因此,混凝土桩身不需配置钢筋。②从位移分布云图可看出,基础最大垂直位移为 22.5 mm,最大水平位移为 9 mm,发生在建筑物下游末端覆盖层最大的位置;混凝土桩最大垂直位移为 2.6 mm,最大水平位移为 4 mm。位移较小,满足设计要求。

冲沙闸采用素混凝土桩复合基础处理,计算最大沉降量和沉降差均满足规范要求。冲沙闸运行一年多时,现场监测冲沙闸累积最大沉降量仅 2.5 mm,远小于规范允许最大沉降量,沉降监测结果也进一步验证了冲沙闸的沉降满足规范要求。

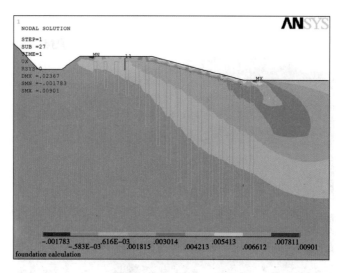

图 6-243　基础水平位移云图

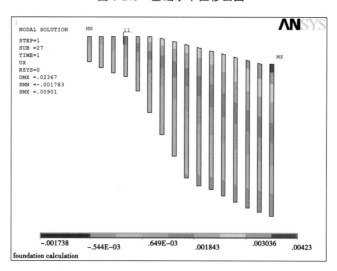

图 6-244　桩身水平位移云图

6.2.8　左岸挡水坝段设计

6.2.8.1　左岸挡水坝段布置

左岸挡水坝段为混凝土重力式结构,共分为三个坝段,坝段编号自右向左依次为YLB5、DSB1、DSB2,坝段长度依次为 25.75 m、20 m、25.5 m,全长 71.25 m。坝顶宽度8.00 m,坝顶高程 1 289.50 m,建基面开挖最低高程 1 250.50 m,最大坝高 39.00 m。上游坝坡坡比上部为 1:0.2、下部为 1:1.5,下游坝坡上部为直立型、下部坡比 1:0.6。建基面纵向布置有三个大平台,平台间坡比为 1:1。

左岸挡水坝段平面布置见图 6-245,纵剖面布置见图 6-246,三维模型见图 6-247,典型横剖面图见图 6-248。

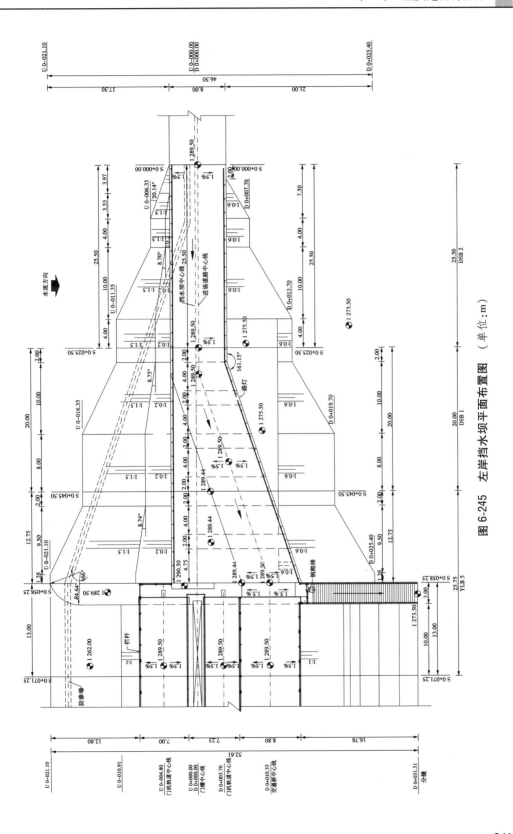

图 6-245　左岸挡水坝平面布置图　（单位：m）

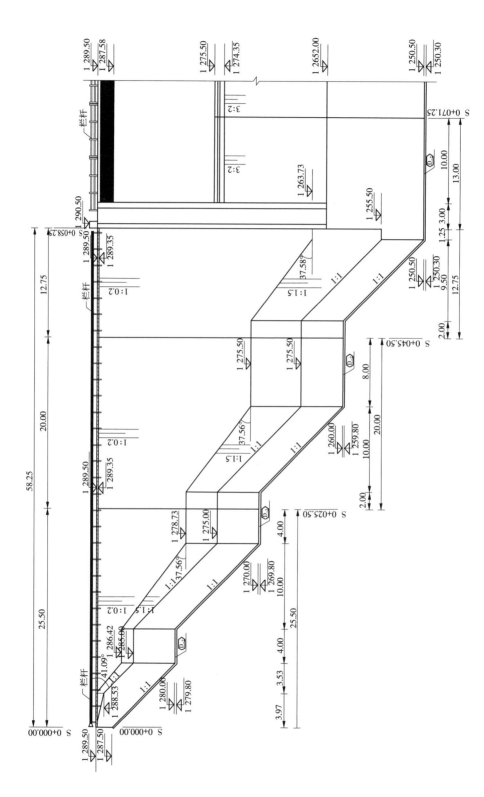

图6-246　左岸挡水坝纵剖面布置图　（单位：m）

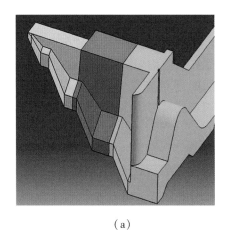

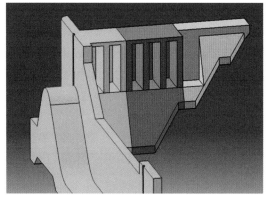

（a）　　　　　　　　　　　　　（b）

图 6-247　三维模型上、下游立视图

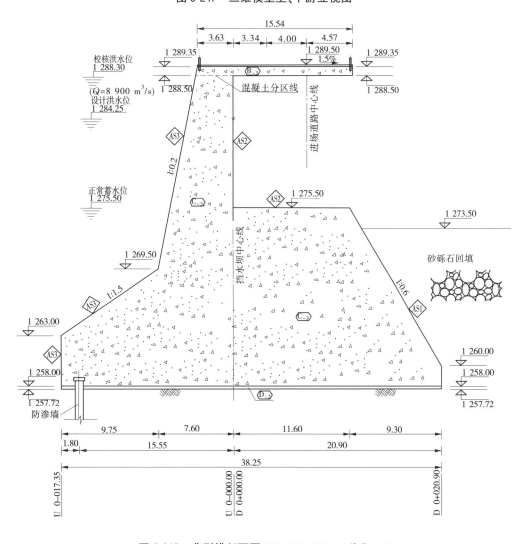

图 6-248　典型横剖面图（S0+049.50）　（单位:m）

6.2.8.2　体型设计

左岸挡水坝段坐落在深厚覆盖层上,最深达 130 余 m。覆盖层表层为砂卵砾石层,地基承载力较低,砂卵砾石层下为砂层和粉质黏土层,易产生不均匀沉降。为适应复杂的地形地质条件、满足地基承载力要求和坝体自身稳定要求、尽可能减少开挖工程量,设计大坝体型时在大坝建基面纵向的平台宽度与平台间陡坡坡比及坝体体型的选择上考虑了诸多结构设计方案,如表 6-59 所示。

表 6-59　结构设计方案比较

方案序号	平台宽度/m	陡坡坡比 1:n	坝体体型
1	5	1:1	实体
2	8	1:1	实体
3	10	1:1	实体
4	10	1:0.5	实体
5	10	1:0.75	实体
6	10	1:1	空腔+实体

经方案比较后,坝段纵向采取大平台(1 260 m 高程平台宽 10 m)+陡坡 1:1,坝体剖面采用空箱和实体相结合的非常规结构断面形式。

在上述方案研究的基础上,尽量加大坝体基础尺寸以减小基底应力,同时削减坝体上部尺寸,将原设计的上游上部坝坡坡比 1:0.5 改为 1:0.2,从而减轻坝体自重,进一步减小基底应力,使之满足规范要求。

6.2.8.3　稳定与地基承载力验算

对三个坝段分别进行抗滑、抗浮、抗倾稳定计算及地基承载力验算。由于坝段同时承受两个方向的水平力,且坝体结构复杂,对坝段采取整体稳定计算方法。本章以 YLB5 坝段(最高坝段)为例,进行以下计算分析。

1. 计算工况

计算工况选取见表 6-60。

表 6-60　计算工况

工况	工况说明	工况分类
工况 1	施工完建	UN
工况 2	正常蓄水运行	U
工况 3	200 年一遇洪水	UN
工况 4	10 000 年一遇洪水	E
工况 5	最大设计洪水	E
工况 6	正常水位+地震 OBE	UN
工况 7	最大设计地震 MDE	E

2. 荷载组合

以最低平台 1 250. 50 m 高程作为基准面,在基准面上沿坝轴线方向(垂直水流向)及顺水流方向选取两个形心轴。

扬压力按右侧溢流坝段计算,建筑物外土重及淤沙取饱和容重。

竖向荷载包括自重、土重、水重、上游淤沙重、扬压力、竖向地震惯性力。

水平荷载包括沿坝轴线方向(垂直水流向)的水压力、土压力、上部坝体传来的附加压力、水平地震惯性力、地震动水压力、地震动土压力,顺水流方向的水压力、淤沙压力、土压力。

荷载组合见表 6-61。

表 6-61　荷载组合

	施工完建	正常蓄水运行	200 年一遇洪水	10 000 年一遇洪水	最大设计洪水	正常设计+地震 OBE	最大设计地震 MDE
自重	√	√	√	√	√	√	√
土荷载	√	√	√	√	√	√	√
泥沙荷载		√	√	√	√	√	√
水荷载		√	√	√	√	√	√
扬压力		√	√	√	√	√	√
地震荷载						√	√

3. 地基承载力计算

因地基承载力修正系数与建基面上垂直力、双向水平力大小、合力方向及偏心距有关,故针对不同工况,分别计算其对应的地基承载力允许值,计算公式如下:

$$q_a = \frac{q_u}{F_s} \qquad q_u = cN_c\zeta_c + \frac{1}{2}B\gamma_H N_\gamma \zeta_\gamma + \gamma_D D N_q \zeta_q$$

$$\zeta_c = \zeta_{cs}\zeta_{ci}\zeta_{cd} \qquad \zeta_\gamma = \zeta_{\gamma s}\zeta_{\gamma i}\zeta_{\gamma d} \qquad \zeta_q = \zeta_{qs}\zeta_{qi}\zeta_{qd}$$

式中　q_a——地基允许承载力;

　　　q_u——地基极限承载力;

　　　F_s——地基承载力安全系数;

　　　c——土的黏聚力,取 $c=0$;

　　　B——基础底面宽度;

　　　D——基础埋置深度;

　　　γ_H——基础底面以下土的有效单位重量;

　　　γ_D——基础埋置深度 D 内土的有效单位重量;

N_c、N_γ、N_q——无量纲承载力系数;

ζ_c、ζ_γ、ζ_q——无量纲修正系数。

4.计算成果

计算成果如表6-62所示,各工况下,坝体稳定及基底应力均满足规范要求。

表6-62　稳定计算及地基承载力验算成果

工况	工况分类	偏心距 e_x/m	$[e_x]$/m	偏心距 e_y/m	$[e_y]$/m	抗滑 FS_s	$[FS_s]$	抗浮 FS_f	$[FS_f]$	q_{max}/kPa	q_{min}/kPa	$[q]$/kPa
完建	UN	0.41	4.29	0.19	26.31	5.66	1.33	∞	1.20	561.93	444.67	2 335.11
正常	U	0.36	4.29	-0.29	26.31	3.29	1.50	4.16	1.30	478.78	377.34	1 734.66
200年一遇	UN	-0.25	4.29	-0.21	26.31	2.08	1.33	2.74	1.20	400.66	340.03	1 433.93
10 000年一遇	E	-0.51	4.29	0.16	26.31	1.91	1.10	2.61	1.10	416.57	315.82	1 760.91
灾难洪水	E	-0.99	4.29	1.05	26.31	1.61	1.10	2.40	1.10	481.63	231.79	1 552.56
正常+OBE	UN	-2.27	4.29	-0.22	26.31	1.75	1.33	3.98	1.20	627.13	180.32	1 030.46
正常+MDE	E	-4.35	4.29	-0.17	26.31	1.28	1.10	3.87	1.10	789.01	-13.02	824.38

6.2.8.4　地基处理

溢流坝左坝肩在1 278.00 m高程左右为(ⓐ+ⓑ)地层(冲积砂砾卵石层),该层从左到右呈喇叭口状逐渐加厚,左侧厚度约5 m,其下为ⓒ1砂层和ⓒ2粉质黏土层,易产生不均匀沉降。溢流坝左坝肩基础原设计处理方案为振冲碎石桩处理,桩径1.0 m,间排距1.6 m,桩底高程1 259.0~1 265.0 m。现场施工过程发现(ⓐ+ⓑ)地层(冲积砂砾卵石层)坚硬,胶结良好,且有较多尺寸大于50 cm的孤石,振冲碎石桩难以施工。经分析将左坝肩基础处理方案调整为:上部开挖换填+下部振冲碎石桩处理。左坝肩基础处理见图6-249、图6-250。

施工期间根据现场条件进行变更将左坝肩基础处理方案调整为:上部开挖换填+下部振冲碎石桩处理,见图6-251。

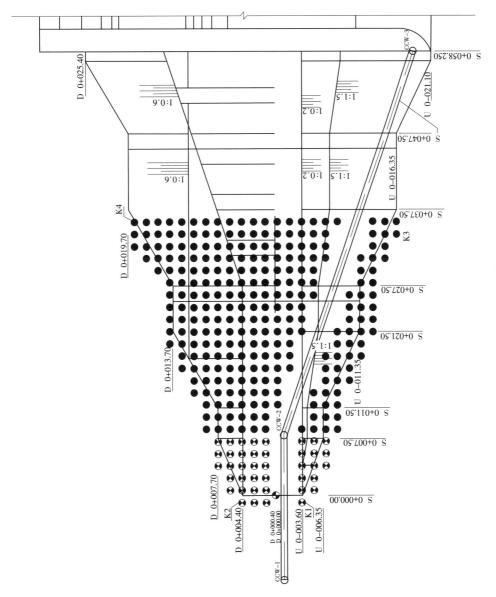

图 6-249　左坝肩基础处理平面图

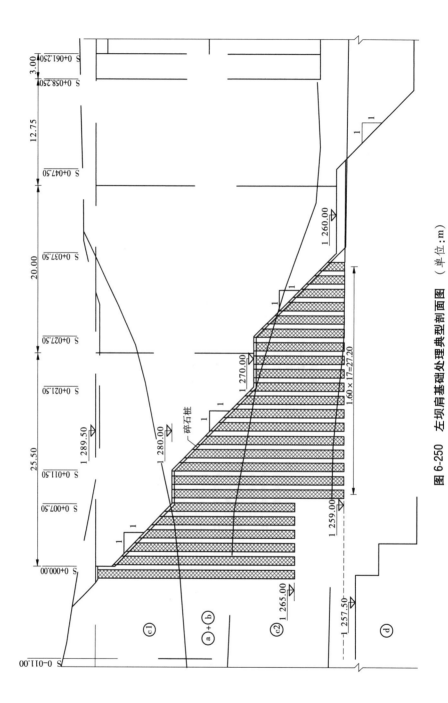

图 6-250　左坝肩基础处理典型剖面图　（单位：m）

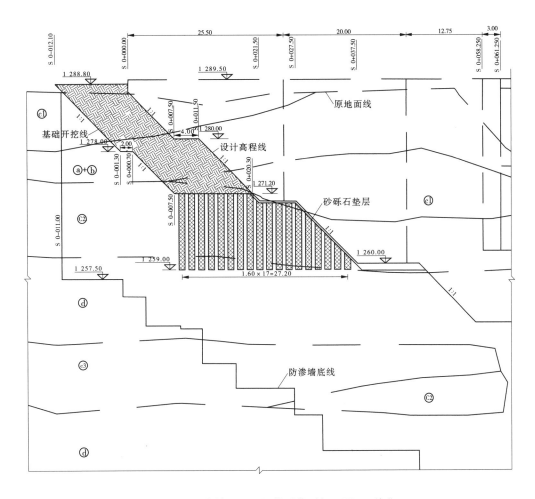

图 6-251　左坝肩基础处理调整后典型剖面图　（单位：m）

6.2.8.5　结构措施

由于坝体体积较大，为适应复杂的地形地质条件，防止混凝土出现施工期温度裂缝，并方便施工，在垂直于坝轴线方向设置三道横缝，将左岸挡水坝段分为三个坝段。在横缝上游端设置紫铜止水片、橡胶止水带两道止水。

CCS 水电站枢纽区最大设计地震加速度（MDE）为 $0.4g$，左岸挡水坝段坐落在软基上的陡坡坝段，设计考虑将坝段间采取结构措施连成整体，在坝段横缝内设置垂直向的键槽，键槽结构尺寸见图 6-252。在坝体混凝土冷却到接近稳定温度场后，对横缝进行灌浆，进一步把各坝段连成整体，横缝灌浆分区进行。一方面提高左岸坝体的整体稳定性，减小或避免坝段之间的不均匀沉降，同时增强坝体刚度，提高坝体的抗震性能。

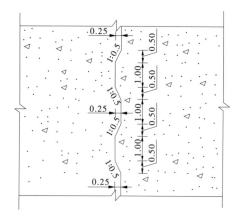

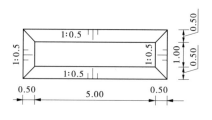

图 6-252　横缝键槽结构尺寸 （单位:m）

6.2.9　防渗设计

6.2.9.1　地质情况

溢流坝坝基以下主要为 d 层砂卵砾石和 c 层粉细砂、粉土及粉质黏土等覆盖层,厚度 2~130 m,存在的主要工程地质问题为坝基渗漏、坝基渗透破坏及坝基沉降。从覆盖层各岩组的渗透系数来看,砂卵砾石的渗透系数为 $10^{-2} \sim 10^{-3}$ cm/s,砂层的渗透系数为 10^{-3} cm/s,属于中等透水。覆盖层砂卵砾石层的厚度较大,坝基渗漏问题较严重。覆盖层砂卵砾石和砂层的颗粒级配曲线见图 6-253、图 6-254,通过分析及计算获得覆盖层各岩组的颗粒级配特征见表 6-63。

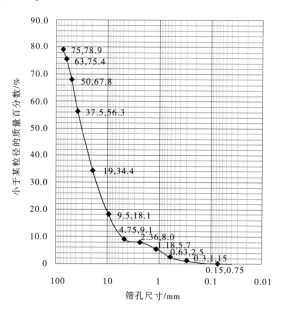

图 6-253　坝基覆盖层的颗粒级配曲线(砂卵砾石)

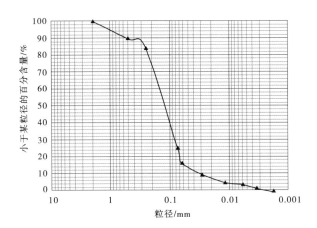

图 6-254　坝基覆盖层的颗粒级配曲线（砂层）

表 6-63　覆盖层各岩组的颗粒级配特征统计

岩组	有效粒径 d_{10}/mm	中值粒径 d_{30}/mm	限制粒径 d_{60}/mm	不均匀系数 C_u	曲率系数 C_c	细粒含量 P_c/%
砂卵砾石	5.2	17	43	8.269	1.292	<1
砂	0.044	0.085	0.142	3.227	1.161	23

通过表 6-63 中的覆盖层各岩组的颗粒级配特征统计结果发现，覆盖层各岩组的颗粒级配特征值有差异，砂卵砾石不均匀，级配良好；砂层较均匀，级配不良。

（1）根据图 6-253、图 6-254 颗粒级配曲线，砂卵砾石岩组对应于瀑布式类型曲线，判断该岩组渗透变形类型为潜蚀型即管涌型；砂层为直线类型曲线，渗透变形类型以流土为主。

（2）根据《水利水电工程地质勘察规范》（GB 50487—2008），采用不均匀系数 C_u 及细粒含量 P_c 判别和评价渗透变形形式。

砂层不均匀系数 C_u=3.227<5，可判为流土；砂卵砾石层不均匀系数 C_u=8.269>5，则根据细粒含量 P_c（%）<1<25，可判断其破坏形式为管涌；砂卵砾石层和砂层组成的双层结构地层，其不均匀系数均小于 10，而 D_{10}/d_{10}=5.2/0.044=118.2>10，因此可能存在接触冲刷现象。

根据以上分析，覆盖层砂卵砾石渗透变形形式为管涌型，砂层渗透变形形式为流土型，层间可能存在接触流失。覆盖层各岩组颗粒粗细差别大，而且粗细相间分布，建坝后在高水头作用下，存在渗透变形问题。

6.2.9.2　防渗墙布置

针对坝基覆盖层渗漏问题和渗透变形问题，经渗流分析计算和方案比选，溢流坝坝基采用连续的混凝土防渗墙防渗，由于覆盖层厚，防渗墙采用悬挂式，防渗墙主要布置在溢流坝基础以下，同时为避免左坝肩绕渗，防渗墙体左岸挡水坝段往左侧延伸 11 m，即深入左坝肩近 70 m；右侧延伸到冲沙闸岩石基础，连接冲沙闸和引水闸基础帷幕灌浆形成封闭防渗系统。防渗墙起止桩号为 S0−011.00~S+237.25,墙体防渗帷幕轴线长度 251.21 m,墙体厚度为 800 mm。主坝段设计墙顶高程为 1 251.00 m,墙底高程为 1 220.50 m,设计最大墙体深度为 30.5 m,左岸挡水坝段范围,防渗墙底部结合坝体体型设计成台阶状。

对左岸挡水坝段进行绕渗分析,根据建筑物平面布置分析绕渗可能最短渗径 L。

渗径 a:在大坝上游以最短渗径到防渗墙底部,从防渗墙底部绕渗到下游,在大坝下游以最短渗径到消力池底板第一排排水孔出逸处,见图 6-255、图 6-256。

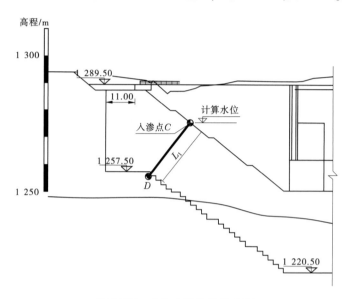

图 6-255　大坝上游绕渗示意图

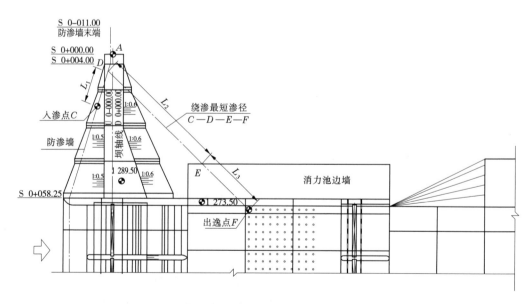

图 6-256　渗径 a 绕渗平面示意图

渗径 b:在大坝上游以最短渗径到左坝肩防渗墙末端,从防渗墙末端绕渗到下游,在大坝下游以最短渗径到消力池底板第一排排水孔出逸处。见图 6-257。

各种计算工况 $L_a = L_1 + L_2 + L_3$、$L_b = L_1 + L_2 + L_3$ 比较后,取较小值为最短渗径 L。

左岸挡水坝段绕渗安全系数最小值为 6.65,满足规范要求。

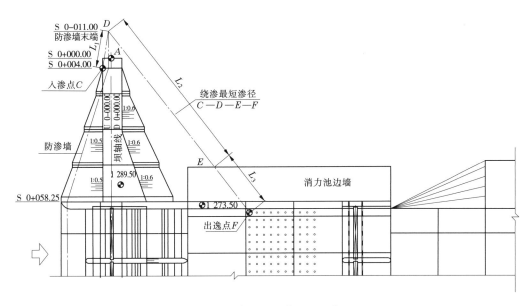

图 6-257　渗径 b 绕渗平面示意图

6.2.9.3　防渗墙结构设计

1. 防渗墙的厚度

墙体厚度主要由防渗要求、抗渗耐久性、墙体应力和变形以及施工设备等因素确定,其中最重要的是抗渗耐久性和结构强度两个因素。防渗墙设计根据防渗墙破坏时的水力梯度来确定防渗墙厚度 d,即

$$d = H/J_p$$
$$J_p = J_{max}/K$$

式中　J_p——防渗墙的允许水力梯度;

　　　J_{max}——防渗墙破坏时的最大水力梯度;

　　　K——安全系数。

当墙体材料采用塑性混凝土时,其抗化学溶蚀的能力是较强的。德国贝伊尔和斯特罗伯测得塑性混凝土抗化学溶蚀破坏的水力梯度为 300;国内的一些试验表明,配合比合适的塑性混凝土水力梯度也可超过 300。如果采取和普通混凝土一样的安全系数 $K=5$,则塑性混凝土的允许水力梯度 J_p 可取 60。目前,国外确定塑性混凝土防渗墙厚度时多采用 $J_p = 50 \sim 60$。

2. 塑性混凝土防渗墙技术指标

根据国内的一些塑性混凝土防渗墙工程实例,拟定塑性混凝土防渗墙技术指标:

28 d 渗透系数,$K < 10^{-6}$ cm/s;

90 d 渗透系数,$K < 10^{-7}$ cm/s;

28 d 抗压强度,大于 0.5 MPa,小于 5.0 MPa;

变形模量,小于 500 MPa。

3.与地基连接的形式

塑性混凝土防渗墙顶部 1 m 凿除,并设键槽布插筋,然后浇筑普通钢筋混凝土,普通钢筋混凝土梁高 1 m,与坝基底部采用柔性连接接头,连接细部如图 6-258 所示。

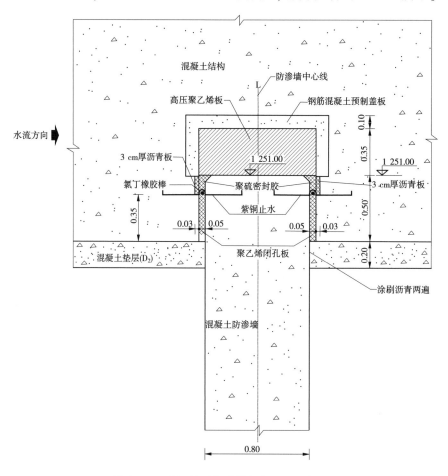

图 6-258 防渗墙顶部连接细部图 (单位:m)

4.其他

在施工中遇到不利地层时,可根据实际情况并经监理批准缩短槽长进行施工,以便缩短造孔时间。槽孔划分示意图如图 6-259 所示。

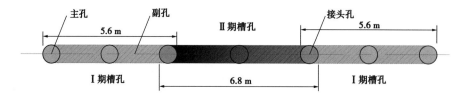

图 6-259 槽孔划分示意图

6.2.9.4　防渗墙结构分析

防渗墙结构分析的目的是确定墙体的厚度及其与地基连接的形式。墙体厚度主要由防渗要求、抗渗耐久性、墙体应力和变形以及施工设备等因素确定,其中最重要的是抗渗耐久性和结构强度两个因素。为了确定防渗墙的强度安全储备,必须根据其工作条件进行结构计算。

1. 计算方法

对溢流坝坝基塑性混凝土防渗墙进行应力应变计算,主要内容包括溢流坝坝基塑性防渗墙三维弹塑性有限元应力应变计算、各种工况下防渗墙墙身的应力应变情况及防渗墙的塑性破坏情况(见表 6-64)。

表 6-64　防渗墙计算工况

计算工况		上游水位/ m	下游水位/ m	荷载			
				自重	水压力	扬压力 (含渗透压力)	地震 荷载
工况 1	完建工况			√			
工况 2	正常蓄水位工况	1 275.50	1 259.50	√	√	√	
工况 3	设计洪水工况	1 284.25	1 269.18	√	√	√	
工况 4	灾难洪水工况	1 288.30	1 271.34	√	√	√	

2. 计算模型

考虑到溢流坝的分缝,取两条纵缝间的一联为计算单元进行建模。模拟了溢流坝分步施工的影响因素,溢流坝在垂直方向上共考虑了 8 个施工步。单元剖分大部分采用 8 节点 6 面体单元,辅以少量的 6 节点 5 面体单元。地基计算范围以防渗墙为界,向上下游方向各延伸约 120 m,在竖直方向上从防渗墙底部往下延伸 60 m。模型中坐标系规定如下:顺水流向下游为 x 正方向,横水流向左岸为 y 轴正方向,竖直向上为 z 轴正方向。三维数值模拟的计算模型如图 6-260 所示。

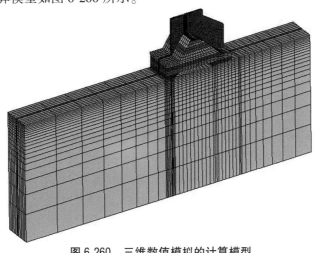

图 6-260　三维数值模拟的计算模型

在防渗墙顶部和溢流坝闸基混凝土槽附近部位,考虑到工程实际中填充较软材料对防渗墙及整个结构的应力应变影响很小,且防渗墙顶基本处于自由状态,在计算中忽略填充材料,把该部位考虑为"中空"部位,如图 6-261 所示。但是,当防渗墙和基础的不均匀竖向变形超过空槽的高度 20 cm 时,此时防渗墙和上部混凝土之间的相互作用就变得异常复杂,而且这也是工程设计中要必须避免的。

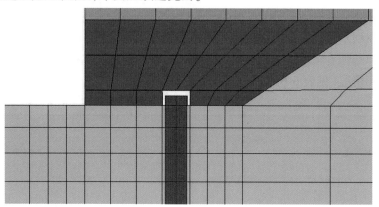

图 6-261　防渗墙顶部和溢流坝闸基混凝土槽附近区域的处理

3. 计算成果

图 6-262~图 6-276 列出计算的典型工况(最大灾难洪水 MDF)下的计算结果。

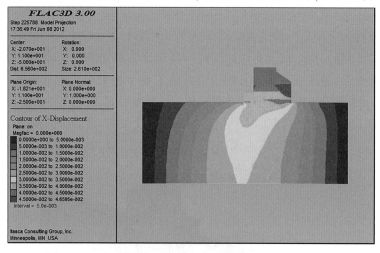

图 6-262　水平向位移图

4. 计算结论

(1)各种计算工况下,防渗墙顶部和溢流坝闸室底板混凝土槽之间的不均匀沉降量均小于 20 cm 的空槽高度,没有发生防渗墙和闸室混凝土底板间的相互作用(如刺入),所以保证了基于此模型的各工况下防渗墙应力应变计算结果的合理性。

(2)防渗墙的水平位移在完建工况下指向上游,其他有水运行工况均指向下游,在灾难洪水位下防渗墙的最大(墙顶)和最小(墙底)水平位移分别为 4.0 cm 和 3.4 cm。

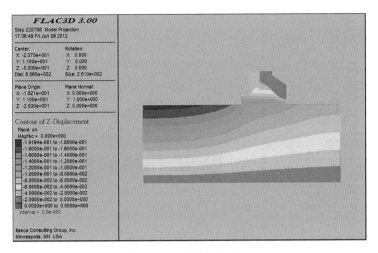

图 6-263　竖直向位移图

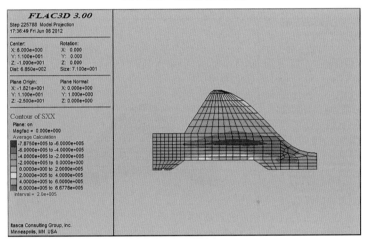

图 6-264　溢流坝水平向应力

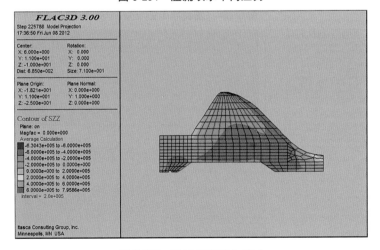

图 6-265　溢流坝竖直向应力

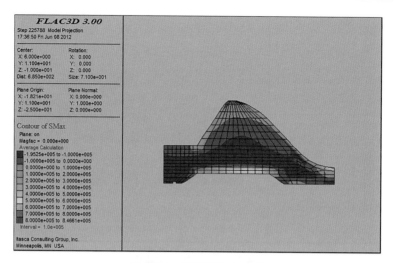

图 6-266　溢流坝大主应力

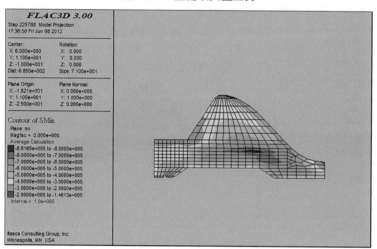

图 6-267　溢流坝小主应力

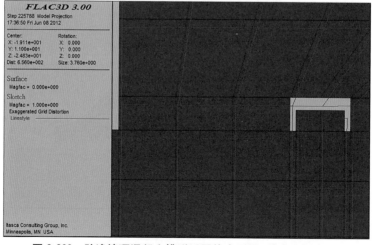

图 6-268　防渗墙顶混凝土槽附近网格变形图 (放大比例为 1)

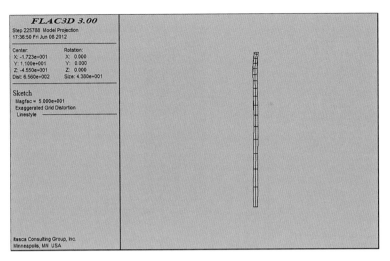

图 6-269　防渗墙变形 (放大倍数 50 倍)

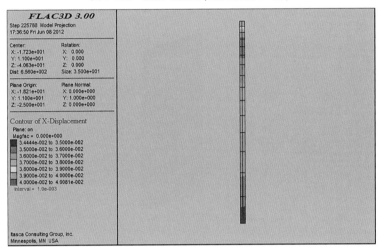

图 6-270　防渗墙水平向位移

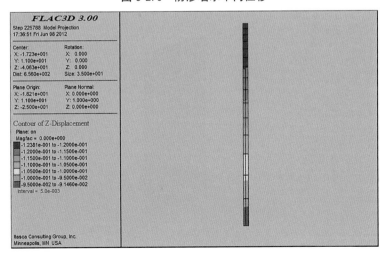

图 6-271　防渗墙竖直向位移

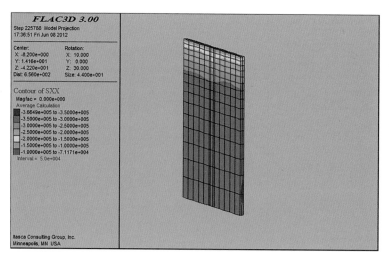

图 6-272　防渗墙水平向应力

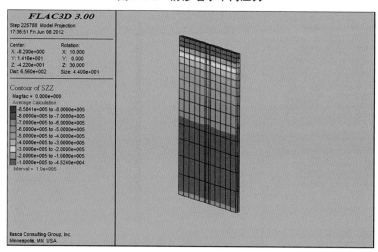

图 6-273　防渗墙竖直向应力

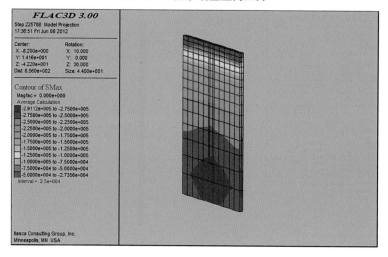

图 6-274　防渗墙大主应力

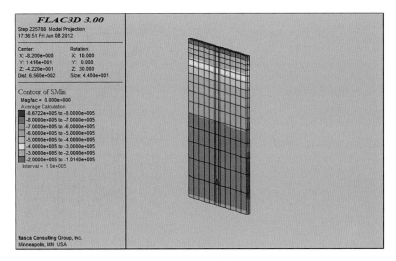

图 6-275　防渗墙小主应力

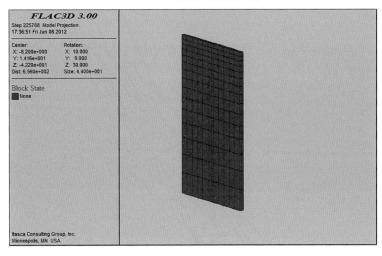

图 6-276　防渗墙塑性区分布

（3）防渗墙在各个工况下的受力状态除在正常蓄水位的墙顶部极小范围内出现了最大值约为 0.015 MPa 的主拉应力外，基本全部受压，各工况下的最大压应力为 1.03 MPa。各工况下墙体的最大受拉和最大受压均满足设计抗拉和抗压的要求。

（4）各工况下，防渗墙的整体受力状态良好，均没有出现剪切破坏和拉伸破坏。

6.2.10　上下游岸坡防护设计

6.2.10.1　溢流坝上游左侧边坡防护

溢流坝上游左侧边坡防护范围及结构形式见图 6-277。

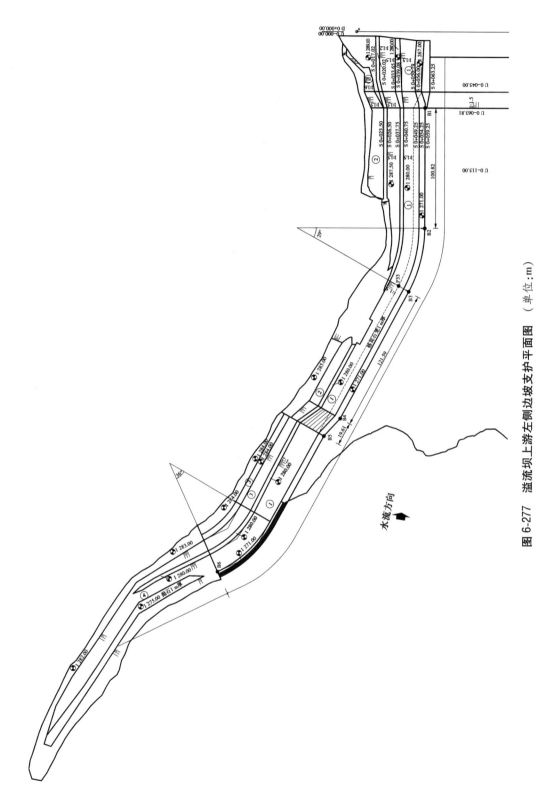

图 6-277　溢流坝上游左侧边坡支护平面图　（单位：m）

上游左侧边坡防护范围见图 6-277 中控制点 B1~B6 段,各段防护结构形式如下:

(1)控制点 B1 下游侧(U0-000.00—U0-63.81):采用格宾石笼挡墙+格宾护垫防护形式。坡脚采用格宾石笼挡墙防护,横截面尺寸 7 m×7 m(宽×高),台阶形布置;1 280 m平台高程以下采用①-1.0 m 厚格宾护垫防护;1 280 m 平台高程以上采用③-0.5 m 厚格宾护垫防护;格宾石笼与开挖边坡之间以砂砾石回填,压实度不小于 95%,并在石笼下顺坡铺设土工布一层 300 g/m²(代替反滤层),防护坡比 1:1.5。

(2)控制点 B1~B5 范围的边坡:1 280 m 平台高程以下采用①-1.0 m 厚格宾护垫防护,格宾护垫下铺土工布(规格 300 g/m²)。1 280 m 平台高程以上采用②-挂钢筋网喷混凝土支护,喷混凝土厚 0.15 m,f_c=30 MPa;钢筋网φ6@150 mm,共 2 层,层间距 0.05 m;防护坡比 1:1.5。

(3)控制点 B5~B6 范围的边坡:临水侧采用③-0.5 m 厚格宾护垫防护;背水侧采用④-1.0 m 厚抛石防护,防护坡比 1:2。

(4)控制点 B6 上游范围的边坡:采用④-1.0 m 厚抛石防护,防护坡比 1:2。

另外,为加强防护末端连接,在防护末端与岸坡连接部位布设宽度 1.0 m、深度 2.0 m的抛石齿槽。抛石级配最大粒径 700 mm,小于 200 mm 的粒径不超过 10%。格宾石笼填石粒径 D 要求 150~300 mm。

6.2.10.2　溢流坝下游左右半岛防护

溢流坝下游左右半岛平台顶面高程 1 272.50 m,砂砾石回填,平台裹头半径 17.5 m。防护结构如下:

(1)临水侧坡面。采用抛石防护。防护材料为:①1.0 m 厚抛石护坡;②0.2 m 厚砂砾石垫层,防护坡比 1:2.5。抛石粒径级配为:底板最大粒径不超过 1 000 mm,边坡最大粒径不超过 700 mm,小于 400 mm 的粒径不超过 50%,小于 300 mm 的粒径不超过 15%。

(2)裹头坡脚防冲槽。裹头临水侧布置抛石槽护脚,抛石槽顶面高程 1 259.5 m,横截面宽度 14~35.6 m,深度 3~7.8 m。抛石槽分区及粒径级配:抛石槽上游侧及表面 1.5 m 厚范围,抛石粒径不小于 300 mm;其余部分抛石粒径不小于 100 mm。

(3)背水坡坡面。采用格宾石笼防护,防护坡比 1:2.5。格宾石笼填石粒径 D 要求150~300 mm。

6.2.11　重大设计变更

6.2.11.1　冲沙闸防渗轴线调整

基本设计及施工图设计阶段,首部溢流坝及冲沙闸防渗墙轴线为一直线,布置 U0-018.60 位置,防渗墙左侧起端桩号为 S0-011.00,右侧到溢流坝 9 号坝段末端 S+237.25结束,接右侧冲沙闸和引水闸基础帷幕灌浆形成封闭防渗系统。

现场施工过程中,冲沙闸基础实际开挖揭露基础条件较差,冲沙闸位于岩土分界区域,基础地层主要为砂卵砾石和强风化花岗闪长岩,岩石风化严重,原设计冲沙闸基础防渗帷幕灌浆无法实施,需要修改为塑性防渗墙向右侧继续延伸一定长度。由于地质条件变化,对首部关键线路上的溢流坝 8、9 号坝段施工以及冲沙闸上游施工门机布置形成干扰,难以满足施工工期要求。因此,现场技术部以函 TC-2013-357 提出对防渗轴线进行调整。

为利于追补工期,避开首部关键线路上的溢流坝8、9号坝段,冲沙闸施工,提出将防渗轴线向上游引渠段转折调整方案,在溢流坝8号坝段中部折90°角后向上游延伸,沿引渠导墙基础布设防渗墙,根据现场实测基岩出露线,将转折后的防渗轴线向上游到U0-048.60,再折90°角向右沿引渠底板布设帷幕灌浆,与引水闸基础帷幕灌浆衔接。调整后帷幕灌浆工程量有所增加,但塑性防渗墙工程量减少,工程总量变化不大,减小防渗工程施工对冲沙闸上游引渠底板施工的影响,对MQ600施工门机布置的影响也可降到最低,并可进一步缩减防渗工程施工的时间。

由于防渗轴线上移至引渠底板,为避免发生底板开裂,在防渗轴线下游侧形成渗漏通道,调整了引渠底板及导墙结构形式,冲沙闸防渗帷幕轴线(U0-048.60)上游底板厚度1.0 m,下游底板加厚到1.5 m,并增加灌浆帷幕齿槽。

目前从渗压监测资料来看,防渗效果良好。

6.2.11.2 地基基础处理

基本设计阶段,首部溢流坝未进行基础处理。施工图设计阶段根据实际地质揭露情况,对溢流坝左坝肩采用了开挖换填+振冲碎石桩处理方案;溢流坝消力池基础进行了换填处理,消力池左侧挡墙基础采用振冲碎石桩复合地基;冲沙闸基础采用素混凝土桩复合地基方案。

1. 溢流坝左坝肩基础处理

溢流坝左坝肩在1 278.00 m高程左右为(ⓐ+ⓑ)地层(冲积砂砾卵石层),该层从左到右呈喇叭口状逐渐加厚,左侧厚度5 m左右,其下为砂层。溢流坝左坝肩基础采用了振冲碎石桩处理,桩径1.0 m,间排距1.6 m,桩底高程1 259.0~1 265.0 m,如图6-249、图6-250所示。

现场施工过程发现(ⓐ+ⓑ)地层(冲积砂砾卵石层)非常坚硬,胶结良好,还有较多大于50 cm的孤石,振冲碎石桩难以施工,因此施工期间根据现场条件进行二次变更,将左坝肩基础处理方案调整为上部开挖换填+下部振冲碎石桩处理。

2. 溢流坝下游消力池基础处理

溢流坝下游消力池地基条件复杂(主要为ⓒ1、ⓔ2A、ⓒ2、ⓓ层等),溢流坝下游消力池及出口闸左侧半重力式高挡墙基础采用了振冲碎石桩处理,桩径1.0 m,间排距1.6 m,桩长12.0 m。消力池底板和出口闸采用整体换填处理,换填厚度2.0~4.0 m。

3. 冲沙闸基础处理

根据冲沙闸基础实际开挖揭露情况,冲沙闸位于岩土分界区域,基础地层主要为砂卵砾石和强风化花岗闪长岩,存在闸基不均匀沉降问题,根据复核计算,未进行基础处理的天然砂砾石基础,冲沙闸稳定和基础应力都能够满足规范要求。主要问题是上下游沉降差偏大,超出规范EM 1110—1—1904规定的$L/500$的限制,需要进行基础处理。基础处理的目的是提高地基压缩模量,减小沉降变形。

根据冲沙闸基础地层分布特点,经多方案比选,最终确定采用素混凝土桩复合地基基础处理方案。利用素混凝土灌注桩对砂砾石地基范围进行加固,加固后的地基按复合地基考虑。桩体布设密度由加固后复合地基的沉降变形控制。采用素混凝土桩桩径0.8

m,桩中心距 2.5 m,桩底入岩石面以下 1~2 m。在桩顶与建筑物基础面间布设 1.0 m 厚的砂砾石层,进行夯实处理,作为基础传力层,形成复合地基共同受力。基础处理平面布置及典型剖面见图 6-278、图 6-279。

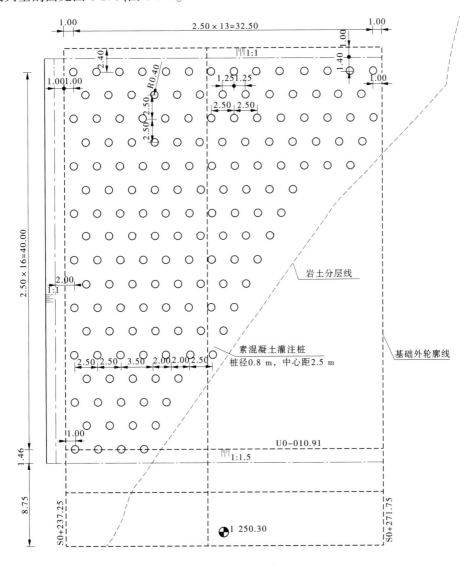

图 6-278 冲沙闸基础处理平面示意图 （单位:m）

冲沙闸采用以上基础处理措施后,按素混凝土桩复合地基计算,弧门冲沙闸下游侧最大沉降量为 44.87 mm,满足规范要求。现场监测冲沙闸累计最大沉降量仅 2.5 mm,远小于规范允许最大沉降量,沉降监测结果也进一步验证了冲沙闸的沉降满足规范要求。

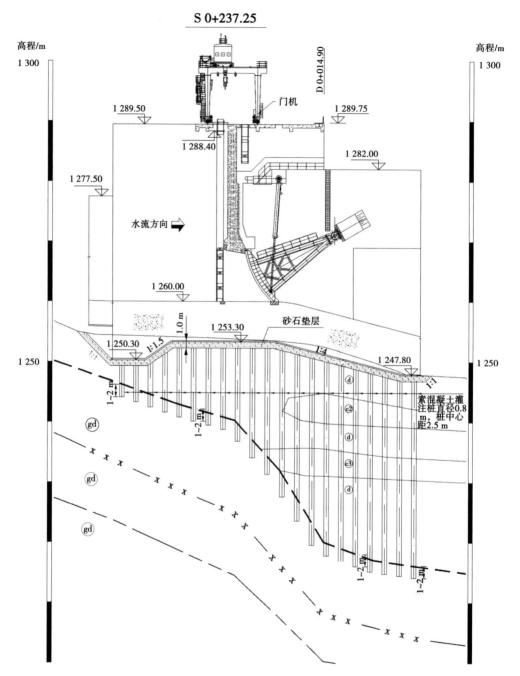

图 6-279　冲沙闸基础处理典型剖面示意图

6.2.12　监测成果及分析

6.2.12.1　渗流压力监测

首部枢纽溢流坝段基础共安装 29 支渗压计,设计编号 P4-01~P4-29,其布置位置见图 6-280,其监测成果见表 6-65 和图 6-281~图 6-286。

表 6-65　首部溢流坝基础水位监测成果报表

编号	安装部位	桩号	安装高程/m	2017-08-15 水位/m
P4-01	溢流坝段基础	S0+95、U0-20	1 250.0	1 275.1
P4-02	溢流坝段基础	S0+94、U0-15.5	1 249.5	1 262.3
P4-03	溢流坝段基础	S0+94、U0-15.5	1 239.5	1 264.0
P4-04	溢流坝段基础	S0+94、U0-15.5	1 230.8	1 262.2
P4-05	溢流坝段基础	S0+94、D0+000	1 252.5	1 262.1
P4-06	溢流坝段基础	S0+94、D0+26	1 250.0	1 262.6
P4-07	溢流坝段基础	S0+95、D0+50	1 250.4	1 261.8
P4-08	溢流坝段基础	S0+95、D0+85	1 251.8	1 262.6
P4-09	溢流坝段基础	S0+135、U0-16.5	1 249.0	1 263.1
P4-10	溢流坝段基础	S0+135、D0+000	1 251.5	1 262.3
P4-11	溢流坝段基础	S0+135、D0+26	1 251.5	1 262.8
P4-12	溢流坝段基础	S0+175、U0-20.0	1 250.0	1 275.8
P4-13	溢流坝段基础	S0+175、U0-15.5	1 249.8	1 262.8
P4-14	溢流坝段基础	S0+175、U0-15.5	1 240.3	1 263.5
P4-15	溢流坝段基础	S0+175、U0-15.5	1 230.3	1 261.0
P4-16	溢流坝段基础	S0+174、D0+000	1 253.0	1 263.0
P4-17	溢流坝段基础	S0+174、D0+26	1 250.0	1 262.4
P4-18	溢流坝段基础	S0+175、D0+50	1 250.3	1 262.1
P4-19	溢流坝段基础	S0+175、D0+85	1 252.3	1 263.0
P4-20	溢流坝段基础	S0+215、U0-16.5	1 250.1	1 263.5
P4-21	溢流坝段基础	S0+215、D0+0.00	1 253.2	1 262.9
P4-22	溢流坝段基础	S0+215、D0+26	1 250.0	1 262.3
P4-23	溢流坝段基础	S0+245、U0-20	1 251.2	1 265.4
P4-24	溢流坝段基础	S0+244、U0-16.5	1 250.1	1 264.9
P4-25	溢流坝段基础	S0+244、U0-16.6	1 241.0	1 264.6
P4-26	溢流坝段基础	S0+244、D0+0.0	1 253.2	1 263.2
P4-27	溢流坝段基础	S0+244、D0+30	1 247.9	1 262.2
P4-28	溢流坝段基础	S0+245、D0+50	1 247.5	1 262.6
P4-29	溢流坝段基础	S0+245、D0+85	1 247.5	1 262.1

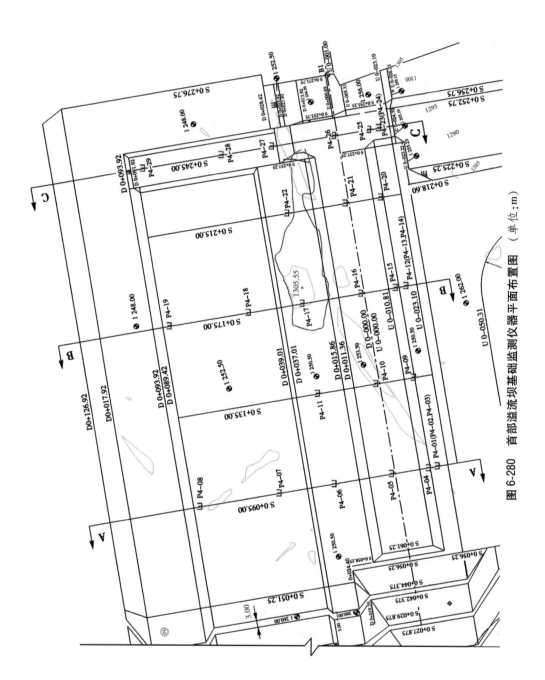

图 6-280　首部溢流坝基础监测仪器平面布置图　(单位：m)

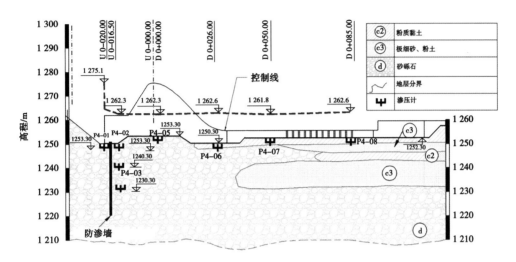

图 6-281　首部溢流坝基础 S0+95 监测断面(A—A)渗流位分布图

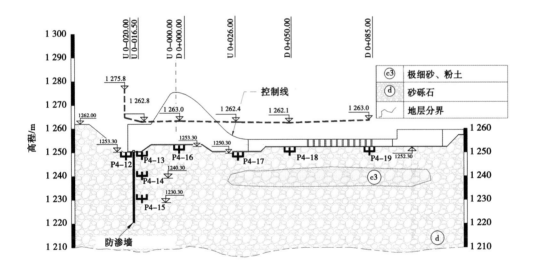

图 6-282　首部溢流坝基础 S0+175 监测断面(B—B)渗流位分布图

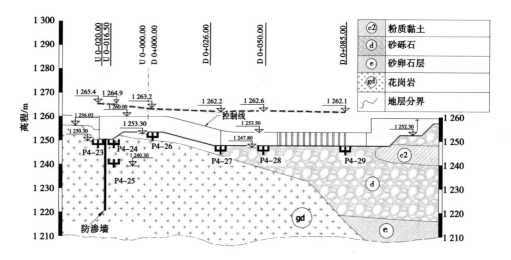

图 6-283　首部溢流坝基础 S0+245 监测断面(C—C)渗流位分布图

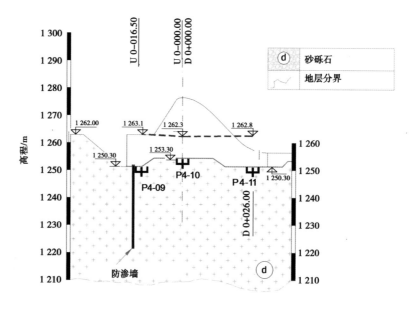

图 6-284　首部溢流坝基础 S0+135 监测断面渗流位分布图

首部枢纽溢流坝段于 2015 年 5 月 12 日开始蓄水。蓄水初期,基础渗压计监测渗流水位根据安装位置不同,监测水位有不同程度升高;随着时间推移,溢流坝段基础渗流水位已经基本稳定。目前,溢流坝段基础渗压计监测水位主要随上游水位窄幅波动,防渗墙前的渗压计水位约在 1 275.8 m;防渗墙后的渗压计水位在 1 261~1 272 m。

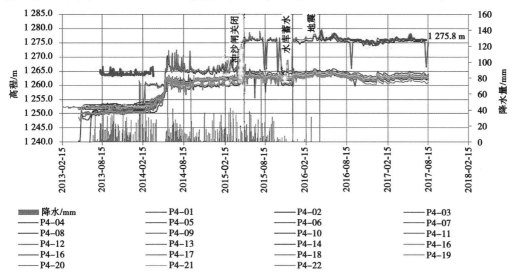

图 6-285　首部溢流坝基础渗流水位监测成果曲线图

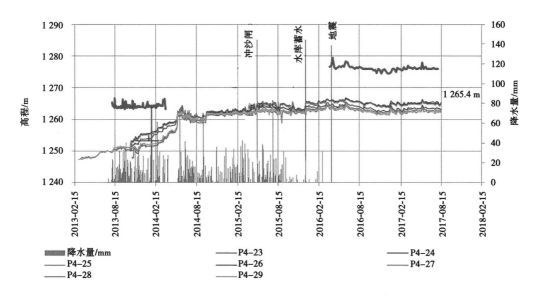

图 6-286　首部冲沙闸基础渗流压力监测成果曲线图

6.2.12.2 基础沉降监测

截至 2017 年 8 月,在溢流坝段基础共安装 11 套 3 点多点位移计,设计编号 BX4-01~BX4-11,监测成果见表 6-66 和图 6-287~图 6-292。

表 6-66 首部溢流坝冲沙闸基础沉降监测成果

仪器编号	安装部位	桩号	高程/m	基准值时间(年-月-日)	距离建基面/m	累计沉降/mm 2017-08-15
BX4-01	溢流坝段基础	S0+95.00 U0-16.5	1 250.30	2013-07-15	0	22.7
					-5	—
					-15	—
BX4-02	溢流坝段基础	S0+95.00 D0+000.00	1 253.30	2013-06-20	0	37.8
					-5	36.3
					-15	—
BX4-03	溢流坝段基础	S0+95.00 D0+026.00	1 250.30	2013-06-17	0	0
					-5	30.5
					-15	1.7
BX4-04	溢流坝段基础	S0+175.00 U0-16.500	1 250.30	2013-06-17	0	1.3
					-5	-1.1
					-15	0.5
BX4-05	溢流坝段基础	S0+175.00 D0+000.00	1 253.30	2013-05-19	0	0.7
					-5	0
					-15	0.9
BX4-06	溢流坝段基础	S0+175.00 D0+26	1 250.30	2013-06-10	0	1.8
					-5	0
					-15	0
BX4-07	冲沙闸基础	S0+245.012 U0-16.48	1 250.30	2013-10-26	0	-0.3
					-5	-3.6
BX4-08	冲沙闸基础	S0+245.00 D0+000.0	1 253.30	2013-05-27	0	—
					-5	—
					-15	—
BX4-09	冲沙闸基础	S0+245.00 D0+29.50	1 247.98	2013-10-27	0	0.2
					-5	-2.0
					-15	-0.2

注:1. 表中"+"为沉降变形,"-"为抬升变形。
  2. 表中"—"为仪器损坏。

首部溢流坝段基础沉降主要受上部建筑物结构自重荷载影响,随施工全部结束,基础沉降已基本稳定。溢流坝段及沉沙池进口基础累积最大沉降量出现在 S0+95.00 的下游齿槽内(D0+026.00),累计最大沉降量为 43.4 mm。从累计沉降曲线来看,溢流坝段基础沉降基本稳定。

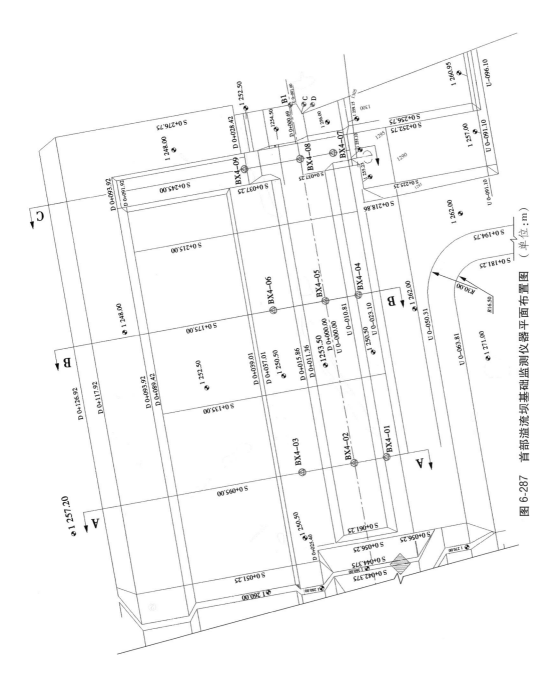

图 6-287　首部溢流坝基础监测仪器平面布置图　（单位：m）

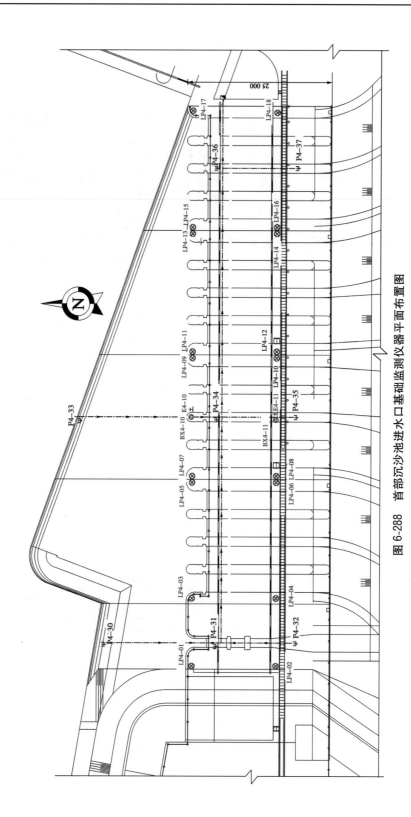

图 6-288　首部沉沙池进水口基础监测仪器平面布置图

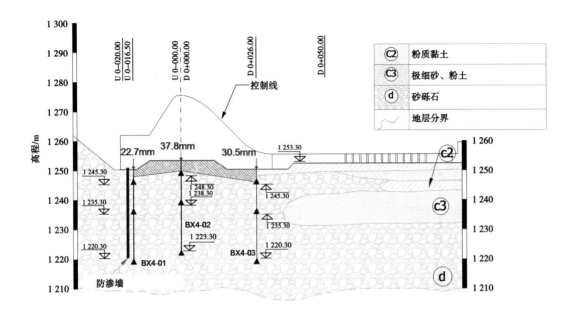

图 6-289　首部溢流坝段基础 S0+95 断面基础沉降变形分布

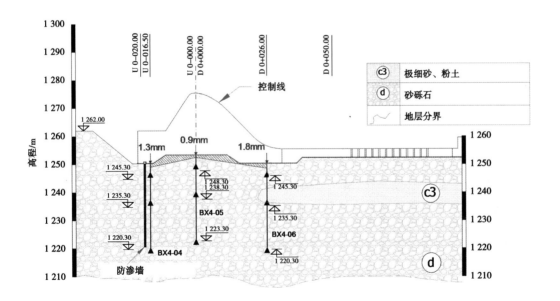

图 6-290　首部溢流坝段基础 S0+175 断面基础沉降变形分布

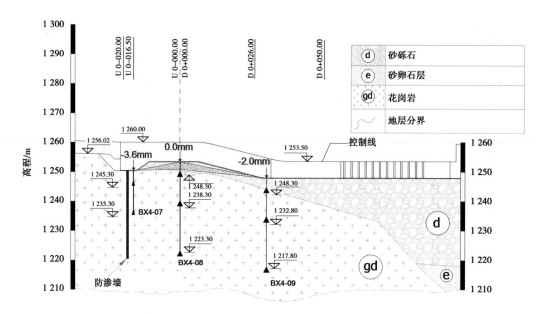

图 6-291 首部溢流坝段基础 S0+245 断面基础沉降变形分布

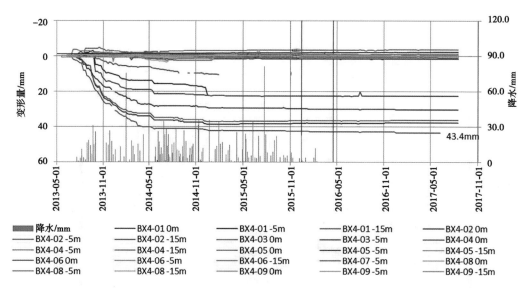

图 6-292 首部基础沉降变形监测成果过程线

6.2.12.3　基础界面压力监测

截至 2017 年 8 月,在溢流坝段基础共安装 9 支总压力计,设计编号 E4-01~E4-09,监测成果见表 6-67 和图 6-293、图 6-294。

表 6-67　首部溢流坝基础界面压力监测成果报表

仪器编号	安装部位	桩号	高程/m	基准值时间(年-月-日)	累计应力/MPa 2017-08-15
E4-01	溢流坝段基础	S0+96.00,U0-16.5	1 250.2	2013-08-07	0.08
E4-02	溢流坝段基础	S0+96.00,D0+000.00	1 253.0	2013-07-12	0.11 (2015-01-05)
E4-03	溢流坝段基础	S0+96.00,D0+026.00	1 250.0	2013-06-20	0.18 (2017-06-06)
E4-04	溢流坝段基础	S0+176.00,U0-16.500	1 250.0	2013-07-12	0.2 (2017-03-26)
E4-05	溢流坝段基础	S0+176.00,D0+000.00	1 253.0	2013-06-24	0.14
E4-06	溢流坝段基础	S0+176.00,D0+26	1 250.0	2013-07-01	0
E4-07	溢流坝段基础	S0+246.00,D0+16.5	1 250.0	2013-10-29	—
E4-08	冲沙闸基础	S0+246.00,D0+000.0	1 253.1	2013-09-09	0.34 (2015-05-04)
E4-09	冲沙闸基础	S0+246.00,D0+30	1 247.6	2013-10-31	—

2015 年 5 月 12 日,首部冲沙闸下闸,首部一期蓄水完成。随着施工首部溢流坝段基础界面压力基本稳定,历史累计界面压力在 0.08~0.34 MPa。

6.2.12.4　左岸绕坝渗流监测

截至 2017 年 8 月,在溢流坝段左岸布置有 4 套测压管,编号 UP4-01~UP4-04。监测成果见表 6-68 和图 6-295~图 6-297。

从以上监测成果可见:首部蓄水后,溢流坝段左岸测压管监测水位从上游至下游递减,监测数据相对稳定,符合一般规律。

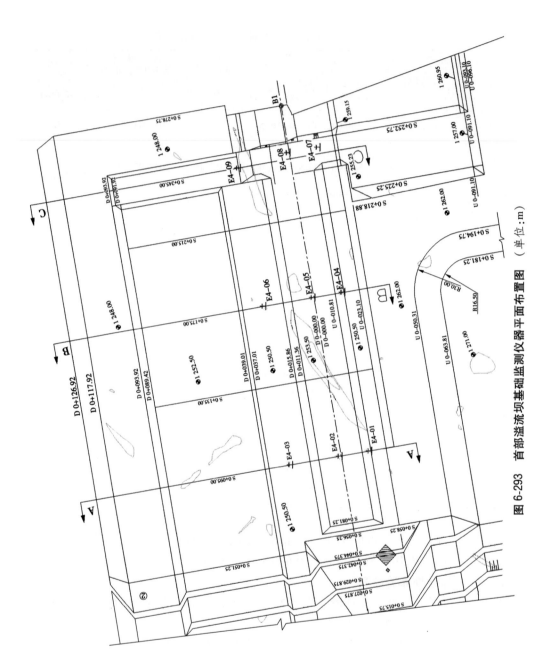

图 6-293 首部溢流坝基础监测仪器平面布置图（单位：m）

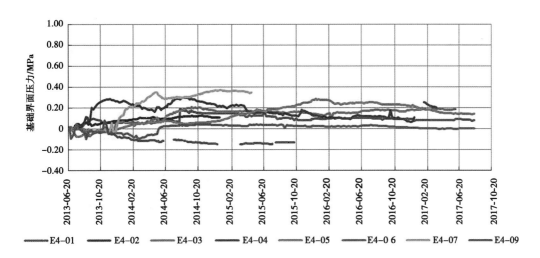

图 6-294　首部溢流坝基础界面压力监测成果过程线

表 6-68　首部溢流坝基础测压管监测成果报表

仪器编号	安装部位	桩号	孔底高程/m	基准值时间（年-月-日）	水位/m
					2017-08-15
UP4-01	溢流坝段左岸	D0+6. 2355 S0+25. 1102	1 243.8	2015-05-11	1 264.4
UP4-02	溢流坝段左岸	D0+26. 4656 S0+38. 7846	1 242.9	2015-05-11	1 262.6
UP4-03	溢流坝段左岸	D0+46. 7919 S0+40. 0152	1 243.1	2015-05-11	1 261.6
UP4-04	溢流坝段左岸	D0+89. 4862 S0+39. 9671	1 243.6	2015-05-15	1 261.7

6.2.12.5　溢流坝段坝顶沉降监测

截至 2017 年 8 月，首部溢流坝段坝顶共安装沉降测点 31 个，设计编号 LP4-19～LP4-49，其监测成果及布置情况见图 6-298、图 6-299。

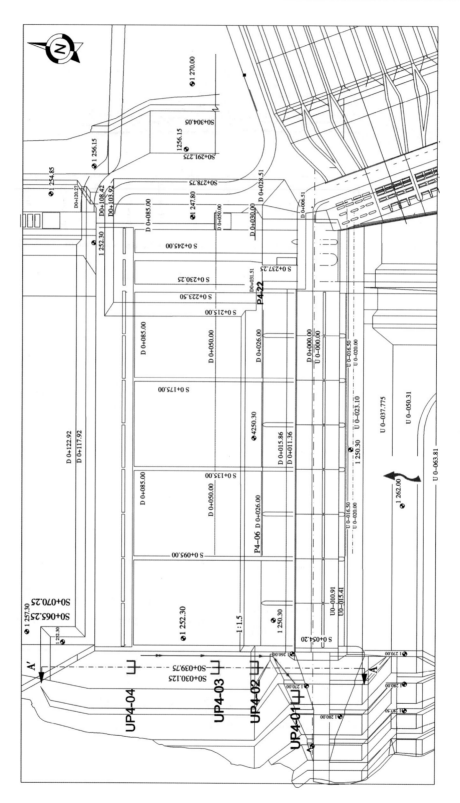

图 6-295　首部溢流坝左岸测压管布置图

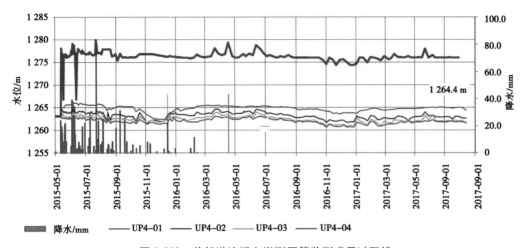

图 6-296　首部溢流坝左岸测压管监测成果过程线

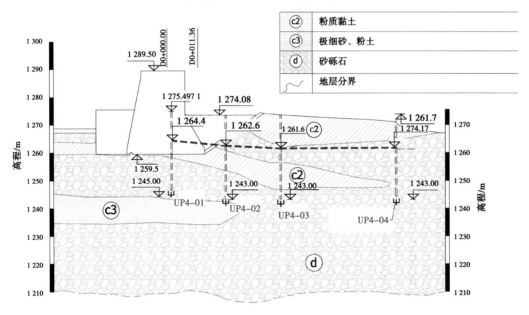

图 6-297　首部左岸非溢流坝段监测成果过程线

从以上监测成果可见:首部溢流坝段于 2015 年 5 月中旬蓄水,溢流坝段顶部沉降测点于 2015 年 4 月 30 日取得基准值,截至 2017 年 8 月,相对基准值的累计沉降在 3.0～6.6 mm,沉降主要集中在蓄水初期,后期监测沉降已经基本稳定。

6.2.12.6　主要结论

渗流监测成果表明,溢流坝段基础防渗墙前的渗压计水位在 1 265.6～1 275.4 m;防渗墙后的渗压计水位在 1 261.4～1 265.2 m,基本与下游水位一致。首部枢纽溢流坝基础防渗 2014 年 5 月首部枢纽截流后,溢流坝已运行多年,防渗效果良好,较好地解决了坝基渗漏和渗透变形问题。

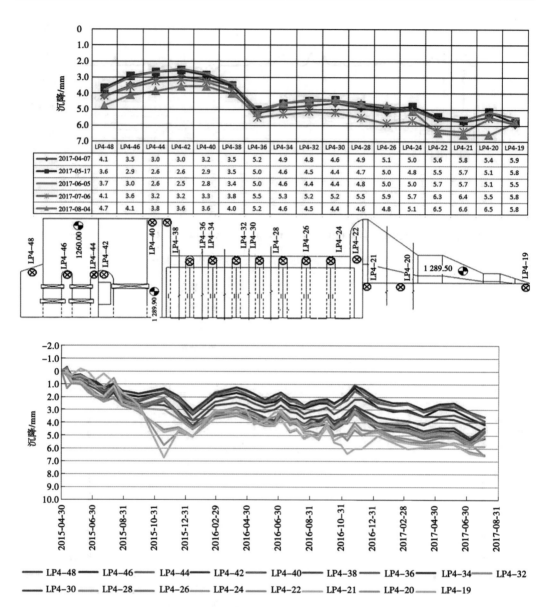

图 6-298　首部溢流坝段坝顶上游侧沉降监测数据分布图

基础沉降监测成果表明,溢流坝基础累计最大沉降量出现在 S0+95.00 的下游齿槽内(D0+026.00),累计最大沉降量为 42.2 mm,从累计沉降曲线来看,溢流堰基础沉降已经稳定;监测冲沙闸累计最大沉降量仅 2.5 mm,实际沉降量远小于规范允许最大沉降量(150 mm)。沉降监测结果验证了溢流坝和冲沙闸基础沉降满足规范要求,地基处理效果较好。

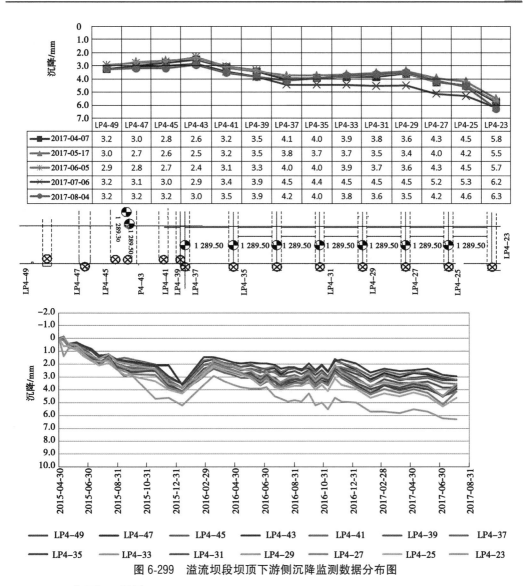

图 6-299　溢流坝段坝顶下游侧沉降监测数据分布图

6.2.13　主要工程量

首部枢纽溢流坝及冲沙闸主要工程量清单见表 6-69。

6.2.14　主要结论与建议

6.2.14.1　主要结论

首部溢流坝坝基主要为ⓓ层砂砾石和ⓒ层粉细砂、粉土及粉质黏土等覆盖层,厚度 2~130 m,存在的主要工程地质问题为坝基渗漏、坝基渗透破坏及坝基沉降,同时覆盖层厚度不均,相差很大,会产生不均匀沉降变形。

(1)针对坝基覆盖层渗漏问题和渗透变形问题,溢流坝地基采用塑性混凝土防渗墙进行防渗处理,防渗墙底部结合坝体体型设计成台阶状,与地基采用柔性连接接头。从目前已有监测资料来看,防渗墙防渗效果良好。

表6-69　首部枢纽溢流坝及冲沙闸主要工程量清单

编号	项目名称	单位	工程量
1.1	土石方开挖与回填		
1.1.1	土方(砂砾石)开挖	万 m³	239.91
1.1.2	石方开挖	万 m³	13.01
1.1.3	土方(砂砾石)回填	万 m³	35.04
1.2	边坡支护		
1.2.1	干抛石	万 m³	1.53
1.2.2	碎石垫层	万 m³	0.70
1.2.3	格宾石笼	万 m³	0.86
1.2.4	喷混凝土(厚0.1 m)	万 m²	
1.2.5	挂钢筋网(φ6@150)	万 m²	
1.2.6	锚杆(φ28 $L=6$ m,间距3.0 m)	根	
1.2.7	PVC管φ76 mm,间距2.0 m,长8.0 m	根	
1.2.8	混凝土排水沟	m	
1.2.9	土工布(300 g/m²)		2 768
1.3	左岸挡水坝段(S0+71.25以左)		
1.3.1	坝体混凝土(class C)	m³	34 284.91
1.3.2	上游坡防护(class C)	m³	
1.3.3	钢筋	t	368.05
1.3.4	止水及填缝料		
1.3.4.1	Ⅱ型铜止水片(厚1 mm)	m	150
1.3.4.2	BW651橡胶止水带	m	68
1.3.4.3	聚乙烯闭孔板(2 cm)	m²	1 198
1.3.4.4	聚硫密封胶	m³	0.15
1.3.4.5	φ20氯丁橡胶棒	m	150
1.3.4.6	平板橡胶止水片	m	1
1.3.4.7	铆钉	个	8
1.4	溢流坝段(S0+71.25~S0+237.25)		
1.4.1	堰体内部混凝土(class C)	m³	94 039
1.4.2	表面抗冲混凝土(class A)	m³	25 747
1.4.3	闸墩混凝土(1 280 m以下)(class B)	m³	9 071
1.4.4	闸墩混凝土(1 280 m以上)(class C)	m³	3 986

续表 6-69

编号	项目名称	单位	工程量
1.4.5	闸墩钢筋	t	2 453
1.4.6	堰体钢筋	t	
1.4.7	止水及填缝料		
1.4.7.1	Ⅱ型铜止水片(厚1 mm)	m	1 583
1.4.7.2	BW651橡胶止水带(或者PVC止水)	m	873
1.4.7.3	聚乙烯闭孔板(2 cm)	m²	4 815
1.4.7.4	聚硫密封胶	m³	1.31
1.4.7.5	ϕ 20氯丁橡胶棒	m	1 583
1.4.7.6	平板橡胶止水片	m	6
1.4.7.7	铆钉	个	64
1.5	冲沙闸段(2孔平门+1孔弧门)		
1.5.1	闸墩混凝土(class B)	m³	13 958
1.5.2	闸底板表面抗冲磨混凝土(KM2)	m³	901
1.5.3	闸底板底部(class B)	m³	12 143
1.5.4	胸墙及其他(class B)	m³	1 203
1.5.5	混凝土垫层(class D)	m³	398
1.5.6	右岸连接段混凝土回填(class D)	m³	8 741
1.5.7	钢筋	t	1 325
1.5.8	止水及填缝料		
1.5.8.1	Ⅱ型铜止水片(厚1 mm)	m	203
1.5.8.2	BW651橡胶止水带(或者PVC止水)	m	580
1.5.8.3	聚乙烯闭孔板(2 cm)	m²	4 676
1.5.8.4	聚硫密封胶	m³	0.54
1.5.8.5	ϕ 20氯丁橡胶棒	m	203
1.6	进口导墙及铺盖		
1.6.1	上游导墙混凝土(B-3)		19 024
1.6.2	上游铺盖混凝土(A-3)		1 491
1.6.3	上游导墙抗冲磨混凝土(KM1)		455
1.6.4	上游铺盖抗冲磨混凝土(KM1)		773
1.6.5	混凝土垫层(class D)	m³	735
1.6.6	上游导墙钢筋	t	181

续表 6-69

编号	项目名称	单位	工程量
1.6.7	上游铺盖钢筋	t	79
1.6.8	止水及填缝料		
1.6.8.1	Ⅱ型铜止水片(厚 1 mm)	m	444
1.6.8.2	聚乙烯闭孔板(2 cm)	m²	1 808
1.6.8.3	聚硫密封胶	m³	0.38
1.6.8.4	φ20 氯丁橡胶棒	m	436
1.7	下游消力池		
1.7.1	消力池底板表层抗冲磨混凝土(class A)	m³	10 449
1.7.2	消力池底板下部混凝土(class C)	m³	27 581
1.7.3	底板垫层混凝土(class D)	m³	
1.7.4	消力池中隔墙混凝土(class B)	m³	6 737
1.7.5	消力池左边墙临水侧混凝土(class A)	m³	1 372
1.7.6	消力池左边墙混凝土(class C)	m³	11 197
1.7.7	消力池左边墙垫层混凝土(class D)	m³	284
1.7.8	消力池右边墙临水侧混凝土(class A-3)	m³	12 192
1.7.9	消力池右边墙混凝土(class B-3)	m³	19 048
1.7.10	消力池右边墙垫层混凝土(class D)	m³	571
1.7.11	消力池右边墙混凝土(KM2)	m³	1 705
1.7.12	消力池底板及中墙钢筋	t	1 004
1.7.13	消力池左边墙钢筋	t	90
1.7.14	消力池右边墙钢筋	t	777
1.7.15	止水及填缝料		
1.7.15.1	BW651 橡胶止水带(或者 PVC 止水)	m	1 531
1.7.15.2	聚乙烯闭孔板(1 cm)	m²	4 726
1.7.15.3	聚硫密封胶	m³	1
1.7.16	无砂混凝土排水柱(DN200,间距 2.5 m)	m³	77
1.7.17	无砂混凝土垫层(厚 0.2 m)	m³	2 131
1.7.18	土工布	m²	14 903
1.8	出口检修闸		
1.8.1	闸底板表层混凝土(class A)	m³	4 361
1.8.2	闸底板底部混凝土(class C)	m³	20 160

续表 6-69

编号	项目名称	单位	工程量
1.8.3	闸底板钢筋	t	461.61
1.8.4	闸墩 1 273 m 以下混凝土(class A-3)	m³	2 014
1.8.5	闸墩 1 273 m 以下混凝土(class B-3)	m³	2 200
1.8.6	闸墩 1 273 m 以下钢筋	t	343
1.8.7	闸墩 1 273 m 以上混凝土(估计值)(class B-3)	m³	678
1.8.8	闸墩 1 273 m 以上钢筋(估计值)	t	61
1.8.9	出口闸左侧墙 1 273 m 以下临水侧混凝土(class A)	m³	393
1.8.10	出口闸左侧墙 1 273 m 以下混凝土(class C)	m³	4 415
1.8.11	出口闸左侧墙 1 273 m 以下钢筋	t	21
1.8.12	出口闸左侧墙 1 273 m 以上混凝土量(估计值)(class A)	m³	58
1.8.13	出口闸左侧墙 1 273 m 以上混凝土量(估计值)(class C)	m³	211
1.8.14	出口闸左侧墙 1 273 m 以上钢筋量(估计值)	t	6
1.8.15	出口闸右侧墙临水侧 1 273 m 以下混凝土(class A)	m³	4 133
1.8.16	出口闸右侧墙 1 273 m 以下混凝土(class B)	m³	6 473
1.8.17	出口闸右侧墙 1 273 m 以下钢筋	t	214
1.8.18	出口闸右侧墙 1 273 m 以下钢板	t	32
1.8.19	出口闸右侧墙 1 273 m 以下 KM2	m³	515
1.8.20	出口闸右侧墙 1 273 m 以下锚筋(28, L=1 500 mm)	根	230
1.8.21	出口闸右侧墙 1 273 m 以上混凝土量(估计值)(class A)	m³	823
1.8.22	出口闸右侧墙 1 273 m 以上钢筋量(估计值)	t	35
1.8.23	垫层混凝土(class D)	m³	1 066
1.8.24	钢筋	t	
1.8.25	止水及填缝料		
1.8.25.1	BW651 橡胶止水带(或者 PVC 止水)	m	913
1.8.25.2	聚乙烯闭孔板(1 cm)	m²	3 253
1.8.25.3	聚硫密封胶	m³	0
1.9	下游海漫		
1.9.1	海漫底板混凝土	m³	34 082
1.9.2	海漫护坡混凝土	m³	2 075
1.9.3	海漫左、右侧扭曲面挡墙混凝土	m³	10 737
1.9.4	垫层混凝土(class D)	m³	6 759

续表 6-69

编号	项目名称	单位	工程量
1.9.5	钢筋	t	1 461
1.9.6	止水及填缝料		
1.9.6.1	BW651 橡胶止水带(或者 PVC 止水)	m	1 831
1.9.6.2	聚乙烯闭孔板(1 cm)	m²	11 104
1.9.6.3	聚硫密封胶	m³	2
1.10	下游抛石槽		
1.10.1	抛石槽左右侧护坡混凝土(class C)	m³	
1.10.2	抛石槽上游侧护坡混凝土(class C)	m³	
1.10.3	钢筋	t	
1.10.4	抛石	m³	96 000
1.10.5	下游干砌石护坡	m³	
1.10.6	碎石垫层	m³	6 875
1.10.7	格宾石笼	m³	8 234
1.11	基础处理		
1.11.1	塑性混凝土防渗墙(墙厚 0.8 m)	m²	7 800
1.11.2	帷幕灌浆(钻孔 30 m 深、钻孔 33 个)	m	990
1.11.3	铜片止水(厚 1 mm)	m	567
1.11.4	聚乙烯闭孔板(厚 5 cm)	m²	130
1.11.5	高发泡聚乙烯闭孔板(厚 15 cm)	m²	265
1.11.6	聚硫密封胶	m³	4
1.11.7	ϕ40 氯丁橡胶棒	m	567
1.11.8	封顶预制混凝土板	m³	37
1.11.9	钢筋	t	4
1.11.10	消力池基础换填开挖量	m³	70 739
1.11.11	消力池基础处理换填量	m³	70 739
1.11.12	碎石桩(单根长 12 m,桩径 1 m)总长度	m	10 812
1.11.13	碎石桩量	m³	8 491
1.11.14	素混凝土桩(D=0.8 m)	m	2 200
1.12	上下游交通桥、工作桥		
1.12.1	上下游交通桥		
1.12.1.1	简支钢-混组合梁结构(宽度 8 m,跨度 21.95 m)	跨	16

续表 6-69

编号	项目名称	单位	工程量
1.12.1.2	简支钢-混组合梁结构(宽度 8 m,跨度 13 m)	跨	2
1.12.1.3	橡胶支座	个	144
1.12.1.4	PVC 泄水管(DN120 mm)	m	42
1.12.1.5	交通桥栏杆	m	544
1.12.2	上下游工作桥		
1.12.2.1	简支钢-混组合梁结构(跨度 21.95 m)	跨	16
1.12.2.2	简支钢-混组合梁结构(跨度 13 m)	跨	2
1.12.2.3	橡胶支座	个	160
1.13	房屋建筑工程		
1.13.1	启闭机房	m^2	3×32
1.13.2	管理房	m^2	200
1.14	其他		
1.14.1	钢爬梯	t	1.5
1.14.2	钢盖板	t	0.30
1.14.3	钢栏杆	m	225
1.14.4	通气钢管(DN300)	m	182

（2）针对坝基覆盖层分布不均匀,且存在粉质黏土和粉土等土层,存在沉降变形问题,根据现场实际情况确定地基处理方案:溢流坝左坝肩采用上部开挖换填+下部振冲碎石桩处理方案;溢流坝下游消力池左挡墙采用了振冲碎石桩处理,消力池底板和出口闸采用了换填处理;冲沙闸采用素混凝土桩复合地基方案。从目前已有监测资料来看,基础沉降值比预期值小,地基处理效果良好。

（3）左岸重力式挡水坝段（最大坝高 39 m）坐落在承载能力较低的深厚覆盖层上,为满足地基承载力要求及坝身稳定要求,将坝体设计成空箱和实体相结合的非常规结构形式,通过减轻坝体自重,加大基础底座,有效地解决地基承载力不足问题,设计方案经济合理。

（4）为有效解决坝基不均匀沉降变形问题,采取在坝段横缝内设置键槽等结构措施,在坝体混凝土冷却到接近稳定温度场后,对横缝进行灌浆,进一步把各坝段连成整体,一方面提高左岸坝体的整体稳定性,减小或避免坝段之间的不均匀沉降;另一方面增强坝体刚度,提高坝体的抗震性能。

6.2.14.2　建议

（1）工程建设后要加强管理,发现问题及时维修解决,以保证工程的安全和完整性。

（2）工程运行期间加强泄洪、排水及引水建筑物内各系统设备的检查和维护,确保闸门、启闭机、拦污栅等升降自如、安全运行。

（3）安全监测的主要任务是及时发现和预报工程在施工期和运行期可能出现的安全隐患，及时采集、整编、分析各建筑物的观测资料。若发现测值异常或突变，应加密观测，查找原因，评估工程的安全情况，及时采取有效的工程处理措施。

6.3 沉沙池设计

6.3.1 工程概况

首部枢纽由面板堆石坝、溢流坝及沉沙池组成，首部枢纽流域内以山地为主，分布着众多火山，终年被冰川和积雪覆盖。流域泥沙以悬移质为主，水库多年平均输沙量1 211.6万 t，悬移质输沙量为932万 t，多年平均悬移质含沙量为 1.01 kg/m³。枢纽处多年平均年径流量291 m³/s，年均淤积量为466万 t，水库淤满年限不足 3 年。首部枢纽最高洪水位 1 288.30 m，最大泄量15 000 m³/s，首部沉沙池设计引水流量222 m³/s（不包括冲沙流量）。

首部枢纽河段水流日均泥沙含量1.62 kg/m³，为了防止泥沙进入电站引水系统，对下游冲击式水轮机产生磨损，在取水口修建沉沙池。根据地形、地质条件，沉沙池选择布置在首部溢流坝和面板堆石坝之间，整个沉沙池系统由取水闸、过渡引渠、沉沙池室、出水闸、静水池及冲沙廊道等六部分组成。沉沙池实景见图 6-300。

图 6-300 沉沙池实景图片

取水闸为17孔带胸墙的闸，其中16孔取水经过渡引渠进入沉沙池室，向下游引水发电，单孔过流尺寸 3.10 m×3.30 m（宽×高）；1孔取水经冲沙廊道向下游河道提供生态流量，同时输送沉沙池冲沙系统泥沙到下游河道，单孔过流尺寸 1.50 m×3.30 m（宽×高）。引水闸与沉沙池室之间布置过渡引渠，同时在引渠布置 3 道整流栅，调整水流平顺进入沉沙池。引渠下部布置冲沙廊道及冲沙系统的输沙管廊道，引渠墩墙布置了冲沙系统控制竖井。

沉沙池室共8条，两池室一联，单池室净宽度 13 m，上部为矩形，深 8.2 m，下部为漏斗状,深3.5 m。漏斗下部设置宽2.0 m、深3.0 m的集沙区。

沉沙池后接出水闸及静水池,水流出沉沙池后经静水池进入无压输水洞向下游引水。出水闸布置检修闸门,当沉沙池池室放空检修时防止水流从静水池进入;静水池左侧布置侧向溢流堰,通过液压翻板闸门下泄多余水量,控制静水池内水位,保证进入输水隧洞的流量不超过设计引水流量。

6.3.2 基本资料

6.3.2.1 设计依据

EM 1110-1-1904 204 CECW-EP Settlement Analysis 沉陷分析

EM 1110-1-1905 Bearing Capacity of Soils 土的承载能力

EM 1110-1-2907 205 CECW-EG Rock Reinforcement 岩石锚杆

EM 1110-1-2907 Rock Reinforcement 基岩加固

EM 1110-1-2908 Rock Foundations 岩基

EM 1110-1-3500 CHEMICAL GROUTING 化学灌浆

EM 1110-2-1603 Hydraulic Design of Spillways 溢洪道水力设计

EM 1110-2-1902 Slope Stability 边坡稳定

EM 1110-2-2005 063 CECW-EG Standard Practice for Shotcrete 喷射混凝土执行标准

EM 1110-2-2100 Stability Analysis of Concrete Structures 混凝土结构稳定分析

EM 1110-2-2102 WATERSTOPS AND OTHER PREFORMED JOINT MATERIALS FOR CIVIL WORKS STRUCTURES 止水分逢

EM 1110-2-2104 075 CECW-ED Strength Design for Reinforced - Concrete Hydraulic Structures 钢筋混凝土结构强度设计

EM 1110-2-2200 30JUN95 Engineering and Design - Gravity Dam Design 重力坝

EM 1110-2-2502 Retaining and Flood Walls 挡墙

EM 1110-2-2906 189 CECW-ED Design of Pile Foundations 柱基础设计

EM 1110-2-3001 Planning and Design of Hydroelectric Power Plant Structures 厂房结构-初版

EM 1110-2-3506 Grouting Technology 灌浆技术

EM_1110-2-2503 Bearing Capacity of Soils

6.3.2.2 水文

1.流域概况

CCS工程位于Coca河流域,属亚马孙河水系,是Napo河的一条分支;发源于安第斯山脉Antisana火山东麓(5 704 m)。首部枢纽以上为Salado河口和Quijos河,流向由西南向东北,两河交汇处以下称Coca河。至Machacuyacu河口以上,Coca河全长约为160 km,流域面积为4 004 km², 流域内天然落差在5 200 m左右。Salado河流域面积923 km², Quijos河流域面积2 677 km²。

本工程坝址以上流域面积3 600 km²,河长约90 km,厂址断面以上流域面积3 960 km²。

流域内地形以山地为主,分布着众多火山,终年被冰川和积雪覆盖。Reventador 火山 (3 562 m),位于流域北部分水岭,紧邻 Coca 河干流,火山口距 Coca 河仅 7 km 左右。

流域内地形西高东低,河谷下切较深,河道蜿蜒曲折,山谷相间,水流湍急。上游的高海拔地区,以稀树草原为主,中游为茂密的原始森林,间杂少量的高覆盖度草地。下游(海拔 1 000 m 以下)基本为浓密的森林。

Coca 河 Machacuyacu 河口以上支流众多,其中左岸较大支流分别有 Papallacta 河 (507 km^2)、Oyacachi 河(702 km^2)、Salado 河(923 km^2)等,右岸较大支流不多,分别有 Cosanga 河(496 km^2)、Borja 河(88 km^2)、Bombon 河(57 km^2)等。

2. 水文气象

1)气候特征

厄瓜多尔为赤道国,位于 1°N ~ 5°S。全境以山地为主。安第斯山脉纵贯国境中部,全国分为西部沿海、中部山地和东部亚马孙地区三个部分。

工程区位于东部亚马孙河流域的 Coca 河。Coca 河流域位于中部高原向西部冲积平原的过渡地带,流域内分布有高山气候、热带草原气候及热带雨林气候,从空间分布上看,降雨量由上游地区 1 331 mm(Papallacta 站),向下游逐渐递增到 4 834 mm(San Rafael 站)、6 122 mm(El Reventador 站)。从时间分布上看,上游地区年内降雨量在 4~9 月较为丰富,随着高程的降低和降雨量的增加,年内各月降雨量分布越均匀,San Rafael 站全年湿热多雨,最大月平均降雨量、最小月平均降雨量比值仅为 1.43。

气温:Coca 河流域位于赤道附近,每月和年平均气温的变化幅度很小,最高气温和最低气温月份之间的差异不超过 3 ℃。但上中游地区日内温差较大,根据 El Chaco 气象站的资料,平均日最高气温 28.9 ℃,平均日最低气温 8.9 ℃。

相对湿度:年平均相对湿度在 85% ~ 95%,各个月份差别不大,最高是在降雨最多的 6 月,而最低是在 12 月至翌年 1 月。

日照:该地区的年平均日照时间为 850~1 050 h。

蒸发量:由于湿度较高,有着较多的降雨天数,且日照时间较短,本地区蒸发能力较低,年蒸发量在 410~614 mm(皮奇蒸发计)。最大月份出现在降雨偏少的 12 月、1 月间,最小月份出现在降雨丰富的 6~7 月。

2)水文

坝址最近且系列较长的水文站是 San Rafael 站,设立于 1972 年 7 月,于 1987 年大地震中损毁,其观测项目包括水位、流量等。支流 Salado 河上有 Salado AJ Coca 站(简称 Salado 站)。

Coca 河流域径流分配较为均匀,但上、中游雨季降雨较为丰富,根据 San Rafael 站实测资料,径流的年内分配呈现单峰型,12 月、1 月来水最小,6 月、7 月水量较大。最大月平均流量与最小月平均流量比例为 2.23(1973~1986 年系列)。首部枢纽处多年平均年径流量 291 m^3/s,多年平均径流总量 91.7 亿 m^3,10 000 年一遇洪水 8 900 m^3/s,灾难洪水 15 000 m^3/s。

3)泥沙

坝址区地质灾害主要有地震、火山、泥石流等。1923~2007 年 6 级以上的大地震共发生了 9 次。喷发的火山灰是泥沙的主要来源。其中,2003 年火山喷发后,火山灰厚达 20 cm。泥石流每年都有发生,堵塞河道,但几场洪水过后,河道会很快恢复。

Coca 河流域泥沙以悬移质为主。坝址多年平均悬移质输沙量为 932 万 t,多年平均含沙量为 1.01 kg/m³;Salado 河多年平均悬移质输沙量为 613 万 t,多年平均含沙量为 2.08 kg/m³;Quijos 河多年平均悬移质输沙量为 319 万 t,多年平均含沙量为 0.51 kg/m³。

首部枢纽 Salado 水库正常蓄水位以下库容淤满年限不足 3 年。总体来说,电站取水首部枢纽 Salado 水库将很快淤满。采用设计水沙系列计算取水口,平均引水含沙量为 0.65 kg/m³。

6.3.2.3 地质

1. 地形地貌

首部枢纽库区由 Quijos 河谷与 Salado 河谷组成,在两河交汇一带以相对宽广的 U 形谷为主。首部枢纽突出的地貌特征是河谷中间凸现一锥形花岗岩侵入岩体(面积约 0.05 km²),形成了主河道处的 V 形峡谷。

2. 地层岩性

首部枢纽分布有侏罗系－白垩系 Misahualli 地层(J–Km)、白垩系下统 Hollin 地层(Kh)、侵入岩(gd)、第四系地层(Q)。

首部枢纽各建筑物处河床覆盖层厚度大,最厚处 209 m 未见基岩,属于深厚河床覆盖层,溢流坝段覆盖层厚度远远大于挡水坝段和沉沙池位置,基岩面存在陡坎。

从河床覆盖层岩组划分结果看,河床覆盖层划分了四大岩组,即第一岩组冲洪积砂卵砾石层,该层在河床表层及深部皆有分布;第二岩组砂层,主要为粉土质砂,与第一岩组以互层出现,其中在主河道处分布最为广泛;第三岩组黏土层,主要分布在面板坝和沉沙池的主河道区域,随河道流向在砂层中呈透镜体分布,溢流坝和消力池也有分布;第四岩组主要是粉土层,分布形态与第三组类似。

3. 主要地质问题

沉沙池的主要工程地质问题为砂土液化和沉降变形。

6.3.2.4 主要设计参数

1. 特征水位及下泄流量

特征水位见表 6-70。

表 6-70 特征水位

水位/m	下泄流量/(m³/s)	备注
1 275.50		正常蓄水位
1 282.25	6 020	消力池设计标准(200 年一遇)
1 284.25	8 900	标准设计洪水(10 000 年一遇)
1 288.30	15 000	灾难洪水

2. 地质物理力学参数

1) 第一岩组(砂卵砾石层)

砂卵砾石多属于中密-密实状态,孔隙比小于 0.50。建议承载力按 350~400 kPa 考虑;变形模量 E_0 按 40~45 MPa 考虑;内摩擦角按 35°考虑;渗透系数 $2×10^{-3}~4×10^{-3}$ cm/s;泊松比按 0.26 考虑。

2) 第二岩组(砂层)

建议 c 值为 0 kPa,内摩擦角建议值 18°~22°;压缩模量 18~22 MPa;砂层渗透系数 $10^{-3}~10^{-4}$ cm/s;泊松比取 0.28。

3) 第三、四岩组(黏土、粉土层)

建议黏土层的抗剪强度指标为 $c=20$ kPa,$\varphi=15°~17°$,粉土层的抗剪强度指标为 $c=7$ kPa,$\varphi=18°~20°$;粉土层压缩模量为 12~14 MPa,黏土层压缩模量为 13~15 MPa;黏土层的渗透系数为 10^{-6} cm/s,粉土层的渗透系数为 $10^{-4}~10^{-5}$ cm/s;黏土层的泊松比取 0.35,粉土层的泊松比取 0.3。

3. 混凝土及钢筋(钢材)

1) 混凝土

按照混凝土的抗压性及混凝土中骨料的最大体积分类如表 6-71 所示。

表 6-71 混凝土分类和技术要求

分类		28 d 后的抗压强度/(N/mm^2)	骨料的最大尺寸	
等级	子类		mm	in
A	1	32	19	3/4
	2	32	38	1~1/2
B	1	28	19	3/4
	2	28	38	1~1/2
	3	28	76	3
C	1	21	19	3/4
	2	21	38	1~1/2
	3	21	76	3
D	1	16	19	3/4
	2	16	38	1~1/2
	3	16	76	3

2) 钢筋

钢筋必须是螺纹钢筋,要达到"60 级 ASTM-A 615 标准""变形钢筋混凝土钢筋"规定。电焊焊接金属网要达到"ASTM－A 185 标准""混凝土用焊接光面钢丝加筋标准规范"的规定。

6.3.3　首部枢纽沉沙池布置

6.3.3.1　引水闸布置

引水闸布置在溢流坝冲沙闸右侧,与溢流坝轴线呈 70°交角,由发电取水闸和生态取水闸两部分组成。取水闸为带胸墙的平板闸,顺水流向(沿轴线)长 27.0 m,垂直水流向前缘直线段加弧线段总长 132.89 m,闸底板高程 1 270.00 m,比冲沙闸进口引渠底板高 10 m,闸顶高程同溢流坝坝顶高程,为 1 289.50 m。其中,引水闸总宽度 84.80 m,共 16 孔,四孔一联,共四联,两闸孔对应下游一条沉沙池池槽。

引水闸单闸孔过流尺寸 3.10 m×3.30 m(宽×高),顺水流向每孔设一道拦污栅、一道检修门及一道工作门。生态取水闸宽 11.15 m,仅 1 孔,闸孔孔口尺寸 1.5 m×2.0 m(宽×高),顺水流向设一道检修门及一道工作门。

闸顶上游布置移动门机及固定液压启闭机,闸顶下游布置交通桥,交通桥总宽 7.85 m。取水闸工作门均由液压启闭机启闭,检修门及拦污栅通过闸顶布置的移动门机进行启闭。闸顶左右两侧各布置一座液压泵房,左侧泵房与溢流坝冲沙闸共用,控制第 1~8 孔闸孔启闭,右侧泵房控制第 9~16 孔闸孔启闭。

6.3.3.2　轴线选择

引水闸位置的选择是综合溢流坝布置、沉沙池长度和引水闸地质条件等因素确定的。在与溢流坝轴线选择协调原则基础上(见 4.2),取水口位置的选择取决于沉沙池的长度和中部岩体的地形地质条件。

中部山体的特殊地形条件是首部枢纽总布置方案选择的主导因素,首部枢纽总布置方案确定了沉沙池在中部山体下游侧布置的总体原则,沉沙池的长度、输水隧洞进口位置的选择、与溢流坝的协调布置是取水口位置选定的三个主要约束条件。

取水口顺水流向轴线方向的选择取决于引水方向与溢流坝顺水流方向的夹角,这一夹角根据工程经验和水工模型试验验证确定为 70°。根据确定的沉沙池长度,取水口的位置选择应首先满足沉沙池及其上下游连接段的布置,在取水口顺水流向轴线方向选定条件下,取水口越靠近引水方向上游,可供沉沙池布置的长度越大,反之越小。

在满足沉沙池布置条件选择取水口位置条件下,从地质条件分析,根据钻孔 SC107、SC108、SC109 和 SC110 揭露地层情况,取水口基础右侧 2 联坐落在岩基上,左侧 1 联 4 孔坐落在浅覆盖层上,若将全部基础布置在岩基上,需将进水口向下游偏向中部山体侧布置,这将导致沉沙池尾部静水池和输水隧洞进口位置的大开挖和高边坡问题。因此,综合比较确定,取水口位置选择优先考虑与溢流坝和沉沙池的协调布置,综合考虑基础地质问题(结合地基处理,见 5.2),根据以上因素,选定的取水口布置如下:

取水口紧邻冲沙闸布置在溢流坝右岸,取水口前沿置于冲沙闸前的冲沙槽内,与溢流坝顺水流方向成 70°交角布置,形成正向冲沙、泄洪,侧向取水的引水防沙、泄洪体系,且取水口闸底板高程高于冲沙闸底板高程10 m左右,有效地阻止推移质进入沉沙池内,且能保证门前清,减少引水悬移质含沙量。沉沙池轴线与取水口轴线呈一直线布置,采用正向进水,形成较好的水流流态,使水流能均匀扩散,平稳地进入沉沙池,提高沉沙池的沉降效果。

6.3.3.3 沉沙池布置

沉沙池紧接引水闸布置,共布置8条池室,总长260.7 m,主要包括上游过渡段、工作段、下游出口闸、静水池、侧向溢流堰及排沙廊道系统。上游过渡段连接取水口和沉沙池工作段,长度45 m;工作段长度153 m,单池过流断面净宽度13 m,其中上部竖直部分深8.63 m,下部梯形部分深3.67 m,沉沙池底部排沙采用SEDICON排沙系统,泥沙通过下部排沙系统管道汇集到排沙廊道,经排沙廊道排沙至下游海漫;下游出口闸总长23.2 m,闸孔尺寸8.0 m×3.6 m(宽×高),出口闸后连接静水池,静水池总长39.5 m,静水池后连接输水隧洞,静水池左侧设置侧向溢流堰弃水入下游河道。

6.3.4 引水闸设计

6.3.4.1 结构布置

首部沉沙池引水闸包括发电引水闸和生态引水闸两部分,发电引水闸引水经沉沙池、输水隧洞等向下游发电站提供发电用水,生态引水闸向下游河道提供生态水流。

引水闸单闸孔过流尺寸3.10 m×3.30 m(宽×高),顺水流向每孔设一道拦污栅、一道检修门及一道工作门。生态取水闸宽11.15 m,仅1孔,闸孔孔口尺寸1.5 m×2.0 m(宽×高),顺水流向设一道检修门及一道工作门。

闸顶上游布置移动门机及固定液压启闭机,闸顶下游布置交通桥,交通桥总宽7.85 m。取水闸工作门均由液压启闭机启闭,检修门及拦污栅通过闸顶布置的移动门机进行启闭。闸顶左右两侧各布置一座液压泵房,左侧泵房与溢流坝冲沙闸共用,控制第1~8孔闸孔启闭,右侧泵房控制第9~16孔闸孔启闭。

取水口布置在冲沙闸右侧,共设16个进水孔,底坎高程1 270 m,顺水流向每孔设一道拦污栅、一道检修门和一道工作门。

拦污栅采用滑动直栅,孔口尺寸3.1 m×6 m,设计水头3 m,采用清污门机清污。检修门为平面滑动闸门,16孔共设4扇,孔口尺寸3.1 m×3.3 m,设计水头14.25 m,操作水头5.5 m,运用方式为静水启闭,小开度提门充水,采用门机操作,启闭容量为250 kN,扬程24 m。工作门为平面定轮闸门,孔口尺寸3.1 m×3.3 m,设计水头18.3 m,运用方式为动水启闭,采用液压启闭机操作,启闭容量为400 kN,扬程4.8 m。

取水口右侧设置有1孔生态闸,顺水流向设1扇检修门和1扇工作门。

检修门为平面滑动闸门,孔口尺寸1.5 m×2.94 m,设计水头14.25 m,操作水头5.5 m,运用方式为静水启闭,小开度提门充水,共用取水口门机操作。工作门为平面滑动闸门,孔口尺寸1.5 m×2.0 m,设计水头18.3 m,运用方式为动水启闭,采用液压启闭机操作,启闭容量为 300 kN(拉)/200 kN(压),扬程 2.5 m。

6.3.4.2　基础处理设计

1. 基础防渗

引水闸基础为岩石,为了保证基础的完整性,对建基面采取固结灌浆处理,灌浆孔按照梅花形布置,间排距均为 3 m,孔深 5 m;为了降低闸底板渗透水压力,减少闸基渗漏量,在引水闸底板上游边界下游 3 m 处布置单排防渗帷幕,防渗帷幕采用 GIN 法进行水泥灌浆,防渗帷幕深入 5 Lu 岩石透水率线以下一定范围,平均孔深约为 16 m,孔距 2.0 m,防渗帷幕上游往 1 289.50 m 平台延伸 24 m,下游与溢流坝的帷幕搭接。

2. 地基处理

取水口闸基础底面高程 1 259.0 m,右侧基础基岩面高程 1 255.0 m,基础开挖至基岩后进行固结灌浆处理,固结灌浆间排距 2 m,深度为 6 m。左侧基础基岩面高程最低处约为 1 252.00 m(根据钻孔 SC108、SC110),需开挖至弱风化基岩,固结灌浆后局部浇筑埋石素混凝土至基础底面高程。

6.3.4.3　水力学计算

1. 发电引水闸水力学设计

发电引水闸水力学计算包括过流能力计算和最小淹没深度计算。

1)过流能力计算

引水闸过流能力按深孔水闸计算。

(1)水头损失。包括进口段、拦污栅段、闸门段的局部水头损失和沿程水头损失,经计算,在正常蓄水位 1 275.50 m 时,取水口单孔水头损失值为 0.10 m。

(2)过流能力。按闸孔出流计算,计算公式如下:

$$Q = \sigma' \mu h_e B_0 \sqrt{2gH_0}$$

$$\mu = \varphi \varepsilon' \sqrt{1 - \frac{\varepsilon' h_e}{H}}$$

$$\varepsilon' = \frac{1}{1 + \sqrt{\lambda \left[1 - \left(\frac{h_e}{H} \right)^2 \right]}}, \quad \lambda = \frac{0.4}{2.718^{16\frac{r}{h_e}}}$$

式中　B_0——闸孔总净宽,m;

　　　Q——过闸流量,m³/s;

　　　h_e——孔口高度,m;

　　　μ——孔流流量系数;

　　　r——胸墙底圆弧半径,m;

　　　σ'——孔流淹没系数。

不同水位下闸门全开的过流能力见表 6-72。

表 6-72　不同水位下闸门全开的过流能力

水库水位/m		1 275. 50	1 275. 70	1 275. 90	1 276. 10	1 276. 30	1 276. 50
过流能力/	单孔	20. 76	29. 35	36. 28	43. 41	50. 09	56. 68
（m³/s）	12 孔	249. 08	352. 24	435. 30	520. 91	601. 13	680. 14

计算结果表明，在水位为 1 275. 50 m 时，取水口 12 孔闸门全开时过流能力为 249. 08 m³/s，满足沉沙池工作流量为 222 m³/s 的要求。

2）最小淹没深度计算

最小淹没深度按下式计算：

$$S = CVd^{1/2}$$

式中　S——最小淹没深度，m；

　　　d——闸孔高度，m；

　　　V——闸孔断面平均流速，m/s；

　　　C——系数，对称水流取 0. 55，边界复杂和侧向水流取 0. 73。

首部枢纽正常蓄水位 1 275. 50 m，从防止产生贯通式漏斗漩涡考虑，计算最小淹没深度为 2. 17 m。取水口进口底板高程为 1 270. 00 m，满足有压式进水口的要求。

（1）生态闸和冲沙廊道水力学计算工况。

①上游水位 1 275. 50m，生态闸过流能力计算。

②生态流量 20 m³/s 时，上游水位 1 275. 50～1 279. 69 m 对应闸孔开度。

③下游水位 1 261. 0 m，生态流量 20 m³/s，不冲沙，水力学计算。

④下游水位 1 261. 0 m，生态流量 20 m³/s，冲沙流量 2. 3 m³/s×8，水力学计算。

⑤下游水位 1 266. 33 m，生态流量 20 m³/s，不冲沙，水力学计算。

⑥下游水位 1 266. 33 m，生态流量 20 m³/s，冲沙流量 2. 3 m³/s×8，水力学计算。

（2）水力学计算方法。

①冲沙廊道水面线计算方法同沉沙池水面线计算方法。

②消力池计算方法同侧堰消力池计算方法。

（3）上游水位 1 275. 50 m，生态闸过流能力计算，计算结果见表 6-73。

（4）生态流量 20 m³/s 时，上游水位 1 275. 50～1 279. 69 m 对应闸孔开度，上游水位—闸孔开度关系见表 6-74。

（5）下游水位 1 261. 0 m，生态流量 20 m³/s，不冲沙，水力学计算。

生态流量 20 m³/s 时，上游水位 1 275. 50 m，闸门开度为 1. 701 m。

廊道末端水位 1 265. 122 m，跃后水深 3. 649 m，收缩断面流速 11. 34 m/s。冲沙廊道出口为溢洪道下游护坦，廊道出口无须设置消力池。

（6）下游水位 1 261. 0 m，生态流量 20 m³/s，冲沙流量 2. 3 m³/s×8，水力学计算。

廊道末端水位 1 265. 828 m，跃后水深 5. 09 m，收缩断面流速 11. 975 m/s。冲沙廊道出口为溢洪道下游护坦,廊道出口无须设置消力池。

表 6-73　上游水位 1 275.50 m,生态闸过流能力计算结果

上游水位/ m	底板高程/ m	孔口宽度/ m	孔口高度/ m	堰上水头/ m	淹没系数 σ'	胸墙底圆弧 半径 r/m
1 275.50	1 270.00	1.50	2.000	5.50	1.00	0.50
计算系数 λ	孔流垂直 收缩系数 ε'	孔流流速 系数 φ	孔流流量 系数 μ	流量 Q/ (m^3/s)	闸后收缩水深 h_c/m	
0.007 3	0.926	0.95	0.717	22.30	1.852	

表 6-74　生态流量 20 m^3/s 时,上游水位—闸孔开度关系

上游水位/m	1 275.500	1 276.000	1 276.500	1 277.000	1 277.500
开度/m	1.701	1.566	1.462	1.379	1.309
上游水位/m	1 278.000	1 278.500	1 279.000	1 279.500	1 279.690
开度/m	1.250	1.198	1.153	1.114	1.099

(7)下游水位 1 266.33 m,生态流量 20 m^3/s,不冲沙,水力学计算。

廊道末端水位 1 265.734 m,跃后水深 5.142 m,收缩断面流速 12.168 m/s。冲沙廊道出口为溢洪道下游护坦,廊道出口无须设置消力池。

(8)下游水位 1 266.33 m,生态流量 20 m^3/s,冲沙流量 2.3 m^3/s×8,水力学计算。

廊道末端水位 1 266.06 m,跃后水深 6.01 m,收缩断面流速 12.7 m/s。冲沙廊道出口为溢洪道下游护坦,廊道出口无须设置消力池。

2. 生态引水闸水力学设计

排沙管泄流能力按下式计算:

$$Q = \mu \omega \sqrt{2g(T_0 - h_p)}$$

$$\mu = \frac{1}{\sqrt{1 + \sum \zeta_i \left(\frac{\omega}{\omega_i}\right)^2 + \sum \frac{2gl_i}{C_i^2 R_i}\left(\frac{\omega}{\omega_i}\right)^2}}$$

式中　μ——流量系数;

　　　ω——隧洞出口断面面积;

　　　T_0——上游水面与隧洞出口底板高程差 T 及上游行近流速水头之和,一般可认为
　　　　　　 $T_0 \approx T$;

　　　h_p——隧洞出口断面流速的平均单位势能;

　　　ζ_i——某一局部能量损失系数,与之相应的流速所在的断面为 ω_i;

　　　l_i——隧洞某一段的长度,与之相应的断面面积、水力半径和谢才系数分别是

ω_i、R_i、C_i。

在水位为 1 275.50 m 时,排沙管过流能力见表 6-75。

表 6-75 排沙管过流能力

上游水位/m	1 275.50	1 275.50	1 275.50	1 275.50	1 275.50
下游水位/m	1 264.38	1 264.00	1 263.50	1 263.00	1 262.58
流量 $Q/(\mathrm{m^3/s})$	64.94	66.04	67.46	68.85	70.00

孔流计算公式如下:

$$Q = B_0 \sigma' \mu h_e \sqrt{2gH_0}$$

$$\mu = \varphi \varepsilon' \sqrt{1 - \frac{\varepsilon' h_e}{H}}$$

$$\varepsilon' = \frac{1}{1 + \sqrt{\lambda\left[1 - \left(\frac{h_e}{H}\right)^2\right]}}$$

$$\lambda = \frac{0.4}{2.718^{16\frac{r}{h_e}}}$$

式中　h_e——孔口高度,m;

μ——孔流流量系数;

φ——孔流流速系数,取 0.95;

ε'——孔流垂直收缩系数;

λ——计算系数;

r——胸墙底圆弧半径,m;

σ'——孔流淹没系数。

6.3.4.4　最小淹没深度计算

进水口最小淹没深度按照下式计算:

$$S = kVD^{1/2}$$

式中　S——最小淹没深度,m;

D——闸孔高度,m;

V——闸孔断面平均流速,m/s;

k——对称水流取 0.3,不对称水流取 0.4。

引水闸单孔平均流量 27.75 m³/s,对应平均流速 1.88 m/s。k 取 0.4,最小淹没深度为 1.37 m,最小淹没水位为 1 270 + 3.3 + 1.37 = 1 274.67(m)。引水闸正常运行水位 1 275.50 m,满足最小淹没深度要求。

6.3.4.5　稳定应力分析

1. 计算方法

引水闸稳定安全系数及基底应力按以下公式计算:

（1）稳定计算公式为

$$K_c = \frac{f' \sum G + C'A}{\sum H}$$

式中　K_c——沿闸室基底面的抗滑稳定安全系数；

$\sum G$——作用在闸室上全部竖向荷载（包括扬压力），kN；

$\sum H$——作用在闸室上全部水平向荷载，kN；

f'——闸室基底面与岩石地基之间的抗剪断摩擦系数；

C'——闸室基底面与岩石地基之间的抗剪断黏结力，kPa；

A——闸室基底面的面积，m^2。

（2）闸室基底应力计算公式为

$$P_{max/min} = \frac{\sum G}{A} \pm \frac{\sum M}{W}$$

式中　$P_{max/min}$——闸室基底应力的最大值或最小值，kPa；

$\sum M$——作用在闸室上全部竖向和水平向荷载对于基础底面垂直于水流方向的形心轴的力矩，kN·m；

W——闸室基底面对于该底面垂直于水流方向的形心轴的截面矩，m^3。

2. 计算工况及荷载组合

引水闸抗滑稳定、基底应力计算工况及荷载组合见表 6-76。

表 6-76　计算工况及荷载组合表

荷载组合		上游水位/m	下游水位/m	荷载						
				自重	水重	水压力	扬压力	土压力	淤沙压力	地震荷载
基本组合	完建情况			√				√		
	正常蓄水位情况	1 275.50	1 275.20	√	√	√	√	√	√	
	下泄 8 900 m^3/s 情况	1 284.25	1 275.20	√	√	√	√	√	√	
特殊组合	下泄 15 000 m^3/s 情况	1 288.30	1 275.20	√	√	√	√	√	√	
	检修情况	1 275.50	无水	√	√	√	√	√	√	
	地震情况	1 275.50	1 275.20	√	√	√	√	√	√	√

3. 抗滑稳定及基底应力计算

取水口基础坐落在岩基上，建基面高程 1 259.00 m。取单个闸段（包含 4 孔闸）进行基础面的抗滑稳定及应力、抗倾覆稳定、抗浮稳定复核。地震工况采用的动峰值加速度 $0.4g$。计算成果见表 6-77、表 6-78。

表 6-77　稳定计算成果

荷载组合		抗滑稳定安全系数	抗倾覆稳定安全系数	抗浮稳定安全系数
基本组合	完建情况	—	4.65	—
	正常蓄水位情况	579.82	1.85	2.57
	下泄 8 900 m³/s 情况	15.24	2.24	2.50
特殊组合	下泄 15 000 m³/s 情况	9.91	2.52	2.92
	检修情况	22.25	3.54	4.06
	地震情况	16.36	2.09	2.68

表 6-78　基底应力计算成果

荷载组合		基底应力/kPa		地基允许承载力/MPa
		最大值	最小值	
基本组合	完建情况	675.99	339.96	6~8
	正常蓄水位情况	546.20	182.88	
	下泄 8 900 m³/s 情况	471.98	270.77	
特殊组合	下泄 15 000 m³/s 情况	598.36	229.24	
	检修情况	456.13	437.00	
	地震情况	524.56	253.76	

计算结果表明,各工况基底应力均小于地基允许承载力。

6.3.4.6　结构计算分析

根据国外项目设计流程,沉沙池区域的建筑物基本都为三维受力状态,因此在结构设计中都建立了三维数值模型,并采用了有限元方法进行了计算;在具体细节上,引水闸和过渡段基础较为均一,简化成壳单元和弹性地基的形式进行了分析,其他部位,考虑地基的不均匀性和复杂性,均按照实体单元进行模拟。在有限元基础上,壳单元可以直接获取内力值,实体单元需要将得到的应力成果转化为内力,根据内力结合美国规范进行结构设计。

1. 计算模型

沉沙池取水口引水闸共四联,每联 4 孔,各联的运行条件相同。闸底板顶高程 1 270 m,底板以上结构体型及尺寸相同,受力条件相同。因此,取中联进行计算分析。边墩和缝墩宽度为 2 m,中墩宽度 1.6 m,底板厚度为 6.5 m,将计算模型简化为固结于底板的板壳结构。计算分析软件选用 SAP2000,水平构件用 F 表示,竖向构件用 W 表示。计算模型分解图见图 6-301、图 6-302,构件截面尺寸汇总见表 6-79。

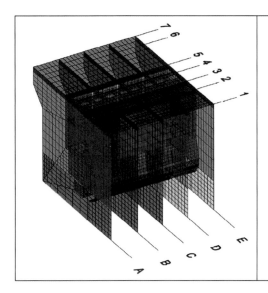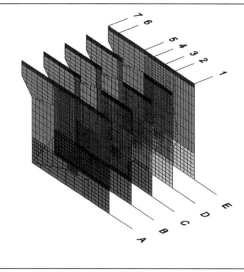

图 6-301　计算模型分解图(一)

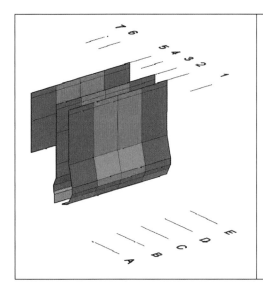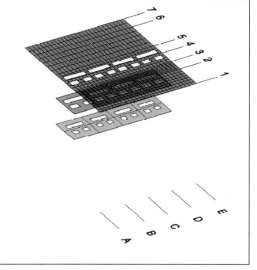

图 6-302　计算模型分解图(二)

表 6-79　构件截面尺寸汇总

序号	构件编号	截面类型	截面厚度/m
1	W-A	1, 2	2.0, 1.0
2	W-B	3	1.6
3	W-C	3	1.6
4	W-D	3	1.6
5	W-E	1, 2	2.0, 1.0

续表 6-79

序号	构件编号	截面类型	截面厚度/m
6	W-2	4, 12, 13, 14, 15	0.8, 1.65, 2.5, 1.62, 0.91
7	W-3	4, 5, 6, 7, 8	0.8, 1.54, 2.07, 2.14, 2.29
8	W-5	4	0.8
9	F-L	4	0.8
10	F-U	4	0.8
11	TOP	4	0.8

2. 基本参数

引水闸混凝土强度等级见表 6-80,钢筋采用 G60,$f_y = 420$ MPa。

表 6-80　引水闸混凝土设计指标

部位	强度等级	抗压强度 f'_c/MPa	弹性模量 E_c/kPa
底板临水部位	B	28	24 870 062
闸墩高程 1 280 m 以上及闸顶	C	21	21 538 106
闸墩高程 1 280 m 以下、胸墙	C′	25	23 500 000
底板内部	D	16	18 800 000

3. 计算工况

引水闸选取四种工况进行结构计算,如表 6-81 所示。

表 6-81　引水闸计算工况

组合	工况	上游水位/m	下游水位/m
U1	正常引水	1 275.5	1 275.1
U2	沉沙池检修	1 275.5	1 275.1（1 270.0）
E1	正常引水遭遇 MDE 地震	1 275.5	1 275.1
E2	溢流坝下泄 15 000 m³/s,取水口闸门全关	1 288.3	1 270.0

4. 计算结果

对 SAP2000 的计算结果,采用《水工钢筋混凝土结构强度设计》EM1110-2-2104 标准中的要求对各构件进行结构强度设计,最终选用的配筋见表 6-82。

6.3.5　过渡引渠设计

6.3.5.1　过渡引渠布置

1. 过渡引渠

过渡引渠位于引水闸与沉沙池工作段之间,每条引渠对应 2 孔发电引水闸及 1 条沉沙池槽,共8条,顺水流方向总长度为45.00 m。引渠断面为矩形,为保证入池水流平顺,桩号 DES 0+022.00～DES 0+053.27 段布置为 S 形,单条引渠宽7.80 m;桩号 DES 0+053.27～DES 0+067.00 段为扩散段,渠宽由7.80 m 扩散至13.00 m,与沉沙池工作段池槽连接。过渡引渠进口底高程1 270.00 m,出口底高程1 264.70 m,其中桩号 DES 0+022.00～DES 0+032.00 段,渠底底坡为1:4,引渠底高程由1 270.00 m 增至1 272.50 m;桩号 DES 0+032.00～DES 0+053.74 段,为平坡,渠底高程1 272.50 m;桩号 DES 0+053.74～DES 0+067.00 段,渠底底坡为1:1.25,引渠底高程由1 272.50 m 减至1 264.70 m,与沉沙池工作段池槽相衔接。

表6-82 引水闸各构件配筋结果

项目		W-A、W-E	W-B、W-C、W-D	W-2、W-3	TOP、W-5
计算配筋面积 (动力分析)/mm²	Ast1	2 800	2 240	1 120	1 120
	Ast2	2 032	2 032	1 120	1 120
计算配筋面积 (静力分析)/mm²	Ast1	2 904	2 225	2 797	1 398
	Ast2	2 570	1 164	567	1 661
设计选用配筋	Ast1	Φ 28@200	Φ 25@200	Φ 28@200	Φ 25@200
	Ast2	Φ 28@200	Φ 25@200	Φ 20@200	Φ 25@200
实际配筋面积/mm²	Ast1	3 079	2 454	3 079	2 454
	Ast2	3 079	2 454	1 570	2 454
配筋率,$\rho=A_s/bd$		0.001 6	0.001 7	0.002 3	0.002 2

引渠扩散段布置3道整流栅,调整水流均匀进入沉沙池槽。三道栅间距3.00 m,其中:上栅(DES 0+058.50)栅条净间距120 mm,栅条采用角钢∟60 mm×60 mm×6 mm,高3 960 mm,分为两节;中栅(DES 0+061.50)栅条净间距70 mm,栅条采用角钢∟60 mm×60 mm×6 mm,高5 790 mm,分为三节;下栅(DES 0+064.50)栅条净间距40 mm,栅条采用角钢∟60 mm×60 mm×6 mm,高7 440 mm,分为四节,详见图6-303、图6-304。

2. 排沙廊道

冲排沙系统布置在过渡引渠底板下部,由无压冲沙廊道、冲沙廊道出口挡墙、输沙管廊和操作竖井下的控制闸阀四部分组成,主要作用是将沉沙池池槽下部左侧廊道中的沉沙通过过渡引渠操作竖井下的控制闸阀以有压的方式排至无压冲沙廊道中,利用生态引水闸的生态流量将沙子输向下游河道,并在廊道过流面设计抗冲磨混凝土,厚0.50 m。具体布置见图6-305、图6-306。

无压冲沙廊道上游紧接生态引水闸布置,下游出口挡墙接溢流坝海漫段,其中排沙廊道段长度共计226.08 m,过流断面由渐变的矩形断面过渡至标准断面,标准断面尺寸3.00 m×3.00 m(宽×高),廊道出口为一重力式挡土墙结构,断面尺寸为20.00 m×18.52 m(长×宽),墙高由上游端的19.50 m 渐变至15.00 m。

无压冲沙廊道上半部分位于过渡引渠底板下部,与过渡引渠组为一体,其中心轴线桩

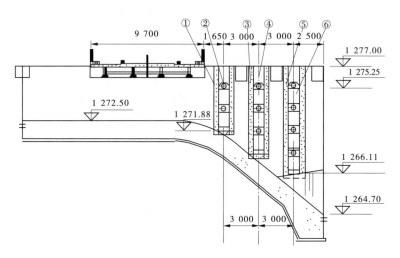

图 6-303　三道 V 形栅条整流栅布置纵断面图　（单位:mm）

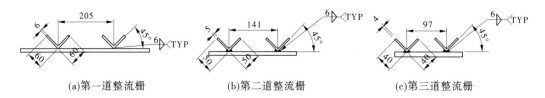

(a)第一道整流栅　　　(b)第二道整流栅　　　(c)第三道整流栅

图 6-304　三道整流栅栅条形状图　（单位:mm）

号为 DES 0+048.75,上游端轴线与生态引水闸以圆弧相连接,圆弧半径 15.00 m,中心角为 90.00°。廊道过流断面为矩形断面,其中桩号 FG 0+000.00~FG 0+010.00 段为廊道进口渐变段,过流断面尺寸由 3.00 m×6.00 m(宽×高)渐变至 3.00 m×3.65 m(宽×高),廊道顶高程由 1 273.50 m 降至 1 271.00 m,纵向坡比 1:4,底高程由 1 267.50 m 降至 1 267.35 m,纵向坡 0.015;桩号 FG 0+010.00~FG 0+130.99 段,过流断面尺寸由 3.00 m×3.65 m(宽×高)渐变至 3.00 m×5.46 m(宽×高),廊道顶高程 1 271.00 m,底高程由 1 267.35 m 下降至 1 265.54 m,纵向坡 0.015。

无压冲沙廊道下半部分为过渡引渠至出口挡墙段,廊道长度共计 95.09 m,其中桩号 FG 0+130.99~FG 0+144.51 段为廊道出口渐变段,廊道长共计 13.52 m,过流断面尺寸由 3.00 m×5.46 m(宽×高)渐变至 3.00 m×3.00 m(宽×高)的标准断面,廊道顶高程由 1 271.00 m 降至 1 268.33 m,纵向坡比 1:5.07,底高程由 1 265.54 m 降至 1 265.33 m,纵向坡 0.015;桩号 FG 0+144.51~FG 0+226.08 段,过流断面尺寸为 3.00 m×3.00 m(宽×高)的标准断面,廊道顶板和底板的纵向坡都为 0.015。

过渡引渠桩号 DES 0+055.75~DES 0+067.00 底板以下布置 8 条输沙廊道,廊道内布置 SEDICON 的输沙管,廊道上游端接墩墙布置的 8 个操作竖井的控制闸阀,下游与沉沙池池槽下部 8 个左侧廊道相接。输沙廊道与无压排沙廊道的中心轴线在平面上成 79.28°夹角,廊道净宽度为 3.50 m,其中左侧 2.00 m 宽可作为检修通行空间。廊道纵向坡比为 1:1.25,出口顶板高程为 1 264.00 m,具体布置详见图 6-307。

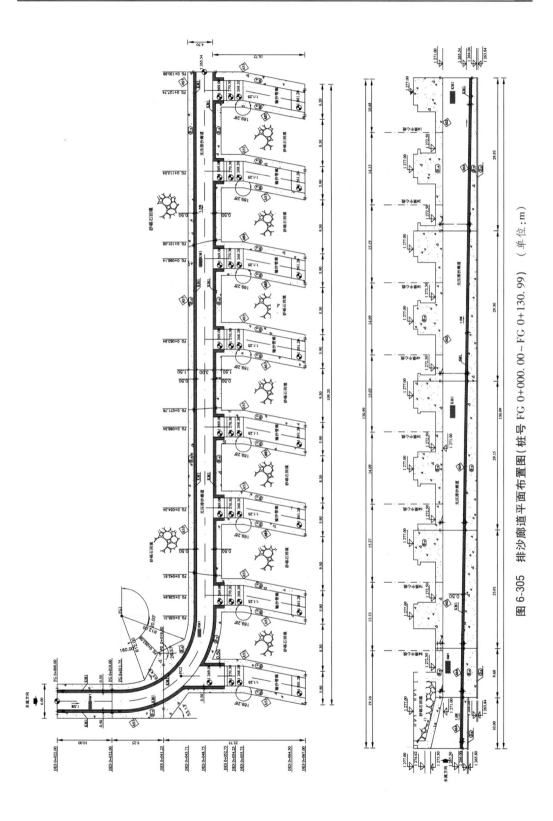

图 6-305　排沙廊道平面布置图(桩号 FG 0+000.00~FG 0+130.99)　(单位:m)

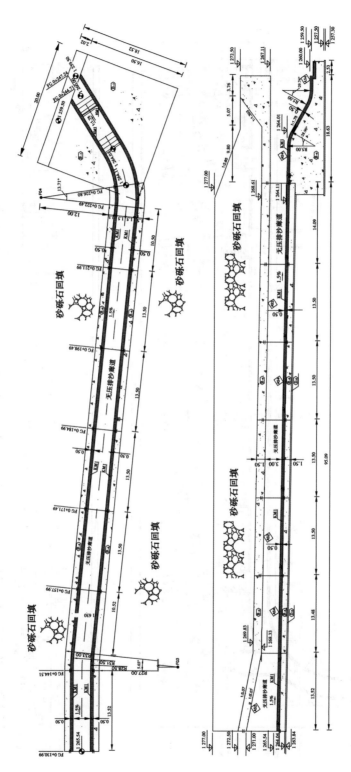

图 6-306　排沙廊道平面布置图(桩号 FG 0+130.99~FG 0+226.08)　(单位:mm)

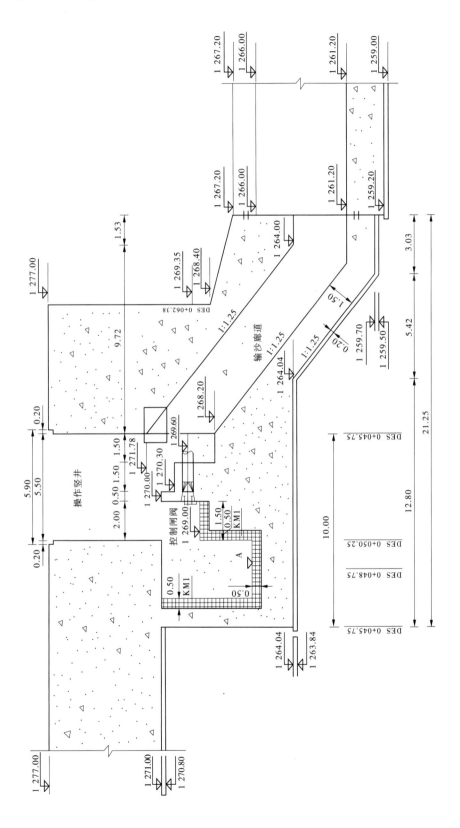

图 6-307 输沙廊道纵剖面图 （单位：m）

操作竖井布置在过渡引渠的 8 个墩墙内,主要作用是在竖井下部 1 269.00 m 平台布置 8 个控制闸室,以有压的方式将下游 SEDICON 的输沙管泥沙排入无压排沙廊道。操作竖井 1 272.50 m 平台以上,平面尺寸为 3.00 m×5.50 m(宽度×长度)。

6.3.5.2 基础处理

过渡引渠下部局部布置有冲沙廊道,基础面高低起伏较为复杂,基面高程为 1 271.00~1 259.70 m。渠基大部分坐落于开挖的花岗岩上,局部位于砂卵石层上,地基软硬不均,为避免产生不均匀沉降,同时兼顾前部引水闸和后部沉沙池地基开挖衔接,地基开挖至 1 258~1 254 m 高程,采用砾石进行换填处理,填料干容重不小于 21 kN/m³。

6.3.5.3 稳定应力分析

1. 计算单元划分

过渡引渠由于基底面形状不规则,分别考虑单独单元进行荷载计算和稳定性分析。过渡引渠共 8 条,两条渠为 1 个整体,可作为 1 个计算单元,共划分 4 个计算单元。

2. 计算方法

过渡引渠段稳定计算内容包括抗滑稳定和抗浮稳定计算,计算方法同溢流坝。过渡引渠段基底平面形状不规则,基底应力平面考虑两个方向,按下式计算:

$$\sigma_{\substack{max \\ min}} = \frac{\sum V}{A} \pm \frac{\sum M_x y}{J_x} \pm \frac{\sum M_y x}{J_y}$$

式中　σ——计算点在基础平面上的垂直应力,kPa;

$\sum V$——地基平面上垂直力的总和,kN;

$\sum M_x$、$\sum M_y$——相对于 X 和 Y 中心轴的基础平面上的垂直力矩的总和,kN·m;

x、y——从基础平面上的计算点到 X 和 Y 的中心轴的距离,m;

J_x、J_y——基础平面相对于 X、Y 形心轴的转动惯量,m⁴;

A——基础平面面积,m²。

3. 计算工况及荷载组合

过渡引渠计算工况及荷载组合见表 6-83、表 6-84。

表 6-83　过渡引渠计算工况荷载条件分类

序号	工况说明	工况分类
Ⅰ	施工完建	IN
Ⅱ	沉沙池正常运行	U
Ⅲ-1	左池检修,右池正常运行	IN
Ⅲ-2	右池检修,左池正常运行	IN
Ⅳ	正常运行+最大设计地震(MDE)	E

表 6-84 过渡引渠稳定分析荷载组合

工况		荷载组合				
		恒载	静水压力	扬压力	土压力	地震荷载
I	IN	√				
II	U	√	√	√	√	
III-1	IN	√	√	√	√	
III-2	IN	√	√	√	√	
IV	E	√	√	√	√	√

4. 抗滑稳定及基底应力计算成果

各计算单元计算成果见表 6-85~表 6-88。

表 6-85 计算单元 1 稳定应力分析成果

工况		FS_s	$[FS_s]$	FS_f	$[FS_f]$	q_{max}/kPa	q_{min}/kPa	$[q]$/kPa
I	IN	2.26	1.3	160.60	1.2	209.82	126.25	9 284.35
II	U	3.27	1.5	157.92	1.3	205.95	197.41	8 073.35
III-1	IN	2.72	1.3	162.28	1.2	199.69	172.61	9 284.35
III-2	IN	2.72	1.3	160.32	1.2	251.02	126.35	9 284.35
IV	E	1.25	1.1	4.82	1.1	202.83	119.73	12 110.03

表 6-86 计算单元 2 稳定应力分析成果

工况		FS_s	$[FS_s]$	FS_f	$[FS_f]$	q_{max}/kPa	q_{min}/kPa	$[q]$/kPa
I	IN	2.56	1.3	+∞	1.2	229.33	105.07	10 268.34
II	U	3.89	1.5	996.78	1.3	220.91	182.27	8 928.99
III-1	IN	3.14	1.3	1 890.36	1.2	193.22	179.45	10 268.34
III-2	IN	3.14	1.3	1 801.07	1.2	267.30	107.82	10 268.34
IV	E	1.45	1.1	5.07	1.1	236.68	91.98	13 393.49

表 6-87 计算单元 3 稳定应力分析成果

工况		FS_s	$[FS_s]$	FS_f	$[FS_f]$	q_{max}/kPa	q_{min}/kPa	$[q]$/kPa
I	IN	2.56	1.3	+∞	1.2	226.92	109.01	10 250.23
II	U	3.89	1.5	997.11	1.3	216.20	187.44	8 913.24
III-1	IN	3.14	1.3	1 801.75	1.2	184.51	187.32	10 250.23
III-2	IN	3.14	1.3	1 891.00	1.2	265.38	112.59	10 250.23
IV	E	1.45	1.1	5.07	1.1	232.19	96.29	13 369.86

表 6-88　计算单元 4 稳定应力分析成果

工况		FS_s	$[FS_s]$	FS_f	$[FS_f]$	q_{max}/kPa	q_{min}/kPa	$[q]$/kPa
I	IN	2.27	1.3	227.87	1.2	226.77	110.85	9 209.80
II	U	3.25	1.5	209.14	1.3	218.15	188.26	8 008.52
III-1	IN	2.72	1.3	218.36	1.2	190.45	186.42	9 209.80
III-2	IN	2.72	1.3	221.90	1.2	267.36	109.73	9 209.80
IV	E	1.32	1.1	4.95	1.1	300.86	40.04	12 012.78

计算结果表明,各工况条件下,各渠段抗滑、抗浮稳定安全系数均大于允许值,底应力均处于受压状态,且小于地基允许承载力。

6.3.5.4　结构计算分析

1. 计算模型

过渡引渠基础为回填砂卵石,在结构计算中将地基简化为弹簧单元,将结构简化为壳单元,计算模型见图 6-308。

图 6-308　过渡段计算模型

2. 计算参数

水容重:9.8 kN/m³;

混凝土容重:25.0 kN/m³;

地基弹性系数:$k = 30×10^6$ N/m³;

地震设计烈度:MDE = 0.3g。

3. 计算工况

过渡段计算工况见表 6-89。

表 6-89　过渡段计算工况

序号	工况描述
1	完建
2	正常运行(8 号池充水)
3	1 号池检修,2 号池过水
4	正常运行+地震(垂直水流方向)

4. 计算结果

通过对各工况计算,找到各部位最大内力值,配筋结果如表 6-90 所示。

表 6-90　过渡段计算配筋结果

桩号范围	钢筋方向	钢筋	CELL 1	CELL 2	CELL 3	CELL 4
(DES 0+41.25~ 48.90)(外侧)	竖直方向	钢筋直径,间距	Φ 25@200	Φ 25@200	Φ 25@200	Φ 25@200
		面积/mm²	2 454.37	2 454.37	2 454.37	2 454.37
	水平方向	钢筋直径,间距	Φ 25@200	Φ 25@200	Φ 25@200	Φ 25@200
		面积/mm²	2 454.37	2 454.37	2 454.37	2 454.37
(DES 0+48.90~ 56.50)(外侧)	竖直方向	钢筋直径,间距	Φ 28@200	Φ 28@200	Φ 28@200	Φ 28@200
		面积/mm²	3 078.76	3 078.76	3 078.76	3 078.76
	水平方向	钢筋直径,间距	Φ 25@200	Φ 25@200	Φ 25@200	Φ 25@200
		面积/mm²	2 454.37	2 454.37	2 454.37	2 454.37
(DES 0+56.50~ 67.00)(外侧)	竖直方向	钢筋直径,间距	Φ 28@200	Φ 28@200	Φ 28@200	Φ 28@200
		面积/mm²	3 078.76	3 078.76	3 078.76	3 078.76
	水平方向	钢筋直径,间距	Φ 25@200	Φ 25@200	Φ 25@200	Φ 25@200
		面积/mm²	2 454.37	2 454.37	2 454.37	2 454.37
(DES 0+41.25~ 48.90)(内侧)	竖直方向	钢筋直径,间距	Φ 25@200	Φ 25@200	Φ 25@200	Φ 25@200
		面积/mm²	2 454.37	2 454.37	2 454.37	2 454.37
	水平方向	钢筋直径,间距	Φ 25@200	Φ 25@200	Φ 25@200	Φ 25@200
		面积/mm²	2 454.37	2 454.37	2 454.37	2 454.37
(DES 0+48.90~ 56.50)(内侧)	竖直方向	钢筋直径,间距	Φ 28@200	Φ 28@200	Φ 28@200	Φ 28@200
		面积/mm²	3 078.76	3 078.76	3 078.76	3 078.76
	水平方向	钢筋直径,间距	Φ 25@200	Φ 25@200	Φ 25@200	Φ Φ25@200
		面积/mm²	2 454.37	2 454.37	2 454.37	2 454.37
(DES 0+56.50~ 67.00)(内侧)	竖直方向	钢筋直径,间距	Φ 28@200	Φ 28@200	Φ 28@200	Φ 28@200
		面积/mm²	3 078.76	3 078.76	3 078.76	3 078.76
	水平方向	钢筋直径,间距	Φ 25@200	Φ 25@200	Φ 25@200	Φ 25@200
		面积/mm²	2 454.37	2 454.37	2 454.37	2 454.37

续表 6-90

桩号范围	钢筋方向	钢筋	CELL 1	CELL 2	CELL 3	CELL 4
（DES 0+41.25~53.74）（侧向）	竖直方向	钢筋直径,间距	Φ 28@ 200	Φ 28@ 200	Φ 28@ 200	Φ 28@ 200
		面积/mm²	3 078.76	3 078.76	3 078.76	3 078.76
	水平方向	钢筋直径,间距	Φ 25@ 200	Φ 25@ 200	Φ 25@ 200	Φ 25@ 200
		面积/mm²	2 454.37	2 454.37	2 454.37	2 454.37
（DES 0+53.74~67.00）（侧向）	竖直方向	钢筋直径,间距	Φ 32@ 200	Φ 32@ 200	Φ 32@ 200	Φ 32@ 200
		面积/mm²	4 021.24	4 021.24	4 021.24	4 021.24
	水平方向	钢筋直径,间距	Φ 25@ 200	Φ 25@ 200	Φ 25@ 200	Φ 25@ 200
		面积/mm²	2 454.37	2 454.37	2 454.37	2 454.37
1,3,5,7 廊道外侧	竖直方向	钢筋直径,间距	Φ 28@ 200	Φ 28@ 200	Φ 28@ 200	Φ 28@ 200
		面积/mm²	3 078.76	3 078.76	3 078.76	3 078.76
	水平方向	钢筋直径,间距	Φ 25@ 200	Φ 25@ 200	Φ 25@ 200	Φ 25@ 200
		面积/mm²	2 454.37	2 454.37	2 454.37	2 454.37
1,3,5,7 廊道内侧	竖直方向	钢筋直径,间距	Φ 28@ 200	Φ 28@ 200	Φ 28@ 200	Φ 28@ 200
		面积/mm²	3 078.76	3 078.76	3 078.76	3 078.76
	水平方向	钢筋直径,间距	Φ 32@ 200	Φ 32@ 200	Φ 32@ 200	Φ 32@ 200
		面积/mm²	4 021.24	4 021.24	4 021.24	4 021.24
2,4,6,8 廊道外侧	竖直方向	钢筋直径,间距	Φ 28@ 200	Φ 28@ 200	Φ 28@ 200	Φ 28@ 200
		面积/mm²	3 078.76	3 078.76	3 078.76	3 078.76
	水平方向	钢筋直径,间距	Φ 25@ 200	Φ 25@ 200	Φ 25@ 200	Φ 25@ 200
		面积/mm²	2 454.37	2 454.37	2 454.37	2 454.37
2,4,6,8 廊道内侧	竖直方向	钢筋直径,间距	Φ 28@ 200	Φ 28@ 200	Φ 28@ 200	Φ 28@ 200
		面积/mm²	3 078.76	3 078.76	3 078.76	3 078.76
	水平方向	钢筋直径,间距	Φ 32@ 200	Φ 32@ 200	Φ 32@ 200	Φ 32@ 200
		面积/mm²	4 021.24	4 021.24	4 021.24	4 021.24
廊道隔墙	竖直方向	钢筋直径,间距	Φ 25@ 200	Φ 25@ 200	Φ 25@ 200	Φ 25@ 200
		面积/mm²	2 454.37	2 454.37	2 454.37	2 454.37
	水平方向	钢筋直径,间距	Φ 28@ 200	Φ 28@ 200	Φ 28@ 200	Φ 28@ 200
		面积/mm²	3 078.76	3 078.76	3 078.76	3 078.76
廊道底板	竖直方向	钢筋直径,间距	Φ 28@ 200	Φ 28@ 200	Φ 28@ 200	Φ 28@ 200
		面积/mm²	3 078.76	3 078.76	3 078.76	3 078.76
	水平方向	钢筋直径,间距	Φ 28@ 200	Φ 28@ 200	Φ 28@ 200	Φ 28@ 200
		面积/mm²	3 078.76	3 078.76	3 078.76	3 078.76
拉梁	水平钢筋	钢筋直径,间距	Φ 25@ 167	Φ 25@ 167	Φ 25@ 167	Φ 25@ 167
		面积/mm²	2 945.24	2 945.24	2 945.24	2 945.24
	箍筋	钢筋直径,间距	Φ 14@ 200	Φ 14@ 200	Φ 14@ 200	Φ 14@ 200
		面积/mm²	770	770	770	770

6.3.6　沉沙池槽设计

6.3.6.1　沉沙池槽布置

沉沙池池槽共 8 条,单槽净宽度 13 m,池槽上部为矩形,深 8.2 m,下部为漏斗状,深 3.5 m。漏斗下部设置宽 2.0 m;深 3.0 m 的集沙渠。沉沙池下部集沙渠两侧的廊道,右侧廊道封闭,左侧为布管廊道。

6.3.6.2　基础处理

1. 方案选择

过渡引渠下为沉沙池工作段、出口闸、静水池、侧堰。首部沉沙池基础揭露地质显示,首部沉沙池下游基础砂砾石土层;从上到下依次为砂砾石(ⓐ+ⓑ)、黏土(ⓒ₂)、粉细砂(ⓒ₁)、砂砾石ⓓ)、砂质黏土(⑫),厚度分别为 10 m、13.0 m、6.0~18.0 m、9.0~12.0 m、8~16.0 m 不等。岩石与砂砾石土层交接部位坡度较陡,坡度 51°~87°。

根据地质资料分析,沉沙池工作段及以后建筑物基础下部存在两大工程问题,分别是砂土液化和沉降变形。在设计过程中,考虑过碎石桩方案、碎石桩与堆载预压联合处理方案、桩基方案。经计算分析,采用 20 m 长度碎石桩方案可以解决砂层液化问题,但是由于沉沙池区域覆盖层深度较大(最深近 90 m),沉沙池结构范围较大(工作段宽度 119 m),附加应力影响范围太深(80 m 以下折减系数不超过 50%),采用碎石桩不能有效解决沉降问题,沉沙池基础沉降、沉降差较大,难以满足设计规范要求;采用碎石桩与堆载预压联合处理方案,工期安排上不具备条件,因此最终确定采用桩基方案。采用桩基处理方案,很好地解决了结构的沉降问题,同时保证了结构在地震工况下的稳定性。

2. 灌注桩复合基础设计

1)灌注桩复合基础布置

灌注桩采用钢筋混凝土灌注桩,顺水流向交错布置,其中沉沙池槽 DES 0+067.00~DES 0+158.50 段,桩径 1.50 m,桩间距 6.50 m;DES 0+158.50~DES 0+220.00 段,桩径 1.80 m,桩间距 7.10。灌注桩 1.50 m 桩径和 1.80 桩径的分布图如图 6-309 所示。出口闸 DES 0+222.00~DES 0+243.20 段,桩径 1.80 m,桩间距 9.60 m,排距 9.00 m。静水池 DES 0+243.20~DES 0+269.50 段,桩径 1.80 m,根据底板结构分块,每块底板下布置 4 根灌注桩,上游端桩间排距 10.80 m×7.00 m,下游端桩间排距 13.5 m×6.0 m,边墙下桩按间距 6.60 m、排距 9.50 m 共 2 排布置。

根据桩承担大水平荷载下主要以桩顶段承担大部分荷载的特性(见图 6-310),灌注桩结构设计中,采用顶扩头灌注桩,即将桩顶直径扩大为 3.50 m,扩头部分总高为 3.00 m,其中 1.00 m 过渡段,见图 6-311、图 6-312。同时,根据桩顶 M 值对桩顶内力影响较大,对桩顶以下 3.50 m 范围的桩间土采用砂砾石进行换填,换填的砂砾石碾压密实度不小于 95%。桩顶扩头、桩顶周换填砂砾石,增加了桩基础上部的抵抗能力,从而降低桩身下部的内力,降低配筋率。

桩顶设置 0.50 m 的砂卵石垫层,通过桩顶垫层保证桩体结构与桩周土体在承荷后的协调变形,同时利用桩顶扩头保证桩与沉沙池结构有较大的承荷面积,使桩结构分担更多的竖向荷载又不至于发生穿刺破坏。

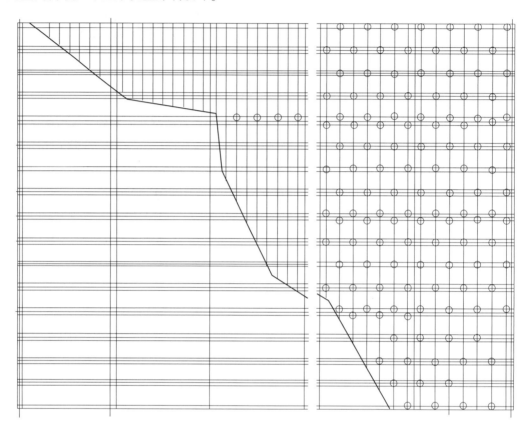

图 6-309 灌注桩 1.50 m 桩径和 1.80 m 桩径的分布图

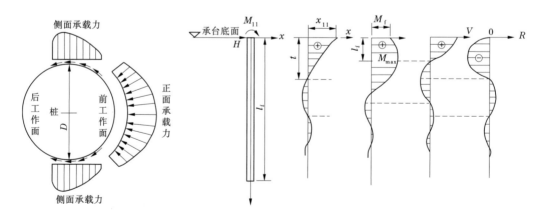

图 6-310 灌注桩的抗力特性及在水平荷载下荷载分布曲线

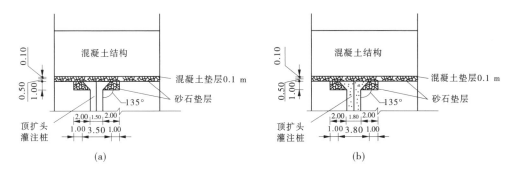

图 6-311 灌注桩复合基础 （单位:m）

图 6-312 灌注桩复合基础

2) 灌注桩复合基础稳定分析

灌注桩复合基础稳定分析包括桩失稳分析和土层液化分析。

(1) 桩失稳分析。

灌注桩复合基础液化评价主要是通过计算桩在可液化区域的极限承载力,对桩体进行稳定评价,桩在可液化区域的极限承载力计算公式(Madabhushi, 2011) 如下:

$$P_{cr} = \frac{\pi^2 EI}{(\beta L_p)^2}$$

式中　P_{cr}——桩极限承载力;

　　　EI——桩体刚度;

　　　β——修正系数,当装端固定时取 2;

　　　L_p——在液化土层中的桩体长度。

对各桩在液化基础土层的失稳安全系数进行计算,结果见表 6-91。表 6-91 计算结果表明,桩基在穿过液化层中的整体稳定安全系数均在 5 以上,桩基础稳定性满足要求。

表 6-91　桩基整体稳定性计算结果

灌注桩	桩总长/m	液化层桩长/m	桩承载力/kN	桩极限承载力/kN	稳定安全系数
A-14	63.93	25	10 644.67	162 486.21	15.26
A-15	80.14	25	8 542.67	162 486.21	19.02
A-16	80.18	25	16 785.72	162 486.21	9.68
A-17	80.22	25	7 860.00	162 486.21	20.67
A-18	82.43	25	10 362.00	162 486.21	15.68
A-19	85.2	25	11 740.71	162 486.21	13.84
A-20	74.67	25	8 660.71	162 486.21	18.76
B-12	40.94	25	11 856.67	162 486.21	13.70
B-13	54	25	21 309.09	162 486.21	7.63
B-14	71.2	25	15 440.15	162 486.21	10.52
S-1	16.26	16.26	6 518.00	384 109.84	58.93
S-2	23.92	23.92	7 220.00	177 490.11	24.58
S-3	26.04	26.04	9 891.67	149 766.46	15.14
S-4	27.34	27.34	5 835.00	135 862.47	23.28
S-5	28.64	28.64	5 824.19	123 808.51	21.26
T-1	21.06	25	18 033.33	162 486.21	9.01
T-2	26.72	26.72	18 457.14	142 240.61	7.71
T-3	28.03	28.03	17 571.43	129 255.88	7.36
T-4	29.34	29.34	16 757.14	117 971.28	7.04

（2）土层液化分析。

沉沙池基础采用钢筋混凝土灌注桩处理后,通过对基础土层、灌注桩、沉沙池结构等建立三维有限元模型进行液化评估分析,如图 6-313～图 6-317 所示。由计算可以看出,在地震作用下,粉细砂层 CSR 最大为 0.25,抗液化安全系数小于 1 的只分布在基础顶面以点状存在,在下部有一定埋深时,安全系数均较大,实际由于基础上部均采取了换填,因此抗液化性能可以认为均大于 1,可以满足要求。

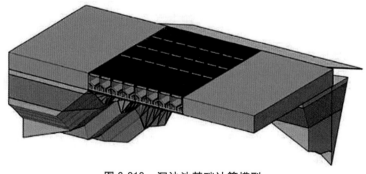

图 6-313　沉沙池基础计算模型

（3）灌注桩复合基础沉降分析。

基础采用钢筋混凝土灌注桩处理后的沉降分析，通过对基础及沉沙池结构建立三维有限元模型进行。计算模型见图 6-318~图 6-320，计算工况见表 6-92。根据计算，沉沙池在灌注桩复合基础下，由于沉沙池基础最大部位发生在下游端左右两侧，沉沙池基底最大沉降量发生在池槽第 17 联的下游端左侧和第 20 联的下游端右侧，正常运行工况下最大沉降量约 6.38 cm，非常工况下最大沉降量约 7.2 cm，地震工况最大沉降量 6.4 cm。

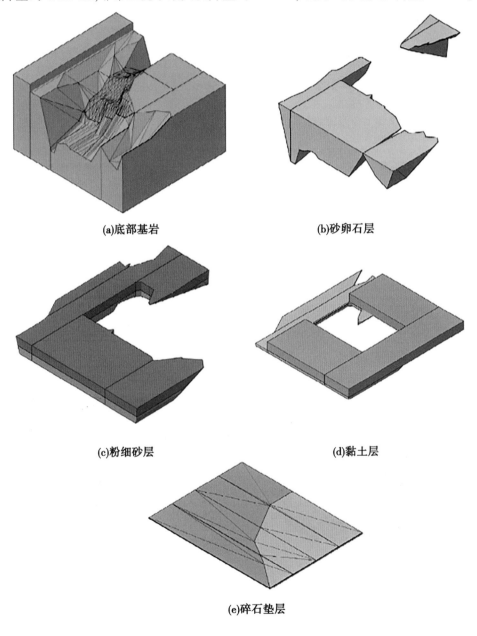

(a)底部基岩　　　　　　　　　　(b)砂卵石层

(c)粉细砂层　　　　　　　　　　(d)黏土层

(e)碎石垫层

图 6-314　基础模型土层分区

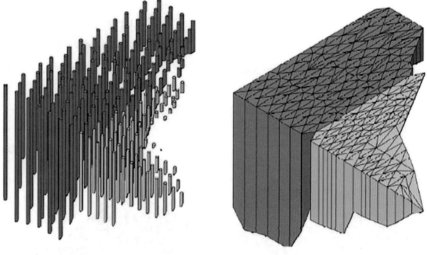

图 6-315　桩土整体模型

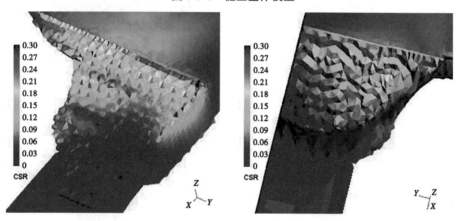

图 6-316　粉细砂层循环应力比（CSR）

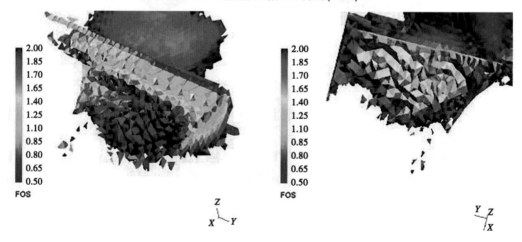

图 6-317　粉细砂层抗液化安全系数

表 6-92　基础沉降计算工况

荷载组合	池槽水位/m	地下水位/m	地震
Normal	1 275.2	1 265.71	
Inusual	1 277.0	1 265.71	
Extremo	1 275.2	1 265.71	最大设计地震
Inusual(震后)	1 275.2	1 265.71	

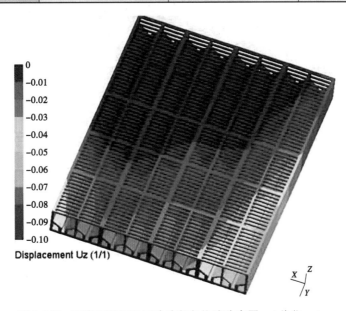

图 6-318　正常运行工况沉沙池竖向位移分布图　（单位:m）

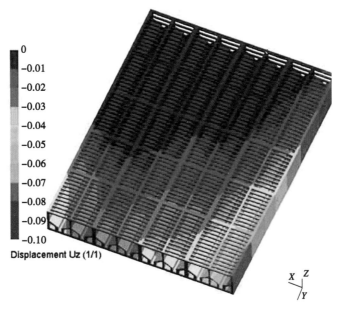

图 6-319　非常工况下沉沙池竖向位移分布图　（单位:m）

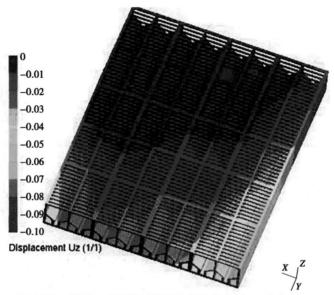

图 6-320　地震工况下沉沙池竖向位移分布图　（单位：m）

6.3.6.3　沉降监测分析

为了对沉沙池沉降进行监测，沉沙池池道顶部共布置了 40 个观测点，编号为 LP4-50～LP4-89，静水池部位布置了 18 个点，编号为 LP4-90～LP4-107。

沉沙池沉降安全监测数据及变化趋势，分别见表 6-93～表 6-100 及图 6-321～图 6-330。

表 6-93　1 号沉沙池沉降分析　　　　　　　　　　　　　　单位：mm

时间（年-月-日）	LP4-50	LP4-58	LP4-66	LP4-74	LP4-82	LP4-97	LP4-105	LP4-106	LP4-107
2015-11-13	0	0	0	0	0	0	0	0	0
2016-01-08	0	0	0	0	-3.7	-3.9	-2.5	-1.5	-1.5
2016-11-23	-6.3	-23.3	-24.1	-33.5	-31.7	-26.8	-14.4	-2.7	-2.1
2017-03-06	-7	-25.1	-26.3	-35.4	-34.5	-29.1	-15.3	-3.1	-2.1
2017-04-07	-6.5	-24.7	-25.9	-34.9	-34.1	-28.9	-15.4	-3.2	-2.1
2017-05-07	-7.2	-25.6	-27.1	-36.1	-35.4	-30.1	-15.9	-3.3	-2.3
2017-06-05	-7.7	-26.2	-27.8	-36.8	-36.2	-30.7	-16.1	-3.5	-2.5
2017-07-06	-7.5	-26.2	-27.8	-36.8	-36.3	-30.7	-16.1	-3.4	-2.4
2018-10-11	-8.4	-28.4	-31.2	-39.9	-40.9	-35.2	-18.6	-4	-2.8
2018-11-15	-8.9	-29.1	-31.2	-40.9	-41.9	-36.3	-19.6	-4.5	-3.3
2018-12-20	-9.1	-29.3	-32.4	-40.9	-49.9	-36.1	-19.2	-4.4	-3.1
2019-02-19	-8.6	-29	-32.1	-40.7	-41.5	-35.9	-18.8	-3.8	-2.4
2019-09-05	-9.7	-29.2	-32.4	-40.5	-42.5	-38.1	-21.7	-7	-5.5
2020-02-25	-9.0	-27.9	-33.1	-41.7	-43.6	-37.9	-20.2	-4.8	-3.3

续表 6-93

时间(年-月-日)	LP4-50	LP4-58	LP4-66	LP4-74	LP4-82	LP4-97	LP4-105	LP4-106	LP4-107
2020-12-23	-11.6	-31.2	-36.9	-45.5	-47.8	-42.1	-23.4	-7.4	-5.8
2020-02-25~ 2020-12-23 303d	-2.6	-3.3	-3.8	-3.8	-4.2	-4.2	-3.2	-2.6	-2.5
$\Delta S/($mm/d$)$	-0.009	-0.011	-0.013	-0.013	-0.014	-0.014	-0.011	-0.009	-0.008

注:ΔS 为日均沉降量。

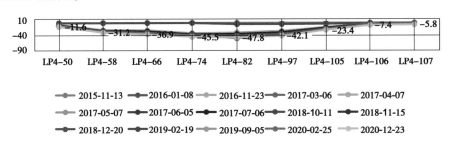

图 6-321　1 号沉沙池沉降分析图　(单位:mm)

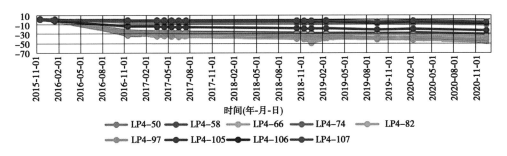

图 6-322　1 号沉沙池沉降曲线　(单位:mm)

表 6-94　2 号沉沙池沉降分析　　　　　　　　　　　单位:mm

时间(年-月-日)	LP4-51	LP4-59	LP4-67	LP4-75	LP4-83	LP4-96	LP4-104
2015-11-13	0	0	0	0	0	0	-2.7
2016-04-28	-0.2	-1.3	-0.5	-3.3	-3.4	-3.2	-1.1
2018-03-12	-4.4	-6.5	-6.9	-13.2	-15.8	-13	-3.6
2018-07-05	-5.7	-7.8	-8	-14.8	-17.7	-14.5	-4.6
2020-02-25	-5.6	-6.5	-8.6	-15.8	-19.4	-16.3	-5.6
2020-12-23	-8.1	-9.1	-11.3	-18.7	-22.2	-19.1	-8.4
2020-02-25~ 2020-12-23 303 d	-2.5	-2.6	-2.7	-2.9	-2.9	-2.8	-2.8
$\Delta S/($mm/d$)$	-0.008	-0.009	-0.009	-0.010	-0.010	-0.009	-0.009

注:ΔS 为日均沉降量。

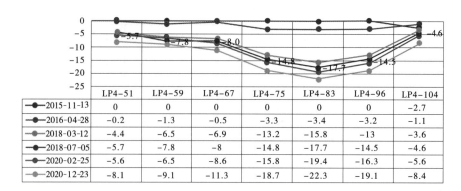

图 6-323　2 号沉沙池沉降分析图　（单位：mm）

表 6-95　3 号沉沙池沉降分析　　　　　　　　　　　　　单位：mm

时间（年-月-日）	LP4-52	LP4-60	LP4-68	LP4-76	LP4-84	LP4-95	LP4-103
2015-11-13	0	0	0	0	0	0	-3.6
2016-04-28	-1.1	-0.8	-0.3	-2.6	-2.9	-2.9	-3.6
2018-03-12	-4.8	-5.7	-6.1	-11.3	-15	-12.7	-8.2
2018-07-05	-6	-7	-7.4	-13	-16.9	-14.3	-9.5
2020-02-25	-6	-5.9	-7.9	-13.9	-18.6	-16.2	-10.6
2020-12-23	-8.4	-8.2	-10.5	-16.7	-21.4	-18.9	-13.6
2020-02-25～ 2020-12-23 303 d	-2.4	-2.3	-2.6	-2.8	-2.8	-2.7	-3
$\Delta S/(\mathrm{mm/d})$	-0.008	-0.008	-0.009	-0.009	-0.009	-0.009	-0.009

注：ΔS 为日均沉降量。

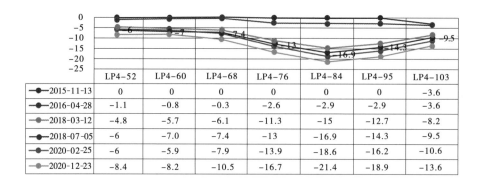

图 6-324　3 号沉沙池沉降分析图　（单位：mm）

表 6-96 4 号沉沙池沉降分析 单位:mm

时间(年-月-日)	LP4-53	LP4-61	LP4-69	LP4-77	LP4-85	LP4-94	LP4-102
2015-11-13	0	0	0	-0.7	0	-4.9	0
2016-04-28	-2.2	-3.2	-2.1	-2.1	-6.4	-10.9	-3.9
2018-03-12	-4.3	-5.8	-4.4	-6.8	-16.2	-20.2	-10.1
2018-07-05	-5.6	-7.1	-5.6	-8.3	-18.2	-22.0	-11.5
2020-02-25	-3.2	-3.8	-5.6	-8.8	-19.8	-24.0	-13.2
2020-12-23	-4.2	-5.0	-6.9	-10.8	-22.7	-27.0	-16.6
2020-02-25~ 2020-12-23 303 d	-1	-1.2	-1.3	-2	-2.9	-3	-3.4
ΔS/(mm/d)	-0.003	-0.004	-0.004	-0.007	-0.010	-0.010	-0.011

注:ΔS 为日均沉降量,mm。

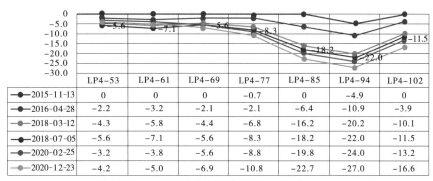

图 6-325 4 号沉沙池沉降分析图 (单位:mm)

表 6-97 5 号沉沙池沉降分析 单位:mm

时间(年-月-日)	LP4-54	LP4-62	LP4-70	LP4-78	LP4-86	LP4-93	LP4-101
2015-06-19	0	0	0	-0.7	0	0	0
2016-04-08	-2.5	-3.1	-2.7	-5.1	-7.7	-11.4	-4.5
2019-10-07	-2.1	-5.3	-4.6	-9.7	-19.0	-22.7	-13.3
2020-02-25	-2.6	-2.6	-5.3	-10.7	-20.6	-24.2	-14.9
2020-12-23	-3.5	-3.5	-6.4	-12.5	-23.4	-27.2	-18.4
2020-02-25~ 2020-12-23 303 d	-0.9	-0.9	-1.1	-1.8	-2.8	-3	-3.5
ΔS/(mm/d)	-0.003	-0.003	-0.004	-0.006	-0.009	-0.010	-0.012

注:ΔS 为日均沉降量。

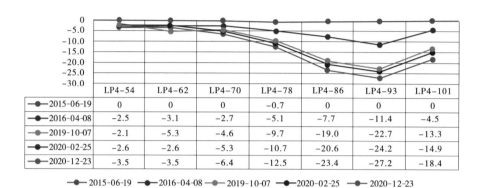

	LP4-54	LP4-62	LP4-70	LP4-78	LP4-86	LP4-93	LP4-101
2015-06-19	0	0	0	-0.7	0	0	0
2016-04-08	-2.5	-3.1	-2.7	-5.1	-7.7	-11.4	-4.5
2019-10-07	-2.1	-5.3	-4.6	-9.7	-19.0	-22.7	-13.3
2020-02-25	-2.6	-2.6	-5.3	-10.7	-20.6	-24.2	-14.9
2020-12-23	-3.5	-3.5	-6.4	-12.5	-23.4	-27.2	-18.4

图 6-326　5 号沉沙池沉降分析图 （单位:mm）

表 6-98　6 号沉沙池沉降分析　　　　　　　　　　　单位:mm

时间(年-月-日)	LP4-55	LP4-63	LP4-71	LP4-79	LP4-87	LP4-92	LP4-100
2016-11-23	-2.8	-3.2	-1.9	-1.4	-17	-17.4	-9.2
2017-03-06	-3.5	-3.9	-2.7	-2.1	-19	-19.1	-10.5
2017-04-07	-3.3	-3.7	-2.4	-2	-19.3	-19.3	-10.6
2017-05-07	-3.8	-4.2	-3	-2.4	-19.5	-19.7	-10.8
2017-06-05	-4	-4.5	-3.1	-2.6	-20	-20.1	-11.3
2017-07-06	-3.6	-4	-2.7	-2.2	-19.9	-20.1	-11.3
2018-10-11	-4.2	-4.6	-2.9	-2.4	-23	-23.9	-15.1
2018-11-15	-4.6	-5	-3.2	-2.7	-23.4	-24.4	-16
2018-12-20	-4.8	-5.2	-3.5	-3.1	-23.9	-24.5	-15.7
2019-02-19	-4.7	-5.1	-3.4	-3.1	-24.4	-25.1	-15.6
2019-09-05	-5.5	-5.9	-4.2	-3.9	-25.9	-26.6	-19.2
2020-02-25	-2.3	-2.6	-3.5	-3.2	-25.7	-26.4	-17.6
2020-12-23	-3.2	-3.7	-4.5	-4.5	-28.4	-29.2	-21.6
2020-02-25～2020-12-23 303 d	-0.9	-1.1	-1	-1.3	-2.7	-2.8	-4
$\Delta S/$(mm/d)	-0.003 0	-0.003 6	-0.003 3	-0.004 3	-0.008 9	-0.009 2	-0.013 2

注:ΔS 为日均沉降量。

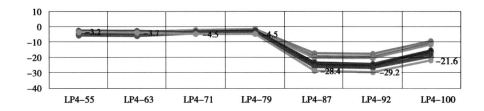

图 6-327　6 号沉沙池沉降分析图　（单位:mm）

表 6-99　7 号沉沙池沉降分析　　　　　　　　　　　　单位:mm

时间(年-月-日)	LP4-56	LP4-64	LP4-72	LP4-80	LP4-88	LP4-91	LP4-99
2016-11-23	-2.4	-3.2	-1.9	-2.1	-16.9	-16.8	-10.3
2017-03-06	-3.1	-3.9	-2.4	-2.8	-18.9	-18.4	-11.5
2017-04-07	-2.9	-3.6	-2.3	-2.7	-19.2	-18.7	-11.8
2017-05-07	-3.5	-4.2	-4.2	-3	-19.4	-19	-11.9
2017-06-05	-3.6	-4.3	-4.3	-3.3	-19.9	-19.4	-12.1
2017-07-06	-3.1	-4	-4	-3	-19.9	-19.4	-12
2018-10-11	-3.6	-4.3	-4.3	-3.1	-23	-23.2	-16.3
2018-11-15	-4.1	-4.7	-4.7	-3.3	-23.4	-23.7	-17.1
2018-12-20	-4.2	-4.9	-4.9	-3.7	-23.9	-23.8	-16.8
2019-02-19	-4.1	-4.8	-3.3	-3.8	-24.3	-24.4	-16.7
2019-09-05	-5	-5.7	-4.1	-4.6	-25.9	-25.9	-20.4
2020-02-25	-1.8	-1.7	-3.3	-3.7	-25.5	-25.8	-18.7
2020-12-23	-2.8	-2.9	-4.5	-4.5	-28.4	-28.5	-22.7
2020-02-25～2020-12-23 303 d	-1	-1.2	-1.2	-0.8	-2.9	-2.7	-4
ΔS/(mm/d)	-0.003	-0.004	-0.004	-0.003	-0.010	-0.009	-0.013

注:ΔS 为日均沉降量。

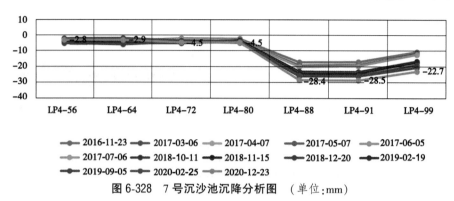

图 6-328　7 号沉沙池沉降分析图　（单位：mm）

表 6-100　8 号沉沙池沉降分析 单位：mm

时间（年-月-日）	LP4-57	LP4-65	LP4-73	LP4-81	LP4-89	LP4-90	LP4-98
2015-04-28	0	0	0	0	0	0	0
2015-11-28	-1.9	-1.2	-0.8	-3	-24.6	-14.9	-9.9
2016-11-23	-2.6	-1.7	-1.4	-5	-36.5	-25.7	-15.5
2017-03-06	-3	-1.9	-1.5	-5.2	-39.1	-27.8	-16.7
2017-04-07	-3.1	-2	-1.7	-5.7	-40.1	-28.7	-17.4
2017-05-07	-3	-2	-1.9	-5.8	-40.4	-29	-17.5
2017-06-05	-3.1	-2	-1.7	-5.7	-40.6	-29.2	-17.7
2017-07-06	-3.2	-2.2	-2	-5.9	-41.3	-29.8	-17.8
2018-10-11	-3.2	-2.1	-1.7	-6	-46.4	-36.1	-21.9
2018-11-15	-3.2	-2.2	-3.2	-6.4	-47	-36	-22.8
2018-12-20	-3.3	-2.3	-3.3	-6.5	-48.7	-37.1	-22.7
2019-02-19	-3.4	-2.4	-2.2	-6.9	-48.7	-36.9	-22.5
2019-09-05	-3.5	-2.6	-2.5	-7	-49.7	-38.3	-26.2
2020-02-25	-0.5	-1.0	-2	-6.5	-49.7	-38.3	-24.2
2020-12-23	-0.6	-0.9	-2.6	-7.6	-53.2	-41.7	-28.3
2020-02-25~ 2020-12-23 303 d	-0.1	0.1	-0.6	-1.1	-3.5	-3.4	-4.1
$\Delta S/$（mm/d）	-0.000 3	0.000 3	-0.002 0	-0.003 6	-0.011 6	-0.011 2	-0.013 5

注：ΔS 为日均沉降量。

　　根据 CCS 提供的沉降监测资料，1 号、8 号沉沙池沉降相对较大。

　　1 号沉沙池：最大变形点为 LP4-74 点和 LP4-82 点；8 号沉沙池：最大变形点为 LP4-81 点和 LP4-89 点。

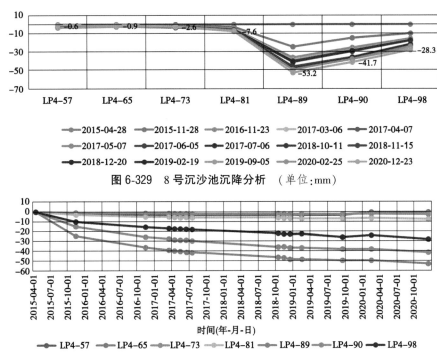

图 6-329　8 号沉沙池沉降分析　（单位：mm）

图 6-330　8 号沉沙池沉降曲线　（单位：mm）

根据 CCS 提供的监测数据未找到刚好最后 100 d 的观测数据，按最后的 2 组观测数据（303 d）进行类似分析（限制条件更苛刻、更加严格），分析结果均在最后 100 d 沉降量与时间关系曲线判定标准值的范围内，见表 6-101。

表 6-101　1 号和 8 号池道变形最大点的分析表

池道号	监测点号	S_{max}/ mm	$[S]$/ mm	评价	D_{max}/ mm	$[D]$/ mm	评价	ΔS/ (mm/d)	$[\Delta S]$/ (mm/d)	评价
No. 1	LP4-74	45.5	304.8	OK	2.3	100	OK	0.013	0.01~ 0.04	OK
No. 1	LP4-82	47.8	304.8	OK				0.014	0.01~ 0.04	OK
No. 8	LP4-81	7.6	304.8	OK	45.6	100	OK	0.004	0.01~ 0.04	OK
No. 8	LP4-89	53.2	304.8	OK				0.012	0.01~ 0.04	OK

注：S_{max}—最大沉降量；$[S]$—允许沉降量；D_{max}—块之间的最大沉降差；$[D]$—允许沉降差；ΔS——日均沉降量；
　　$[\Delta S]$—最后 100 d 沉降量与时间关系曲线判定标准值。

1 号沉沙池有最大变形点，编号为 LP4-82，累计变形为 47.80 mm，小于预期的设计沉降值≤70 mm（桩长约 60 m），也小于允许的沉降值 $[S]$ = 304.8 mm。从沉降数据进行分析，2018～2019 年的沉降速率比 2016～2017 年沉降速率在减缓。2020-02-25～2020-12-23，303 d 观测的日沉降速率 ΔS_{max}≤0.014 mm/d，沉沙池沉降变形速率已进入稳定状态。8 号沉沙 LP4-89 点最大沉降值 53.2 mm <预期沉降值 70 mm（桩长约 60 m），且

小于允许的沉降值[S] = 304.8 mm。

6.3.6.4 水力学计算

1. 设计要求

(1)在河道来流30~2 670 m³/s、最高含沙量5 kg/m³ 设计引水工况下,保证沉沙池沉降粒径大于0.25 mm的泥沙。

(2)设计引水工况下,冲沙水位运行工况(最大下游水位1 264.7 m)下,冲沙设备能保证在最高尾水位时及时冲沙。

(3)沉沙池设计引水流量222 m³/s,连续引水,冲沙耗水量小于引流量的10%。

(4)进口闸段、引水过渡段等在各种流量下均不淤堵,过渡引渠流速大于1.5 m/s,沉沙池池内流速小于0.3 m/s。

(5)基础竣工后沉降量、沉降梯度控制在美国标准和中国标准允许的范围内,持力的可液化土层在最大可能地震条件下不发生液化。

2. 设计指令

2012年10月,业主下发指令,要求对沉沙池池槽数和冲沙方式进行调整:

(1)沉沙池池槽数调整为8条;

(2)在沉沙池排沙设计研究应用管流冲沙。

3. 沉沙池泥沙沉降

根据合同要求,沉沙池要求清除粒径大于0.25 mm的泥沙,通过对沉沙池泥沙沉降计算进行沉沙池结构尺寸选择和沉沙效果的验证。

1)计算条件

(1)沉沙池断面尺寸。

沉沙池由8个条形室组成,池长150 m,单室净宽13 m,上部竖直段高8.2 m,下部窄缩段高5 m。设计水位1 275.2 m,池底高程1 263.8 m,池室横断面见图6-331。

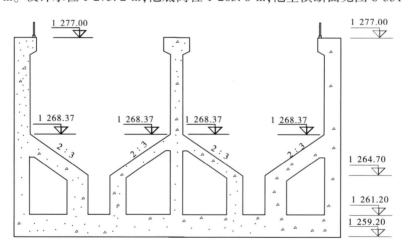

图6-331 沉沙池横断面

(2)入池含沙量。

时段平均入池含沙量应按天然河道逐日平均含沙量和逐日引水流量统计计算:

$$S = \frac{\sum\limits_{i=1}^{T} Q_i S_i}{\sum\limits_{i=1}^{T} Q_i} \tag{6-1}$$

$$Q_i = \begin{cases} Q_h & (Q_h \leqslant Q_d) \\ Q_d & (Q_h \geqslant Q_d) \end{cases} \tag{6-2}$$

式中　S——时段平均入池含沙量,kg/m^3;

　　　S_i——天然河道日平均含沙量,kg/m^3;

　　　Q_h——天然河道日平均流量,m^3/s,计算时扣除生态流量 20 m^3/s;

　　　Q_d——设计引用流量,m^3/s,取 222 m^3/s;

　　　Q_i——实际引用日平均流量,m^3/s;

　　　T——时段天数。

根据设计入库流量过程及可研阶段的流量和含沙量关系计算,河道多年平均天然含沙量为 1.96 kg/m^3,按式(6-1)计算,沉沙池多年平均入池含沙量为 1.22 kg/m^3。

（3）入池泥沙级配。

沉沙池入池泥沙级配曲线见图 6-332。中数粒径为 0.46 mm,大于 0.25 mm 的泥沙占 68%。

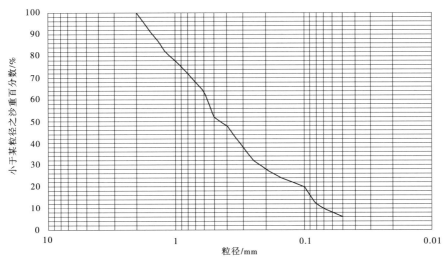

图 6-332　沉沙池入池泥沙级配曲线

2）泥沙沉降计算方法选择

国内沉沙池设计中,泥沙沉降计算方法大致分为三种基本方法,即准静水沉降法、沉降概率法、超饱和输沙法,其中超饱和输沙法又分为一维超饱和输沙法和二维超饱和输沙法。

准静水沉降法是我国最早采用的一种沉沙池计算方法,1983 年出版的《河流泥沙工程学》、1984 年出版的《水工设计手册》、1992 年出版的《泥沙手册》,以及苏联 1983 年出版的《水工建筑物设计手册》都推荐了这种计算方法。沉降概率法是苏联《水电站沉沙池技术规范及设计标准》中推荐的沉降率计算方法。超饱和输沙法认为水流中的实际含沙量不一定恰等于其水流挟沙力,淤积时可能大于水流挟沙力,其中一维超饱和输沙法是按照一维问题,在一定条件下研究平均含沙量的沿程分布,抓住了平均含沙量沿程变化这一主要问题,计算较为简便,在沉沙池设计中逐渐被广泛应用。

(1)准静水沉降法。

准静水沉降法采用的泥沙沉降速度值是对静水沉降速度修正得来的,故称准静水沉降法。假定含沙量沿垂线均匀分布,其基本公式如下:

$$S_i = S_{0i}\left(1 - \frac{\omega_i L}{KVH}\right) \tag{6-3}$$

式中　S_i——计算池段出口断面的第 i 组含沙量,kg/m^3;

　　　　S_{0i}——计算池段进口断面的第 i 组含沙量,kg/m^3;

　　　　ω_i——第 i 组泥沙平均沉速,m/s;

　　　　L——计算池段长度,m;

　　　　V——计算池段平均流速,m/s;

　　　　H——计算池段平均水深,m;

　　　　K——系数。

当泥沙为非均匀沙时,式(6-3)表征分组含沙量的沿程变化。将分组含沙量累加,即得全沙含沙量的沿程变化公式,即

$$S = \sum_{i=1}^{n} S_i = \sum_{i=1}^{n} S_{0i}\left(1 - \frac{\omega_i L}{KVH}\right) \tag{6-4}$$

式中　S——计算池段出口全沙含沙量,kg/m^3;

　　　　n——泥沙分组数。

分池段计算时,根据沉降率定义,某计算池段的分组沉降率为

$$\eta_{ki} = 1 - \frac{S_{ki}}{S_{0ki}} \tag{6-5}$$

式中　S_{ki}——第 k 计算池段出口断面的第 i 组含沙量;

　　　　S_{0ki}——第 k 计算池段进口断面的第 i 组含沙量。

将式(6-3)的相应值代入得

$$\eta_{ki} = \frac{\omega_i L_k}{KV_k H_k} \tag{6-6}$$

式中　η_{ki}——计算池段的第 i 粒径组泥沙沉降率,以百分率表示,但在计算式中以比值表示;

　　　　ω_i——第 i 粒径组的泥沙平均沉速,m/s;

　　　　L_k——计算池段长,m;

　　　　V_k——计算池段平均流速,m/s;

　　　　H_k——计算池段平均水深,m;

　　　　K——系数,参考苏联《水工建筑物设计手册》取 $K=1.2$。

（2）一维超饱和输沙法。

沉沙池在沉沙运行中，处于淤积过程，池中各断面含沙量多处于超饱和状态，宜采用非饱和输沙特点的泥沙连续方程。非均匀流条件下，假定水深及水流挟沙能力沿程呈直线变化的条件下，一维超饱和输沙公式可写为

$$S = S_* + (S_0 - S_{0*})e^{-\frac{\alpha\omega_s x}{q}} + (S_{0*} - S_x)\frac{q}{\alpha\omega_s x}(1 - e^{-\frac{\alpha\omega_s x}{q}}) \tag{6-7}$$

式中　S_0、S_{0*}——进口断面的平均含沙量和挟沙力，kg/m^3；

　　　S、S_*——出口断面的平均含沙量和挟沙力，kg/m^3；

　　　x——计算池段长度，m；

　　　q——单宽流量，$m^3/(s \cdot m)$；

　　　ω_s——泥沙沉速，m/s；

　　　α——恢复饱和系数。

如果计算池段很短，池段水流视为均匀流，则 $S_{0*} = S_*$，最后一项将完全消失。在沉沙池流速很小、水流挟沙力可以忽略不计的条件下，上式可转化为

$$S = S_0 e^{-\frac{\alpha\omega_s x}{q}}$$

则沉沙池分组平均含沙量的沿程变化，可用下式表示：

$$S_i = S_{0i} e^{-\frac{\alpha\omega_i x}{q}} \tag{6-8}$$

式中　S_{0i}、S_i——进、出口断面分组含沙量，kg/m^3；

　　　ω_i——泥沙分组平均沉速，m/s；

　　　α_i——分组恢复饱和系数；

　　　其他符号含义同前。

沉沙池沉降计算时，可将工作段划分成若干池段，池段号用 k 表示，则得到在某计算时段内的池段分组泥沙沉降率：

$$\eta_{ik} = 1 - e^{-\frac{\alpha\omega_s x_k}{q_k}} \tag{6-9}$$

（3）两种方法对比。

表 6-102 为准静水沉降法和一维超饱和输沙法计算的分组沙沉降率比较。由表 6-102 可见，两种方法的计算结果比较接近。鉴于一维超饱和输沙法不仅考虑了沉沙池内挟沙水流超饱和输沙的特点，并在一定程度上考虑了向上紊流的作用，能较充分地反映出泥沙水力因素，在理论上较准静水沉降法前进了一步，与一些实测资料比较，准静水沉降法的计算误差比较大，因此本次设计选择一维超饱和输沙法进行沉沙池沉降计算分析。

3）泥沙沉速选择

由于没有工程所在河流泥沙沉降速度实测资料，泥沙沉降计算主要参考泥沙资料，泥沙沉降速度按 20 ℃水温考虑，不同粒径分组泥沙沉降速度见表 6-103。

表 6-102　两种方法分组沙沉降率计算值比较

粒径组/mm	分组沙沉降率/%	
	准静水沉降法	一维超饱和输沙法
0.002~0.05	0.3	0.2
0.05~0.06	8.6	10.4
0.06~0.07	12.0	15.4
0.07~0.1	19.8	26.9
0.1~0.25	62.8	73.5
0.25~0.5	100.0	99.8
0.5~2	100.0	100.0

（1）沙玉清公式。

根据《水利水电工程沉沙池设计规范》（SL 269—2001），当泥沙粒径为 0.062~2.0 mm 时，采用沙玉清天然沙沉速公式：

$$(\lg S_\alpha + 3.790)^2 + (\lg \varphi - 5.777)^2 = 39.00 \tag{6-10}$$

$$S_\alpha = \frac{\omega}{g^{1/3}\left(\dfrac{\rho_s}{\rho_w} - 1\right)^{1/3} \nu^{1/3}} \tag{6-11}$$

$$\varphi = \frac{g^{1/3}\left(\dfrac{\rho_s}{\rho_w} - 1\right)^{1/3} D}{10\nu^{2/3}}$$

式中　S_α——沉速率数；

φ——粒径率数；

ω——泥沙沉速，cm/s；

D——泥沙粒径，mm；

ρ_s——泥沙密度，g/cm³；

ρ_w——清水密度，g/cm³；

g——重力加速度，cm/s²；

ν——水的运动黏滞系数，cm²/s。

（2）张瑞瑾公式。

对于过渡区：

$$\omega = -13.95\frac{\nu}{d} + \sqrt{\left(13.95\frac{\nu}{d}\right)^2 + 1.09\frac{\gamma_s - \gamma}{\gamma}gd}$$

式中　ω——泥沙沉速，cm/s；

d——泥沙粒径，cm；

γ_s——泥沙密度，g/cm³；

γ——清水密度，g/cm^3；

g——重力加速度，cm/s^2；

ν——水的运动黏滞系数，cm^2/s。

（3）美国工程兵手册方法。

图6-333为美国水资源联合委员会泥沙专业委员会推荐的泥沙沉速与粒径关系图，体现了沙粒形状系数及水温对沉速的影响。由图6-333可知，当水温为20 ℃、沙粒的形状系数为0.7时，粒径为0.25 mm的泥沙沉速约为3.19 cm/s。

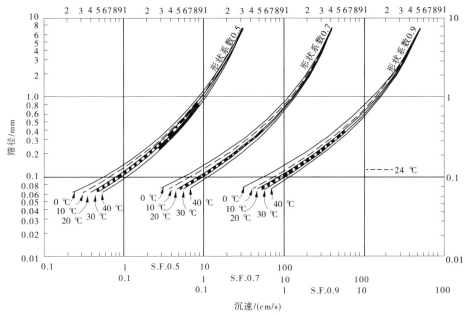

图6-333 天然石英砂在无穷大的静止蒸馏水中独自沉降时筛径与沉速间的关系

（4）沉降速度计算。

对于CCS水电站首部沉沙池粒径 $d=0.25$ mm的泥沙，分别采用上述三种方法进行计算，可得其沉降速度，见表6-103。

表6-103 $d=0.25$ mm泥沙沉降速度计算

温度/℃	水体黏滞系数/ (cm^2/s)	沉速/(cm/s)		
		沙玉清公式	张瑞瑾公式	美国工程兵手册方法
10	0.013 06	2.09	2.57	3.00
15	0.011 39	2.27	2.84	3.08
20	0.010 03	2.43	3.09	3.19

（5）泥沙沉速试验研究。

采取当地沙样，利用2 m标准沉降筒测量粒径 $d=0.25$ mm的泥沙沉速，分水温13.9 ℃、20 ℃两种情况进行了研究，实测结果见表6-104。试验结果表明 $d=0.25$ mm，水温13.9 ℃时，泥沙平均沉速为3.14 cm/s；水温20 ℃时，泥沙平均沉速为3.39 cm/s。

表 6-104　沉速试验结果

组次	沉速/(cm/s)	
	水温 13.9 ℃	水温 20 ℃
1	3.28	3.54
2	3.13	3.39
3	3.11	3.35
4	3.34	3.61
5	2.98	3.21
6	3.11	3.35
7	3.16	3.42
8	3.21	3.46
9	3.02	3.26
10	3.10	3.34
平均值	3.14	3.39

（6）沉降速度的选用。

上述分析和试验研究表明,在同等条件下,采用当地沙样测验所得泥沙沉速最大,水温为 20 ℃时,$d = 0.25$ mm 的泥沙实测沉速约为 3.39 cm/s;采用张瑞瑾公式计算所得沉速介于测验结果和沙玉清公式之间,约为 3.09 cm/s;采用沙玉清公式计算的沉速最小,约为 2.43 cm/s;采用美国工程兵手册推荐方法计算,沉速约为 3.19 cm/s。综合考虑,张瑞瑾公式与美国工程兵手册推荐方法成果比较接近,且比较接近试验结果,因此本次设计采用张瑞瑾沉速计算方法。

4）恢复饱和系数

关于恢复饱和系数各家有不同的解释,武汉水利电力学院认为恢复饱和系数是一个变量,与泥沙沉速、水深及水流摩阻流速有关。中国国电公司成都勘测设计研究院,根据四川渔子溪一级、南桠河三级、云南清水河电站沉沙池实测资料和水槽试验资料,得到下列计算公式:

$$\alpha_{ik} = K\left(\frac{\overline{w_i}}{u_{sk}}\right)^{0.25} \tag{6-12}$$

$$u_{sk} = \sqrt{g\overline{R_k}\ \overline{J_k}} \tag{6-13}$$

式中　$\overline{w_i}$——粒径组的平均沉速,m/s;

　　　u_{sk}——k 池段水流摩阻流速,m/s;

　　　$\overline{R_k}$——k 池段平均水力半径,m;

　　　$\overline{J_k}$——k 池段平均水力坡度;

K——综合经验系数,取 1.2。

5)结果与分析

根据沉沙池布置尺寸及水沙条件,采用一维非饱和输沙法进行计算,计算结果见表 6-105。根据计算,沉沙池全沙沉降率为 80.0%,粒径大于 0.25 mm 的泥沙沉降率为99.9%,基本满足沉沙要求。

由此可知,沉沙池单池槽宽 13 m,深 11.70 m,总长 150 m,满足设计要求。

表 6-105　沉沙池沉降计算成果

粒径组/ mm	分组沙所占百分数/ %	入池分组沙含沙量/ (kg/m³)	出池分组沙含沙量/ (kg/m³)	分组沙沉降率/ %	大于粒径组下限粒径的沉降率/ %
0.002~0.05	6	0.073	0.073	0.2	80.0
0.05~0.06	2	0.024	0.022	10.4	85.1
0.06~0.07	2	0.024	0.021	15.4	86.7
0.07~0.1	10	0.122	0.089	26.9	88.3
0.1~0.25	12	0.146	0.039	73.5	96.0
0.25~0.5	20	0.244	0.001	99.8	99.9
0.5~2	48	0.586	0	100.0	100.0

4.沉沙池水面线计算

1)计算工况

沉沙池水力学计算工况包括:

(1)单池流量 27.75 m³/s 或 32.25 m³/s,不冲沙、不淤积工况,上游水位 1 275.5~1 279.69 m,水位与闸门开度关系。

(2)单池流量 27.75 m³/s,不冲沙、不淤积工况,上游水位 1 275.5 m 时对应开度与沉沙池水面线与流速。

(3)单池流量 27.75 m³/s,不冲沙、淤积至 1 264.7 m 高程工况,上游水位 1 275.5 m时对应开度与沉沙池水面线与流速。

(4)引水流量 30.05 m³/s,冲沙流量 2.3 m³/s、不淤积工况,上游水位 1 275.5 m 时对应开度与沉沙池水面线与流速。

(5)引水流量 30.05 m³/s,冲沙流量 2.3 m³/s、淤积至 1 264.7 m 高程工况,上游水位1 275.5 m 时对应开度与沉沙池水面线与流速。

(6)闸门全开,不冲沙、不淤积工况,上游水位 1 275.5 m 时对应开度与沉沙池水面线与流速。

(7)闸门全开,不冲沙、淤积至 1 264.7 m 高程工况,上游水位 1 275.5 m 时对应开度与沉沙池水面线与流速。

(8)闸门全开、冲沙流量2.3 m³/s、不淤积工况,上游水位1 275.5 m 时对应开度与沉沙池水面线与流速。

(9)闸门全开、冲沙流量2.3 m³/s、淤积至1 264.7 m 高程工况,上游水位1 275.5 m 时对应开度与沉沙池水面线与流速。

2)沉沙池水面线计算方法

按照能量守恒方程,沉沙池水面线按照下式计算:

$$H_1 + \frac{\alpha_1 v_1^2}{2g} + p_1 = H_2 + \frac{\alpha_2 v_2^2}{2g} + p_2 + K + K_f \qquad (6-14)$$

$$K = \xi_i \frac{v_1^2 - v_2^2}{2g}$$

$$K_f = \overline{J}L = \frac{Q^2}{\overline{A}^2 \, \overline{C}^2 \, \overline{R}} L \qquad L = \frac{Q^2 n^2}{\overline{A}^2 \, \overline{R}^{4/3}} L$$

$$\overline{A} = \frac{A_1 + A_2}{2}, \ \overline{C} = \frac{C_1 + C_2}{2}, \ \overline{R} = \frac{R_1 + R_2}{2}$$

式中　H_1, H_2——位置水头,相对于海平面,m;

　　　p_1, p_2—— 压能水头,$p_1 = p_2$,m;

　　　v_1, v_2——断面流速,m/s;

　　　α_1, α_2—— 动能修正系数,取1.0;

　　　K——局部水头损失,包括进水口损失、门槽损失、拦污栅损失、整流栅损失、过渡段损失;

　　　K_f——沿程水头损失;

　　　ξ_i——局部水头损失系数;

　　　$\overline{J}$—— 首末断面平均水力坡度;

　　　$\overline{A}$、$\overline{C}$、$\overline{R}$—— 首末断面平均面积、平均谢才系数、平均水力半径;

　　　L——断面距离,m;

　　　n——流道糙率,取0.014。

3)引水闸水力计算方法

对于有压流,计算公式如下:

$$Q = A_c \sqrt{\frac{1}{K + K_f + 1.0}} \sqrt{2gH} \qquad (6-15)$$

式中　K ——局部水头损失,包括进水口损失、门槽损失、拦污栅损失、过渡段损失;

　　　K_f——沿程水头损失;

　　　A_c—— 孔口面积;

　　　H—— 上下游水位差。

K 和 K_f 按照下式计算：

$$K = \sum \xi_i \left(\frac{\omega}{\omega_i}\right)^2 \tag{6-16}$$

$$K_f = \sum \frac{2gL_i}{C_i^2 R_i} \left(\frac{\omega}{\omega_i}\right)^2 \tag{6-17}$$

式中　ξ_i——局部水头损失系数；

　　　ω——出口断面面积，m^2；

　　　ω_i——第 i 段断面面积，m^2；

　　　C_i——第 i 段谢才系数；

　　　R_i——第 i 段水力半径，m。

4）沉沙池水力学计算成果

（1）单池流量 27.75 m^3/s 或 32.25 m^3/s，不冲沙、不淤积工况，上游水位 1 275.5~1 279.69 m，水位与闸门开度关系见表 6-106、表 6-107。

表 6-106　27.75 m^3/s 流量上游水位-闸门开度关系（无淤积，不冲沙）

进水口上游水位/m	1 275.50	1 276.00	1 276.50	1 277.00	1 277.50
闸门开度/m	2.38	1.56	1.27	1.11	1.01
进水口上游水位/m	1 278.00	1 278.50	1 279.00	1 279.50	1 279.69
闸门开度/m	0.93	0.87	0.83	0.79	0.78

表 6-107　32.25 m^3/s 流量上游水位-闸门开度关系（无淤积，不冲沙）

进水口上游水位/m	1 275.50	1 276.00	1 276.50	1 277.00	1 277.50
闸门开度/m	3.30	2.02	1.55	1.32	1.18
进水口上游水位/m	1 278.00	1 278.50	1 279.00	1 279.50	1 279.69
闸门开度/m	1.08	1.01	0.95	0.91	0.89

（2）单池流量 27.75 m^3/s，不冲沙、不淤积工况，上游水位 1 275.5 m 时对应开度与沉沙池水面线与流速，如表 6-108~表 6-111 所示。

表 6-108　出口闸上游水位计算结果

出口闸闸孔	上游水位/m	堰上总水头 H_0/m	静水池最大水位/m	堰顶宽度 B_0/m	流量系数 m	侧收缩系数 ε	淹没系数 σ_s	流量 Q/(m^3/s)
闸孔 1#~8#	1 275.100	1.700	1 274.73	8.0	0.36	0.982	1.0	27.75

表 6-109　沉沙池水面线计算参数

断面	桩号	宽度/m	长度/m	底高程/m	局部水头损失系数
工作段	0+217.00	13.00		1 261.20	0
工作段	0+187.00	13.00	30	1 261.20	0
工作段	0+157.00	13.00	30	1 261.20	0
工作段	0+127.00	13.00	30	1 261.20	0
工作段	0+97.00	13.00	30	1 261.20	0
工作段	0+67.00	13.00	30	1 261.20	0
3#整流栅+渐扩	0+64.50	11.96	2.500	1 265.80	渐扩：0.05 3#整流栅：3.842
2#整流栅+渐扩	0+61.50	10.71	3.000	1 268.20	渐扩：0.1 2#整流栅：2.453
1#整流栅+渐扩	0+58.50	9.46	3.000	1 270.60	渐扩：0.2 1#整流栅：1.525
渐扩段	0+52.62	7.80	5.880	1 272.50	0.3
闸后 1 272.5 m 高程段	0+32.19	7.80	20.430	1 272.50	0
渐缩段	0+22.01	7.80	10.180	1 270.00	0.3
闸后	0+13.44	7.80	8.570	1 270.00	0

表 6-110　沉沙池水面线计算结果

断面	桩号	面积/m²	流量/(m³/s)	流速/(m/s)	沿程水头损失/m	局部水头损失/m	总水头损失/m	总水头/m	水位/m
工作段	0+217.00	121.757	27.750	0.228	0	0	0	1 275.103 1	1 275.100 5
工作段	0+187.00	121.757	27.750	0.228	0.000 1	0	0.000 1	1 275.103 2	1 275.100 5
工作段	0+157.00	121.758	27.750	0.228	0.000 1	0	0.000 1	1 275.103 2	1 275.100 6
工作段	0+127.00	121.758	27.750	0.228	0.000 1	0	0.000 1	1 275.103 3	1 275.100 7
工作段	0+97.00	121.759	27.750	0.228	0.000 1	0	0.000 1	1 275.103 4	1 275.100 7
工作段	0+67.00	121.760	27.750	0.228	0.000 1	0	0.000 1	1 275.103 4	1 275.100 8
3#整流栅+渐扩	0+64.50	103.486	27.750	0.268	0	0.014 2	0.014 2	1 275.117 6	1 275.113 9
2#整流栅+渐扩	0+61.50	74.203	27.750	0.374	0	0.017 9	0.017 9	1 275.135 5	1 275.128 3
1#整流栅+渐扩	0+58.50	43.038	27.750	0.645	0	0.035 2	0.035 3	1 275.170 8	1 275.149 5

续表 6-110

断面	桩号	面积/m²	流量/(m³/s)	流速/(m/s)	沿程水头损失/m	局部水头损失/m	总水头损失/m	总水头/m	水位/m
渐扩段	0+52.62	20.261	27.750	1.370	0.000 4	0.022 4	0.022 8	1 275.193 5	1 275.097 6
闸后1 272.5 m高程段	0+32.19	20.296	27.750	1.367	0.004 1	0	0.004 1	1 275.197 7	1 275.102 1
渐缩段	0+22.01	40.376	27.750	0.687	0.000 7	0.002 1	0.002 9	1 275.200 5	1 275.176 4
闸后	0+13.44	40.378	27.750	0.687	0.000 3	0	0.000 3	1 275.200 8	1 275.176 6

表 6-111　引水闸水力学计算参数

断面	断面尺寸/m	面积/m²	局部水头损失系数	长度/m
突缩	水库至 5.5×3.1	17.05	0.1	
拦污栅	5.5×3.1	17.05	0.114	
突缩	5.5×3.1 至 3.3×3.1	10.23	0.200	
1#门槽	3.3×3.1	10.23	0.1	
2#门槽	3.3×3.1	10.23	0.1	
工作门			0.04	
出口	3.3×3.1	10.23	0.185	
进口段 1	7.5×3.1	17.05	0	3.5
进口段 2	3.67×3.1	13.64	0	3.58
进口段 3	3.3×3.1	10.23	0	6.35

根据计算,出口闸上游水位为 1 275.100 m,引水闸下游水位为 1 275.177 m,工作段最大流速 0.228 m/s,过渡段流速为 1.367 m/s,闸门开度 2.379 m。

(3)单池流量 27.75 m³/s,不冲沙、淤积至 1 264.7 m 高程工况,上游水位 1 275.5 m 时对应开度与沉沙池水面线与流速。

根据计算,出口闸上游水位为 1 275.103 m,引水闸下游水位为 1 275.179 m,工作段最大流速 0.241 m/s,过渡段流速为 1.366 m/s,闸门开度 2.388 m。

(4)引水流量 30.05 m³/s,冲沙流量 2.3 m³/s、不淤积工况,上游水位 1 275.5 m 时对应开度与沉沙池水面线与流速。

根据计算,出口闸上游水位为 1 275.100 m,引水闸下游水位为 1 275.189 m,工作段最大流速 0.247 m/s,过渡段流速为 1.481 m/s,闸门开度 2.618 m。

(5)引水流量 30.05 m³/s,冲沙流量 2.3 m³/s、淤积至 1 264.7m 高程工况,上游水位 1 275.5 m 时对应开度与沉沙池水面线与流速。

根据计算,出口闸上游水位为 1 275.103 m,引水闸下游水位为 1 275.192 m,工作段最大流速 0.261 m/s,过渡段流速为 1.479 m/s,闸门开度 2.628 m。

(6)闸门全开,不冲沙、不淤积工况,上游水位 1 275.5 m 时对应开度与沉沙池水面线与流速。

根据计算,出口闸上游水位为 1 275.217 m,引水闸下游水位为 1 275.304 m,工作段最大流速 0.249 m/s,过渡段流速为 1.443 m/s,最大过流能力 30.64 m³/s。

(7)闸门全开,不冲沙、淤积至 1 264.7 m 高程工况,上游水位 1 275.5 m 时对应开度与沉沙池水面线与流速。

根据计算,出口闸上游水位为 1 275.218 m,引水闸下游水位为 1 275.305 m,工作段最大流速 0.262 m/s,过渡段流速为 1.44 m/s,最大过流能力 30.59 m³/s。

(8)闸门全开,冲沙流量 2.3 m³/s、不淤积工况,上游水位 1 275.5 m 时对应开度与沉沙池水面线与流速。

根据计算,出口闸上游水位为 1 275.187 m,引水闸下游水位为 1 275.284 m,工作段最大流速 0.262 m/s,过渡段流速为 1.533 m/s,最大过流能力 32.18 m³/s。

(9)闸门全开,冲沙流量 2.3 m³/s、淤积至 1 264.7 m 高程工况,上游水位 1 275.5 m 时对应开度与沉沙池水面线与流速。

根据计算,出口闸上游水位为 1 275.187 m,引水闸下游水位为 1 275.285 m,工作段最大流速 0.277 m/s,过渡段流速为 1.53 m/s,最大过流能力 32.13 m³/s。

6.3.6.5 沉沙池水工模型试验

1.试验目的和任务

研究沉沙池水工特征和沉沙效率、沉沙池与输水隧洞的水工衔接等。主要试验任务如下:

(1)量测沉沙池进出口含沙量及泥沙颗粒级配,研究沉沙池的沉沙效率及池内泥沙淤积状况,确定沉沙池的设计尺寸。

(2)观测沉沙池进出口段流态、流速分布以及水压分布。

(3)研究沉沙池底部排沙廊道的排沙效果以及相应的冲沙流量,分析冲沙期间连续供水的合理性。

(4)观测在沉沙池室不同组合工况下以及在不同运行模式下输水隧洞进流受到何种影响,观测输水隧洞进口消力池流态。

2.水工模型设计

1)模型相似条件

沉沙池在运行期间,泥沙以悬移质为主,模型与原型设计除满足水流运动相似外,还应满足悬移质运动相似,即满足泥沙沉降和泥沙输移相似。根据试验任务和要求,模型采用正态模型。

(1)水流运动相似。

①重力相似条件。

根据重力相似条件(模型与原型弗劳德数相等),得出流速比尺关系为

$$\lambda_v = \lambda_L^{1/2} \tag{6-18}$$

②阻力相似条件。

根据阻力相似条件得出糙率比尺：

$$\lambda_n = \lambda_L^{\frac{1}{6}} \tag{6-19}$$

③水流连续性相似条件。

水流运动时间比尺：

$$\lambda_{t_1} = \lambda_L / \lambda_v = \lambda_L^{\frac{1}{2}} \tag{6-20}$$

流量比尺：

$$\lambda_Q = \lambda_v \lambda_L^2 = \lambda_L^{\frac{5}{2}} \tag{6-21}$$

（2）悬移质运动相似。

①泥沙输移和沉降相似。

泥沙输移和沉降相似条件，是根据紊流扩散理论所得到的挟沙水流运动基本方程导出的，对于正态模型，沉速和流速之间的比尺关系为

$$\lambda_\omega = \lambda_v \tag{6-22}$$

沉速关系式为

$$\omega = \sqrt{\frac{4}{3 C_d} \frac{\gamma_s - \gamma}{\gamma} g d}$$

式中　C_d——沉沙阻力系数，$C_d = \dfrac{\alpha}{\left(\dfrac{\omega d}{\nu}\right)^\beta}$，$\beta$ 随颗粒雷诺数的变化而改变。

窦国仁根据关系式推导出泥沙粒径比尺关系为

$$\lambda_d = \frac{\lambda_v^{\frac{\beta}{1+\beta}} \lambda^{\frac{2-\beta\omega}{1+\beta}}}{\lambda_{\gamma_s - \gamma}^{\frac{1}{1+\beta}}} \tag{6-23}$$

上式中，对于细颗粒泥沙（$d < 0.1$ mm），$\beta = 1$；对于粗颗粒泥沙（$d > 2$ mm），$\beta = 0$。沉降不同级配泥沙，要计算其粒径比尺，所有泥沙需要满足沉沙相似条件。λ_d 随原型设计的粒径变化，所以不是常数。

②水流挟沙力相似。

对冲积性河流要求模型与原型的输沙能力相似，即水流挟沙力相似；对于悬移质挟沙水流，输沙能力相似要求含沙量比尺与挟沙力比尺相等。

$$\lambda_s = \lambda_{s*} \tag{6-24}$$

基于水工模型经验，窦国仁推导出含沙量比尺公式：

$$\lambda_s = \frac{\lambda_{\gamma_s}}{\lambda_{(\gamma_s - \gamma)/\gamma}} \tag{6-25}$$

2）模型比尺确定及模型沙的选择

根据工程规模和试验任务要求，模型几何比尺取 1∶40。

悬移质模型沙根据悬移质泥沙运动相似准则进行选择，对于正态模型，悬浮沙运动的

模拟极为不同,由于本水工模型主要研究沉沙池的泥沙沉降问题。为了探求适用的模型沙,我们展开了广泛调研。通过综合分析研究,我们认为郑州热电厂粉煤灰的物理化学性能较为稳定,悬浮特性好,同时还具备造价低、宜选配加工等优点。该模型沙曾在小浪底枢纽电站防沙、三门峡库区及黄河小北干流连伯滩放淤等水工模型中采用,并取得了成功的经验。因此,选用郑州热电厂粉煤灰作为本模型的模型沙。郑州热电厂粉煤灰容重为 21 kN/m³,干容重为 7.8 kN/m³,由此可得容重比尺 $\lambda_{\gamma_s} = 27/21 = 1.29$,干容重比尺 $\lambda_{\gamma_s'} = 13/7.8 = 1.67$,相对容重比尺 $\lambda_{\left(\frac{\gamma_s - \gamma}{\gamma}\right)} = 1.55$,按原型水温 30 ℃、模型水温 10 ℃,得 $\lambda_v = 0.68$,由式(6-23)求得悬移质粒径比尺 $\lambda_d = 1.67$。所选模型沙中值粒径为 0.062 8 mm,则 $\lambda_d = 1.67$。由式(6-25)求得含沙量比尺 $\lambda_s = 0.83$。设计入池泥沙级配及模型(原型)模拟泥沙级配曲线如图 6-334 所示,图中显示两级配曲线基本吻合,根据模型相似条件计算模型主要比尺见表 6-112。

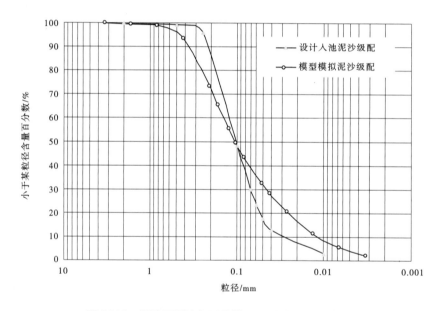

图 6-334　设计原型沙级配及模拟原型沙颗粒级配曲线

3)模型范围及模型制作

该模型包括 12 孔取水口、6 条沉沙池室、消力池和长 300 m 的一段输水隧洞,模拟总长度约 600 m,宽度 100 m,模型范围:32 m×6 m(长×宽)。沉沙池、输水隧洞采用有机玻璃制作,有机玻璃糙率为 0.008~0.009,换算至原型糙率为 0.013~0.015,满足模型阻力相似要求。

模型进口清水和出口浑水流量用电磁流量计控制,模型沙级配测量采用激光颗分仪,含沙量采用比重瓶法测量,库水位采用测针量测,流速采用 Ls-401 型流速仪(微型螺旋桨)测读,冲淤地形采用 YRIHR 生产淤泥轮廓仪配合水准仪进行测量。

表 6-112　模型比尺汇总

相似条件	比尺名称	比尺	依据	备注
几何相似	水平比尺 λ_L	20	试验任务要求及《规范》	
	垂直比尺 λ_H	20		
水流运动相似	流速比尺 λ_v	4.47	$\lambda_v = \lambda_L^{\frac{1}{2}}$	
	流量比尺 λ_Q	1 789	$\lambda_Q = \lambda_L^{\frac{5}{2}}$	
	水流运动时间比尺 λ_{t_1}	4.47	$\lambda_{t_1} = \lambda_L^{\frac{1}{2}}$	
	糙率比尺 λ_n	1.65	$\lambda_n = \lambda_L^{\frac{1}{6}}$	
悬移质运动相似	容重比尺 λ_{γ_s}	1.29	模型悬沙为粉煤灰	$\gamma_{sm} = 21 \ kN/m^3$
	相对容重比尺 $\lambda_{\left(\frac{\gamma_s - \gamma}{\gamma}\right)}$	1.55		
	干容重比尺 $\lambda_{\gamma_s'}$	1.67		$\gamma_{sm}' = 8 \ kN/m^3$
	沉速比尺 λ_ω	4.47		
	粒径比尺 λ_d	1.5~2.0		
	含沙量比尺 λ_s	0.83	$\lambda_s = \dfrac{\lambda_{\gamma_s}}{\lambda_{\gamma_s - \gamma}}$	

4）试验水沙和试验组次

根据试验要求及设计提供的水沙条件共进行了以下三个方面共 7 个组次试验，试验采用的水沙条件见表 6-113。

表 6-113　试验组次

试验内容	组次	流量/（m³/s）	含沙量/（kg/m³）	备注
进出口流态观测	1	74	0	1# 和 2# 两条沉沙池运用
	2	74	0	3# 和 4# 两条沉沙池运用
	3	74	0	5# 和 6# 两条沉沙池运用
	4	148	0	1#、2#、5# 和 6# 四条沉沙池运用
	5	222	0	6 条沉沙池全部运用
沉沙池沉沙效果	6	74	0.65	2 条沉沙池运用
排沙廊道排沙	7	74	0.65	2 组排沙孔（1 条排沙廊道）排沙

3. 试验成果

1) 沉沙池进水口过流能力

试验控制模型进口流量 222 m³/s,当水流稳定后,对库水位、沉沙池及消力池水位进行了量测。经测量,库水位为 1 275.508 m,沉沙池水位为 1 275.21 m,消力池水位为 1 274.82 m。这说明在正常蓄水位 1 275.5 m 条件下,引水流量基本满足设计要求。库水位为 1 275.508 m 时,同时使用 4 条沉沙池,引水流量为 153 m³/s,同时使用 2 条沉沙池,引水流量为 78 m³/s。

2) 沉沙池的流动状态和流速分布

试验结果表明,沉沙池入口处流态无序,因为水流经过的过渡段(长度为 15.5 m)不仅以 15°的扩散角向平面两侧扩散,而且以 21°的扩散角垂直向底部扩散,如图 6-335 ~ 图 6-341 所示。在沉沙池前 40 m 内,水面波动剧烈,速度相对较大,如图 6-335、图 6-336 所示。图 6-337 ~ 图 6-338 显示了沉沙池初始位置上游 4 m 处,即过渡段的流向状态。从图 6-337、图 6-338 可以看出,水流十分无序,表面流向基本为正向,但流线上翘,中心流向为正向和反向不规则;底部流向与中心流向相似,但反向概率略高。图 6-339 ~ 图 6-341 显示了沉沙池初始位置的水流流向。可见,流动状态与过渡段的一样无序,地表水流向呈现为正向,中心水流呈现为正向和反向不规则,底部水流基本为储量。

在沉沙池正常运行条件下,测量了不同断面的流速。图 6-342 显示了沉沙池 6#池室内 0 m、20 m、40 m、60 m、80 m、100 m 断面处的流速分布,仅代表瞬时速度绝对值,不反映流向。

图 6-335　1#~6#沉沙池入口流态

图 6-336　5#、6#沉沙池入口流态

图 6-337　沉淀池上游过渡段流态(一)

图 6-338 沉淀池上游过渡段流态(二)

图 6-339 沉淀池初始位置流态(一)

图 6-340　沉淀池初始位置流态(二)

图 6-341　沉淀池初始位置流态(三)

试验结果表明,由于入口过渡段的影响,沉沙池前 40 m 内的流速分布不均匀。1/3 水深内的流速较高,如 0 m 上断面的最大流速为 2.23 m/s,20 m 上断面的最大流速为 1.75 m/s,40 m 断面的最大流速为 0.76 m/s。经过沉沙池中部后,流速分布趋于均匀,平均流速为 0.37~0.40 m/s。各断面的流速分布因受上游弯道影响,均表现为右侧较高。而 1#沉沙池的速度分布则相反。

3)沉沙池效率

(1)沉沙池沉积速率。

从沉沙池的入口速度分布(见图 6-342)可以看出,1#和 6#池室的进流量最不均匀,湍

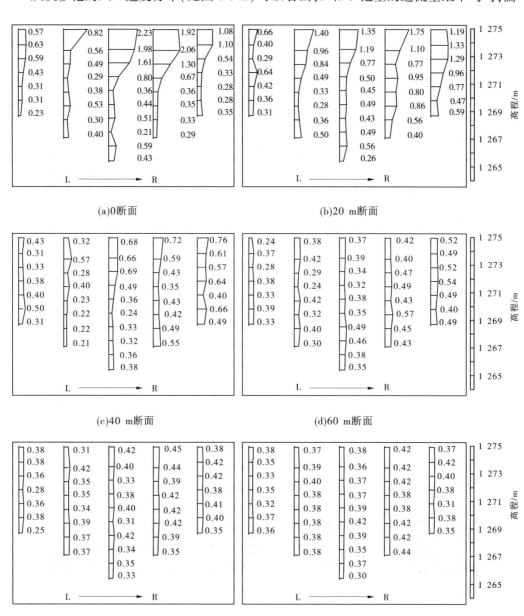

图 6-342 6#沉沙池流速垂直分布 （单位:m/s）

0 流最大。结果表明,它们的效率比 2# ~ 5# 池室的效率差。根据可能的工作模式,选择 6# 和 5# 池室工作模式进行测试和观察。在设计沙料粒径级配的基础上,分别选择了 0.86 kg/m³、2.6 kg/m³ 和 4.3 kg/m³ 三种进流泥沙沉积含量。结果表明,在试验水、沉积条件下,沉沙池运行初期沉积速率达到 32% ~ 38%,粒径大于 0.25 mm 的沙沉积速率为 80% ~ 91%。

（2）沉沙池淤积情况。

图 6-343 显示了 5# 和 6# 沉沙池不同断面在后期试验阶段的淤积情况。

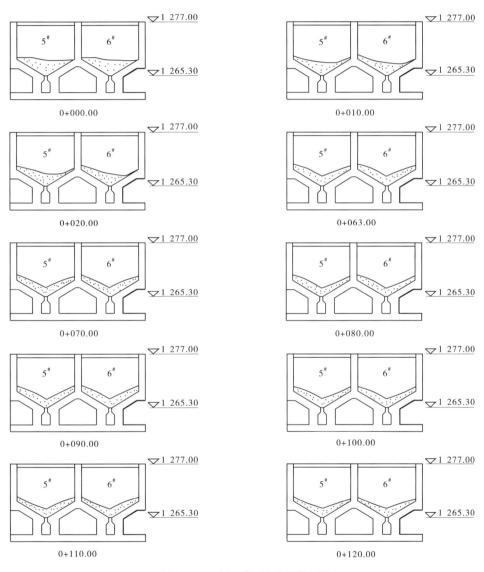

图 6-343　5# 和 6# 沉沙池淤积断面

图 6-344 显示了沿 6# 沉沙池 6# 隧洞的淤积变化面。从图中可以看出,0+000.0 m 断面的淤积面接近水平,淤积高程达到 1 268.80 m;淤积厚度较大,最厚处可达 3.4 m。池中部淤积呈倒三角形,厚度略有减小,最大厚度为 0+120.0 m 断面处的 2.1 m。

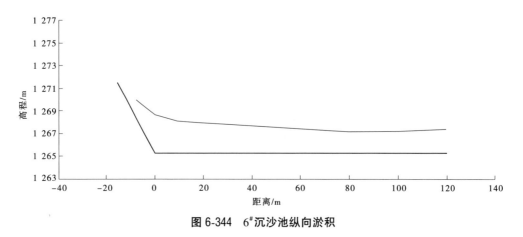

图 6-344　6#沉沙池纵向淤积

沉沙池淤积的颗粒分析发现,淤积的粒径相对较粗,并沿隧洞变小,符合沉积规律,见图 6-345。

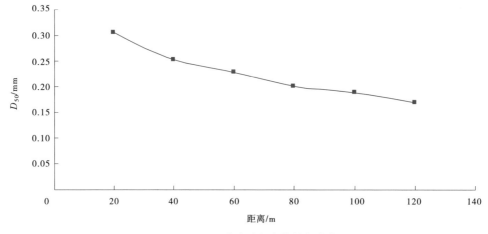

图 6-345　沉沙池淤积中值粒径变化

4)排沙廊道试验

(1)排沙廊道的冲沙排放。

根据冲沙要求设计试验。试验条件:打开相邻两个沉沙池对应的两段开沙口,水库水面高程为 1 275.5 m,引水流量为 222 m³/s,结果表明两段开沙口的下泄流量为 32 m³/s。

(2)排沙廊道效率。

当沉沙池淤积厚度达到 2~3.4 m 时,打开 5# 和 6# 沉沙池 2 号断面的冲洗口,观察冲沙效率。图 6-346 显示了排沙廊道出口的泥沙沉积含量变化。开始时最大泥沙沉积含量达到 90 kg/m³,15 min 后接近恒定。表明已排出淤积沉积物,排沙廊道无淤积。此外,除水面下降外,沉沙池内几乎无流动状态变化。对于所需的冲沙流量为 32 m³/s,排沙廊道冲洗运行过程中,输水隧洞的进流减少,而隧洞内的连续流动未受影响。图 6-347 显示了冲洗后沉沙池的淤积情况。结果表明,冲沙有效。

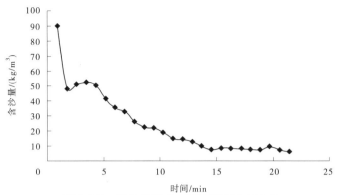

图 6-346　排沙廊道出口泥沙沉积含量变化

图 6-347　5#和 6#沉沙池第 2 段冲洗后的淤积情况

4.修改设计方案的试验结果

原设计方案试验结果表明,沉沙池前 40 m 范围内流速分布不均匀,1/3 水深范围内流速偏大,最大流速达到 0.76~2.2 m/s,不利于沙沉降。在试验水沙条件下,沉沙池运用初期的沉积速率达到 32%~38%,粒径大于 0.25 mm 的沙沉积速率为 80%~91%,无法满足设计要求,需要对沉沙池形状进行修改。

1)沉沙池 120 m 增设整流栅方案

(1)沉沙池首端增设一道整流板。

在沉沙池入口处按修改版设计方案安装消力板,如图 6-348、图 6-349 所示。消力板上开直径为 0.6 m、中心距离为 1.0 m 的 112 个孔。所有孔口的流通截面合计为 28%。试验测量了水面线和流速。

保持水库水面高程为 1 275.5 m,沉沙池 6#池室内安装消力板前后的水面线如图 6-350 所示。由图 6-350 可知,安装消力板后,上游形成回水,下游水面高程下降 0.2 m,由于水头损失增加,引水流速下降 3%。保持试验流速恒定,沉沙池 6#池室内安装消力板前后的水面线如图 6-351 所示。由图 6-351 可知,安装消力板后,消力板上游水面高程平均上升 0.25 m,下游水面高程与未安装消力板时保持一致。

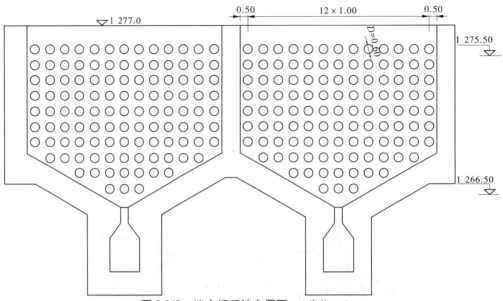

图 6-348　消力板系统布置图 （单位:m）

图 6-349　消力板系统模型

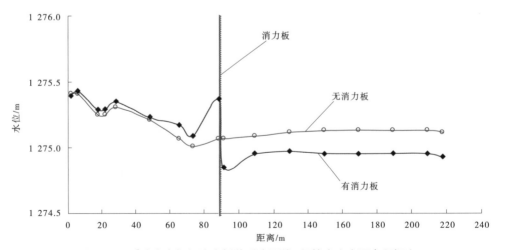

图 6-350　6#池室内加入消力板前后水面线(保持水库水面高程恒定)

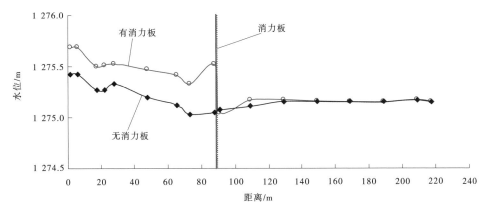

图 6-351　6#池室中加入消力板前后水面线(保持试验流速恒定)

测量了断面 0+20 m、0+40 m 的流速分布,如图 6-352 所示。对比流速变化可发现,在沉沙池的前 40 m 内,最大流速明显降低,但垂直方向的流速分布仍不均匀。需要更多修改测试。

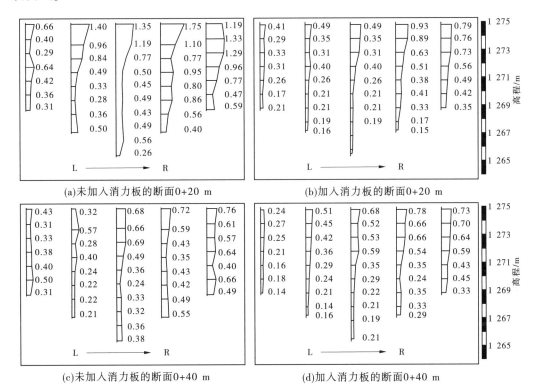

图 6-352　6#池室加入消力板前后流速分布　(流速单位:m/s)

(2)沉沙池渐变段增设四道整流栅。

该方案是在沉沙池前渐变段增设四道整流栅,通过过渡段整流栅来调整入池流速不均匀分布状态。整流栅的布置见图 6-353。第一道整流栅位于渐变段 4.25 m 处,栅条直径 85 mm,栅条间距 280 mm;第二道整流栅距第一道 1.1 m,栅条直径 70 mm,栅条间距

215 mm;第三道整流栅距第二道 0.9 m,栅条直径 60 mm,栅条间距 165 mm;第四道整流栅距第 3 道整流栅 0.7 m,栅条直径 50 mm,栅条间距 120 mm;每道整流栅上设三根横梁,横梁高度 160 mm,整流栅与底板之间预留 0.5 m 的缝隙。

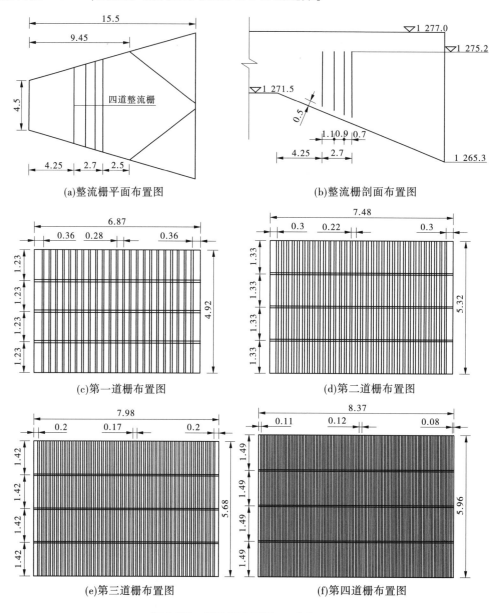

图 6-353　整流栅布置图　(单位:m)

结果表明,加设四道整流栅后,沉沙池前 20 m 断面流速与加栅前相比,流速明显减小,见图 6-354。但由于栅间距较小,水流过一道栅后没有得到恢复就又通过下一道栅(见图 6-355),减弱了栅的整流作用,另外,第四道整流栅后的扩散段仍较长,沉沙池断面流速分布不均匀,表面和底部流速偏大。

试验结果表明,整流栅固定后,沉沙池前 20 m 内流速明显下降,如图 6-354 所示。由于整流栅之间的距离相对较小(见图 6-355),因此经过前一整流栅的调节,流量无法恢复到足够的稳定度,而且第四道整流栅后的逐渐膨胀仍然较长,因此沉沙池中流速分布不均匀,表面值、底部值较高。

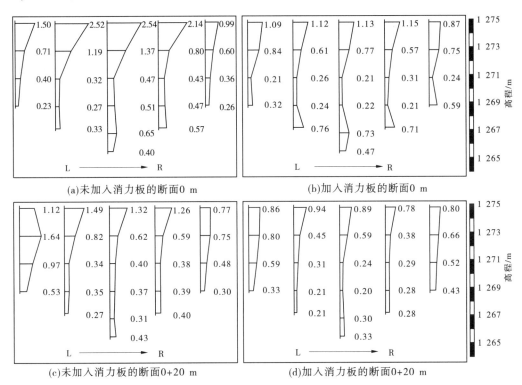

图 6-354　1#池室加入消力板前后流速分布　(流速单位:m/s)

图 6-355　沉沙池流动状态

按照图 6-356 和图 6-357 再次调整整流栅结构。增加四个机架的棒间距,从上游开始,每个机架的棒间距分别为 250 mm、210 mm、160 mm、130 mm。棒直径增加至 90 mm。沿流向,将每个整流栅之间的距离调整为 3.6 m、3.0 m 和 2.65 m。

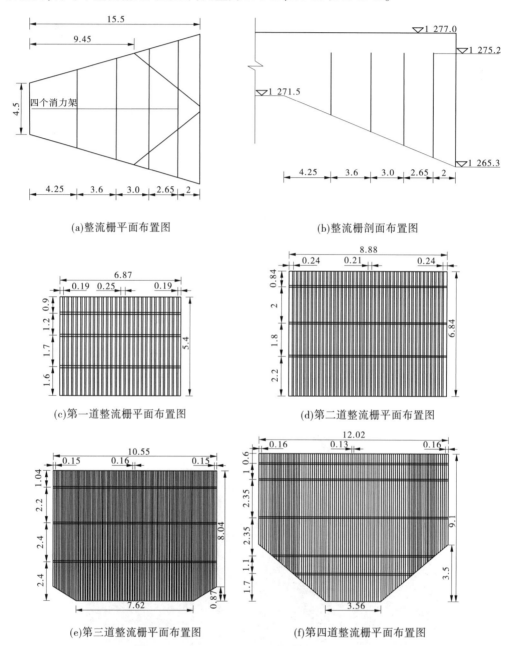

(a)整流栅平面布置图

(b)整流栅剖面布置图

(c)第一道整流栅平面布置图

(d)第二道整流栅平面布置图

(e)第三道整流栅平面布置图

(f)第四道整流栅平面布置图

图 6-356　整流栅系统(已调整)　(单位:m)

图 6-357　整流栅系统(已调整)

试验结果表明:整流栅结构和位置调整后水面平顺稳定,水流出第一道整流栅后出现 0.8 m 长的水跃,水流出第二道整流栅后水跃长度为 0.4 m,水流经过第四道整流栅后均匀,如图 6-358 所示。沉沙池前 40 m 内的流速分布趋于均匀,如图 6-359 所示。

图 6-358　沉沙池流动状态

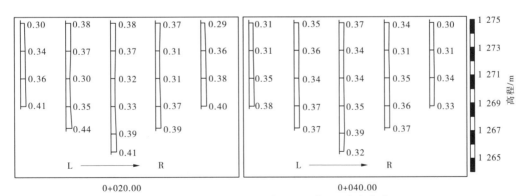

图 6-359　池室中加入消力板后的流速分布　(流速单位:m/s)

加入整流栅前后的水面线如图 6-360 和图 6-361 所示。可见,安装四道整流栅后,整流栅前的水面高程上升了 0.1~0.2 m,供整流栅挡水。沉沙池的分流进流减少了 5%。

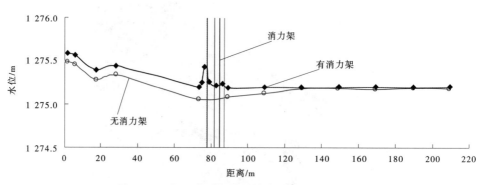

图 6-360　加入整流栅前后的水面线(相同流量)

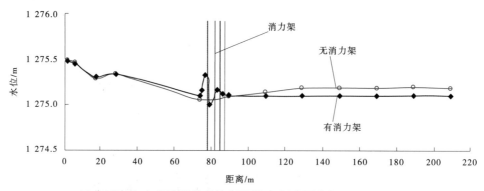

图 6-361　加入整流栅前后的水面线(相同水面高程 1 275.5 m)

(3)沉沙池增设整流栅后的效率。

测量了沉沙池增设整流栅后的效率,进流泥沙沉积含量为 1.3 kg/m³,试验持续 16 h。图 6-362 和图 6-363 是沙和粒径大于 0.25 mm 沙的沉积速率随时间的变化。由图可见,沙沉积速率随时间的推移而减小,在试验水沙条件下,平均沉积速率达到 39%。经计算,粒径大于 0.25 mm 的沙沉积速率为 94%~97%。

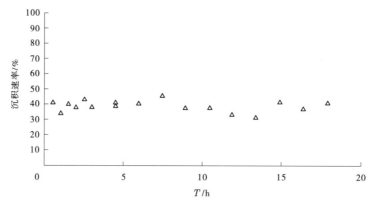

图 6-362　沙沉积速率随时间的变化

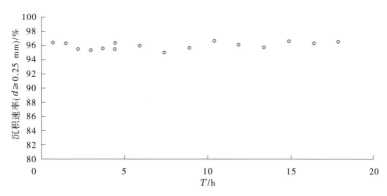

图 6-363　粒径大于 0.25 mm 的沙沉积速率随时间的变化

2）方案一（沉沙池长 150 m）

为提高沉沙池的效率，沉沙池下游延长 30 m，在增加四根消力棒的情况下，其他形状不发生变化，并对两套沙级配进行试验，分析沉沙池中粒径大于 0.25 mm 的沙的效率。

如图 6-364 所示，模型沙的中值粒径为 0.084 mm，小于设计值（沙的粒径为 0.105 mm）。进流泥沙沉积含量为 4.5 kg/m³，试验持续 5.2 h。可以看出，在试验水沙条件下，沙沉积速率为 41%，如图 6-365 所示。粒径大于 0.25 mm 的沙沉积速率达到 99% ~ 100%，如图 6-366 所示，满足设计要求。

如图 6-367 所示，模型沙的中值粒径为 0.149 mm，大于设计值（沙的粒径为 0.105 mm）。进流泥沙沉积含量为 1.3 kg/m³，试验持续 9 h。可以看出，在试验水沙条件下，沙沉积速率为 46%，如图 6-368 所示。粒径大于 0.25 mm 的沙沉积速率达到 99% ~ 100%，如图 6-369 所示，满足设计要求。

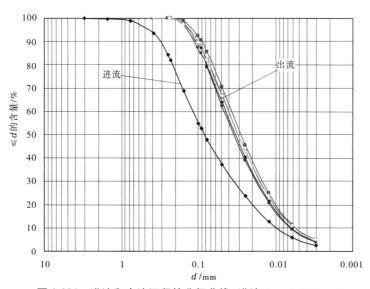

图 6-364　进流和出流沉积的分级曲线（进流 $d_{50}=0.084$ mm）

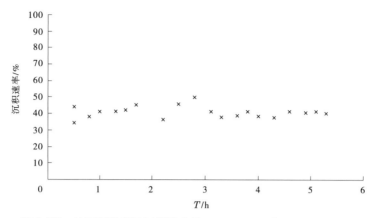

图 6-365　沙沉积速率随时间的变化($S=4.5\ \mathrm{kg/m^3}$, $d_{50}=0.084\ \mathrm{mm}$)

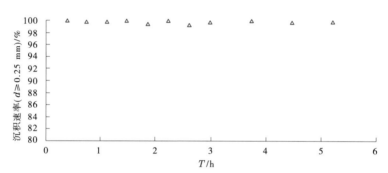

图 6-366　粒径大于 0.25 mm 的沙沉积速率随时间的变化($S=4.5\ \mathrm{kg/m^3}$, $d_{50}=0.084\ \mathrm{mm}$)

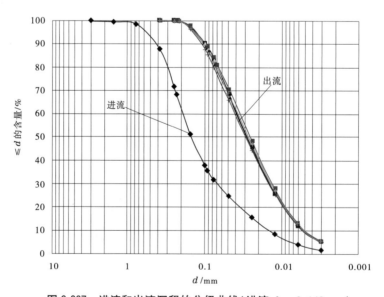

图 6-367　进流和出流沉积的分级曲线(进流 $d_{50}=0.149\ \mathrm{mm}$)

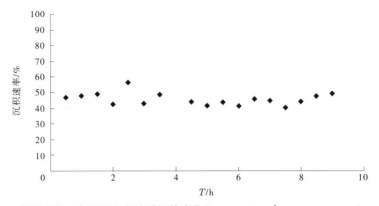

图 6-368　沙沉积速率随时间的变化($S = 1.3 \text{ kg/m}^3$, $d_{50} = 0.149 \text{ mm}$)

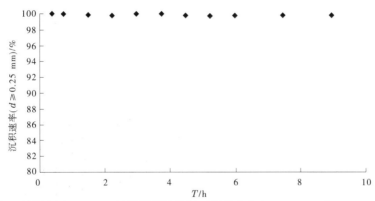

图 6-369　粒径大于 0.25 mm 的沙沉积速率随时间的变化($S = 1.3 \text{ kg/m}^3$, $d_{50} = 0.149 \text{ mm}$)

3)方案二(沉沙池长 150 m)

沉沙池在加入四根消力棒的情况下,下游延长 30 m,粒径大于 0.25 mm 的沙沉积速率达到 96%,满足设计要求。

考虑到在沉沙池延长 30 m 的情况下,很难在下游实现充分安装。此外,由于增加了四根消力棒,因此进水口的容量减小,很难保证完全流动,因此修改了上游流道形状和出口布局。

修改原则为保持进水口和消力池的位置、形状、大小不变,然后将沉沙池向上游延伸 22 m,向下游延伸 8 m,即将沉沙池延长到 150 m,同时调整沉沙池上游的流道和下游的出口收缩情况。修改后的流道水平投影长度为 33.25 m,流道高度从 1 271.5 m 下降到 1 270 m,与闸室基板相同。流道截面的宽度从 7.8 m(位于池室末端)改为 13 m,两侧均为直壁。流道及沉淀池连接段宽度与沉沙池相同,底坡仍为 1:2.5。连接段内有两道整流栅,第一道整流栅位于距入口处 6.75 m 的渐变过渡段,棒距 160 mm,直径 90 mm;第二道整流栅距第一道 3.0 m 远,棒距 130 mm,直径 90 mm;每道整流栅上固定了三根高度 160 mm 的梁;整流栅与底板间隙 0.5 m,沉沙池底部变为垂直和顶部圆形。沉沙池平面布局如图 6-370 所示。

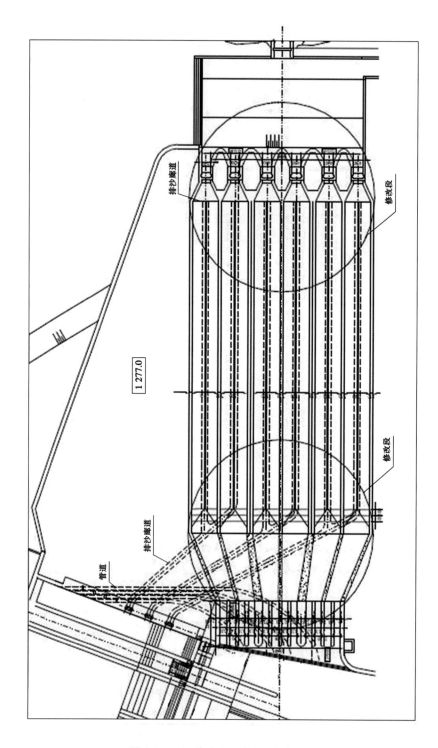

图 6-370　沉沙池平面布局(方案二)

在试验清水条件下测量了取水口引水流量和流道及沉沙池的流速,可以看出,6#的流速在左侧较高,由于流道的高程和宽度变化,流道的流速明显较低且不均匀。0+20 m 断面左侧流速为 1.2~1.4 m/s,右侧流速为 0.2~0.6 m/s。虽然在连接段增加了两条消力棒,但速度分布不均匀,沉淀池段 20 m 处表面速度仍然较大。在试验清水条件下,取水口引水流量比设计值增加了 1.3%。

测量了沉沙池的效率,进流泥沙沉积含量为 3 kg/m³,试验持续 18 h。可以看出,在试验水沙条件下,粒径大于 0.25 mm 的沙沉积速率达到 95.1%~97.4%,如图 6-371 所示。

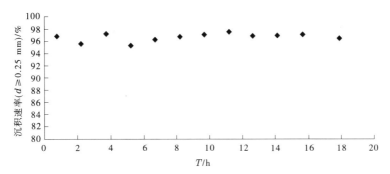

图 6-371　粒径大于 0.25 mm 的沙沉积速率随时间的变化

据观察,入口处淤积严重,淤积厚度较大,最厚处可达 2.1 m。进水口流量比设计时减小 4.3%,不符合要求。

4)方案三(沉沙池长 150 m)

经试验结果分析,将继续对沉淀池进行优化,并对上游流道形状进行修改。流道宽度缩小到 7.5 m,宽度相同,其余与设计方案二相同。连接段有三道整流栅,第一个整流栅位于距入口 5.75 m 的渐变过渡段,棒距 210 mm,直径 90 mm;第二个整流栅距第一个 3.0 m 远,棒距 160 mm,直径 90 mm;第三个整流栅距第二个 3.0 m 远,棒距 130 mm,直径 90 mm;每个整流栅上固定了三根高度 160 mm 的梁;整流栅与底板间的间隙为 0.5 m,沉沙池平面布局如图 6-372、图 6-373 所示。

在试验清水条件下测量了取水口引水流量和流道及沉沙池的流速,可以看出,6#的流速在左侧仍偏高,流道流速较设计方案二有明显的提高。0+20 m 断面左侧流速为 1.2~1.3 m/s,但右侧流速明显增大到 0.66~0.92 m/s,沉沙池流速分布相对均匀。在试验清水条件下,取水口引水流量比设计值增加了 1.2%。

测量了沉沙池的效率,进流泥沙沉积含量为 1.5 kg/m³,试验持续 27 h。可以看出,在试验水沙条件下,粒径大于 0.25 mm 的沙沉积速率达到 97%~99.7%,如图 6-374 所示。

据观察,图 6-375 所示的入口处有少许淤积,淤积厚度较大,最厚处可达 0.5 m。淤积对进水口的流量没有明显的影响。在应用脱淤过程中,流速降低了 1.7%。

测量了间距 20 m 的 8 个断面的淤积高程,图 6-376 显示了沉沙池不同断面的淤积高程。

从试验中可以看出,厚度逐渐减小。淤积高程在 8.8 m 断面处达到 1 268.80 m,淤积厚度较大,最厚处可达 5.5 m,如表 6-114 和图 6-377 所示。

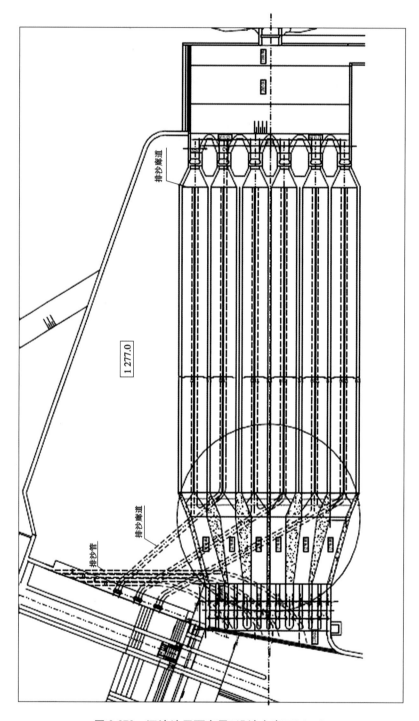

图 6-372　沉沙池平面布局(设计方案三)(一)

图 6-373　沉沙池平面布局(设计方案三)(二)

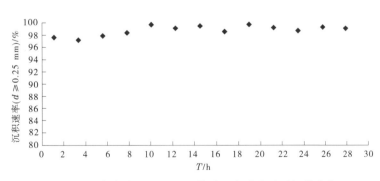

图 6-374　粒径大于 0.25 mm 的沙沉积速率随时间的变化

图 6-375　沉沙池入口处淤积

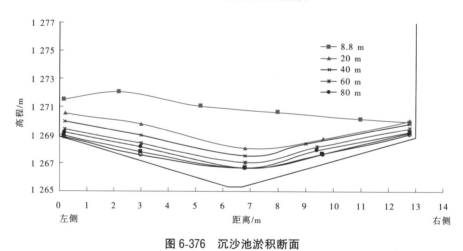

图 6-376　沉沙池淤积断面

表 6-114　沉沙池沿程淤积厚度变化

距离/m	8.8	20	40	60	80	100	120	140
厚度/m	5.5	2.65	2.24	1.72	1.37	1.28	1.3	1.3

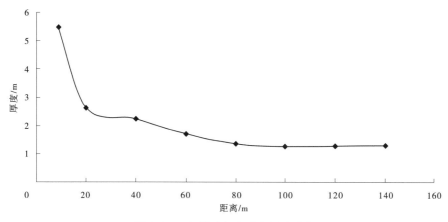

图 6-377　沉沙池沿程淤积厚度变化

从沉沙池淤积的颗粒分析可发现,在沉沙池上游 0~30 m 处有一个沉积单元和一个高程为 1 269.9~1 272 m 的沙丘,超过了 1 272 m 的底板高程,对流量具有阻水作用。因此,我们在上游 0~30 m 处进行了撤走沉积单元的试验,从试验中可以看出,其流量与设计值相同。

此外,淤积的粒径相对较粗,在流道和 1# 消力棒左侧难以凝结。在沉淀池开放至水面高程达到正常高程的过程中,该部分沉积物可挤入沉沙池。

根据试验条件,在断面 0~30 m 淤积高程 1 270 m 之前,沉淀池应用脱淤。

5. 结论与建议

1)原方案

(1)当水库水面高程为 1 275.5 m 时,当沉沙池上游渐变过渡段中应用六个池室、四个池室、两个池室沉沙池时,取水口引水流量分别为 222 m³/s、153 m³/s、78 m³/s。

(2)在试验水沙条件下,粒径大于 0.25 mm 的沙沉积速率为 80%~91%。

(3)在相邻两个沉沙池对应的两段冲洗口打开的情况下,测得下泄流量为 32 m³/s。排沙廊道出口最大泥沙沉积含量为 90 kg/m³,0.25 h 后泥沙沉积含量趋于恒定。表明排沙廊道设计满足了冲沙要求,排沙廊道内无淤泥。

(4)当入口分流为 222 m³/s 时,在消力池中的流态稍为平顺。水进入输水隧洞后,入口处水面明显下降,隧洞内出现水跃,水面有较大波动。

(5)在隧洞入口形状修改后,输水隧洞内的流态显著改善。三种修改方案比较,半圆形和 1/4 椭圆形方案相对较优。但引水流量 222 m³/s 时,洞内水流波动仍较大,且进口段洞顶余幅较小,建议将隧洞入口(0~30 m)的顶部提升 1 m。

2)加入消力棒,沉沙池长度为 120 m

(1)沉沙池上游渐变过渡段安装四个整流栅后水面平顺稳定,流速分布均匀,取水口引水流量减少 4.8%。

(2)在试验水沙条件下,在沉沙池上游渐变过渡段安装四个整流栅时,粒径大于 0.25 mm 的沙沉积速率为 94%~97%。

3)设计方案一(沉沙池长 150 m)

(1)粒径大于 0.25 mm 的沙沉积速率为 99%~100%。

(2)沉沙池的取水口引水流量减少 4.8%。

4)设计方案二(沉沙池长 150 m)

(1)在试验清水条件下,取水口引水流量比设计值增加了 1.3%。

(2)粒径大于 0.25 mm 的沙沉积速率为 95.1%~97.4%。

(3)据观察,入口处淤积严重,淤积厚度较大,最厚处可达 2.1 m。淤积后取水口引水流量比设计值减少 4.3%。

5)设计方案三(沉沙池长 150 m)

(1)在试验清水条件下,取水口引水流量比设计值增加了 1.2%。

(2)粒径大于 0.25 mm 的沙沉积速率为 97%~99.7%。

(3)入口处有少许淤积,厚度为 0.2~0.5 m。

(4)8.8 m 断面处有一个沙丘超出了底板 1 272 m 的高程。取水口引水流量比设计值低 1.7%。在上游 0~30 m 撤走沉积单元后,取水口引水流量与设计值相同。

(5)根据试验条件,在断面 0~30 m 淤积高程 1 270 m 之前,沉淀池应用脱淤。

6.3.6.6 稳定应力计算

(1)计算模型及计算方法。中间沉沙池两侧荷载对称,稳定问题较小,仅对沉沙池边侧单元进行稳定性计算,并将计算简化为平面分析,由于沉沙池顶部梁间距为 1.96 m,故沿水流方向的计算宽度取 1.96 m。由于左右两侧单元沿中轴对称,不存在地基整体滑动稳定问题,稳定性仅考虑沉沙池底板与地基接触面。沉沙池地基换填天然砾石,其厚度至少为 1 m。计算简图见图 6-378。沉沙池稳定应力计算方法同过渡引渠稳定及应力计算。

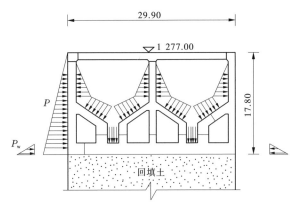

图 6-378　沉沙池稳定计算模型简图　(单位:m)

(2)计算工况及荷载组合。沉沙池稳定应力计算考虑了施工完建、检修、正常运行和地震共 5 种工况,计算工况及荷载组合见表 6-115。

表 6-115　计算工况及荷载组合

序号	工况说明	荷载组合					工况类别
		自重	内水压力	外水压力	土压力	地震荷载	
Ⅰ	施工完建	√			√		UN
Ⅱ	双池 1 275.20 m 水位运行	√	√	√	√		U
Ⅲ	左池 1 275.20 m 水位,右池空	√	√	√	√		U
Ⅳ	右池 1 275.20 m 水位,左池空	√	√	√	√		U
Ⅴ	双池 1 275.20 m 水位运行+最大设计地震 MDE	√	√	√	√	√	E

(3)计算成果。沉沙池稳定应力计算成果汇总见表 6-116。

表 6-116　沉沙池稳定应力计算成果汇总

序号	工况说明	评价因素				工况类别
		抗滑稳定安全系数	压应力区范围	抗倾覆稳定安全系数	抗浮稳定安全系数	
Ⅰ	施工完建	2.178	100%	3.54	∞∞	UN
Ⅱ	双池 1 275.20 m 水位运行	3.127	100%	22.52	12.94	U
Ⅲ	左池 1 275.20 m 水位,右池空	2.526	100%	17.93	10.64	U
Ⅳ	右池 1 275.20 m 水位,左池空	2.526	100%	30.20	10.64	U

6.3.6.7　结构计算分析

1.计算模型

工作段部分位于岩石基础上,结构计算采用三维有限元方法,建立模型如图 6-379、图 6-380 所示。

2.计算参数

混凝土容重:$\gamma_c = 24.0$ kN/m^3;

混凝土抗压强度设计值(美国标准):$f'_c = 28$ MPa;

混凝土弹性模量:$E_c = 24.87$ MPa;

混凝土泊松比:$\mu = 0.2$;

钢筋屈服强度:$f_y = 420$ MPa;

钢筋弹性模量:$E_s = 200\ 000$ MPa。

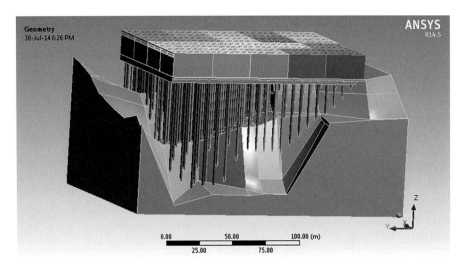

图 6-379　沉沙池工作段计算模型(一)

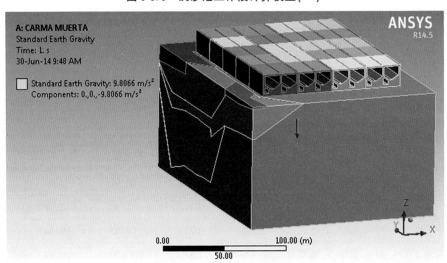

图 6-380　沉沙池工作段计算模型(二)

地基参数如表 6-117 所示。

表 6-117　沉沙池工作段计算模型参数

类型	标识	弹性模量/ MPa	泊松比	内摩擦角 φ/ (°)	黏聚力/ kPa	容重/ (kN/m³)	湿容重/ (kN/m³)
回填砂卵石	Relleno	200	0.20	35	11	21	22
砂卵石	a+b	45	0.26	40	12	21	22
黏土	c	20	0.28	22	35	17	18
砂卵石	d	45	0.26	40	12	21	22
粉土	f	18	0.28	22	10	17	18

表续 6-117

类型	标识	弹性模量/ MPa	泊松比	内摩擦角 φ/ (°)	黏聚力/ kPa	容重/ (kN/m³)	湿容重/ (kN/m³)
基岩	gd	15 000	0.21	55	1 100	28.1	28.2

3. 计算工况

沉沙池工作段计算工况见表 6-118。

表 6-118　沉沙池工作段计算工况

序号	工况描述	序号	工况描述
1	完建	7	5 号池检修,其他池运行
2	正常运行(8 号池充水)	8	6 号池检修,其他池运行
3	1 号池检修,其他池运行	9	7 号池检修,其他池运行
4	2 号池检修,其他池运行	10	8 号池检修,其他池运行
5	3 号池检修,其他池运行	11	正常运行+地震(垂直水流方向)
6	4 号池检修,其他池运行	12	正常运行+地震(平行水流方向)

4. 计算结果

计算结果重点关注断面位置如图 6-381 所示。

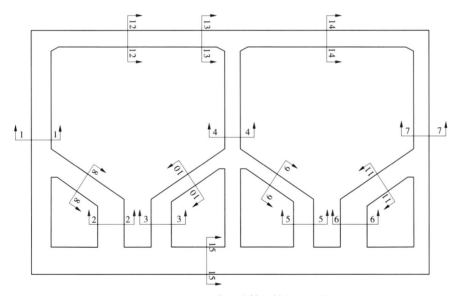

图 6-381　工作段典型计算配筋断面位置图

计算配筋如表 6-119 所示。

表 6-119　工作段典型断面位置计算配筋成果

断面	高/m	宽/m	配筋	断面	高/m	宽/m	配筋
1	1.5	1	5 Φ 28	9	1.0	1	5 Φ 28
2	2.0	1	5 Φ 28	10	1.0	1	5 Φ 28
3	1.5	1	5 Φ 25	11	1.5	1	5 Φ 28
4	1.2	1	5 Φ 25	12	1.0	1	4 Φ 28
5	1.5	1	5 Φ 25	13	1.0	1	4 Φ 28
6	2.0	1	5 Φ 28	14	1.5	1	4 Φ 28
7	1.2	1	5 Φ 28	15	1.2	0.6	5 Φ 28
8	1.5	1	5 Φ 28				

6.3.7　出口闸设计

6.3.7.1　出口闸布置

出口闸(DES 0+220.00~DES 0+243.20)紧接池身段布置,为开敞式宽顶堰,进口底板高程 1 273.40 m,出口为 1:3 斜坡段,出口底板高程为 1 269.77 m,自桩号 DES 0+232.68 开始,以圆弧过渡至下游 1:3 斜坡段,其中圆弧半径 $R=10.00$ m,夹角为 18°。布置见图 6-382~图 6-384。

出口闸室顺水流方向长度 23.20 m,垂直水流方向宽度 119.00 m,分 4 联布置,每联 2 孔,共计 8 孔,其中单孔过流宽度 8.00 m,闸墩中墩宽 6.20 m,边墩宽 4.00 m,缝墩宽 7.40 m,墩顶高程为 1 277.00 m。

为使水流过渡平顺,闸墩的进、出口墩墙侧曲线分别设计为 1/4 椭圆曲线,方程为：$\dfrac{x^2}{6^2}+\dfrac{y^2}{2.5^2}=1$,上游底板进口为圆弧曲线,圆弧半径 $R=1.00$ m。闸室设置一道检修闸门,为液压平门闸门,闸门尺寸为 8.00 m×3.60 m(宽×高),并在每联中墩顶部设置液压泵房,共计 4 个。

为了衔接溢流坝下游路桥及面板堆石坝坝下公路,在出口闸室下游布置交通桥一座,桥面宽 9.80 m,桥中心桩号为 DES 0+238.10。

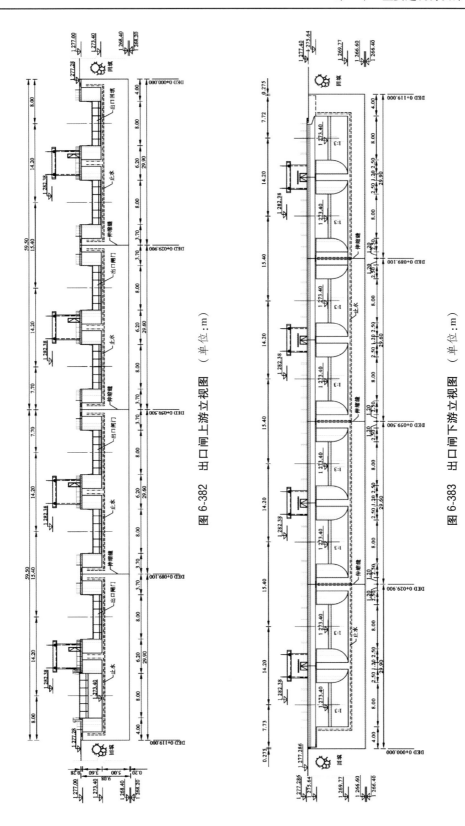

图 6-382 出口闸上游立视图 （单位：m）

图 6-383 出口闸下游立视图 （单位：m）

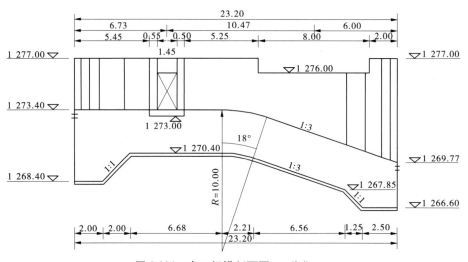

图 6-384　出口闸横剖面图　（单位：m）

6.3.7.2　基础处理

出口闸 DES 0+222.00～DES 0+243.20 段桩径 1.80 m，桩间距 9.60 m，排距 9.00 m。静水池 DES 0+243.20～DES 0+269.50 段桩径 1.80 m，根据底板结构分块，每块底板下布置 4 根灌注桩，上游端桩间排距 10.80 m×7.00 m，下游端桩间排距 13.5 m×6.0 m，边墙下桩按间距 6.60 m、排距 9.50 m 共 2 排布置。采用顶扩头灌注桩，即将桩顶直径扩大为 3.50 m，扩头部分总高为 3.00 m，其中 1.00 m 为过渡段。对桩顶以下 3.50 m 范围的桩间土采用砂砾石进行换填，换填的砂砾石碾压密实度不小于 95%。桩顶设置 0.50 m 的砂卵石垫层。

6.3.7.3　水力学计算

出口闸为宽顶堰，流量按照下式计算：

$$Q = \sigma m \varepsilon B_0 \sqrt{2g} H_0^{3/2}$$

式中　Q——流量，m³/s；

B_0——堰净宽，m；

H_0——计入行近流速水头的堰上水深，m；

g——重力加速度，$g = 9.78$ m/s²；

m——堰流流量系数；

ε——堰流侧收缩系数；

σ——堰流淹没系数。

进口边缘修圆的宽顶堰的堰流流量系数：

当 $0 < P/H < 3.0$ 时　　　　　　　　$m = 0.36 + 0.01 \dfrac{3 - P/H}{1.2 + 1.5 P/H}$

当 $P/H \geqslant 3.0$ 时　　　　　　　　$m = 0.36$

式中　P——上游堰高，m；

H——堰前水头，m。

侧收缩系数计算：

$$\varepsilon = 1 - \frac{\alpha}{\sqrt[3]{0.2 + P/H}} \sqrt[4]{\frac{B_0}{B}} \left(1 - B_0/B\right)$$

式中　B——沉沙池宽度,m;

α——系数,闸墩(或边墩)墩头为矩形,宽顶堰进口边缘为直角时,$\alpha = 0.19$,闸墩(或边墩)墩头为曲线形,宽顶堰进口边缘为直角或圆弧时,$\alpha = 0.10$。

淹没系数取值见表6-120。

表6-120　宽顶堰淹没系数 σ

h_s/H_0	≤0.80	0.81	0.82	0.83	0.84	0.85	0.86	0.87	0.88	0.89
σ	1.00	0.995	0.990	0.98	0.97	0.96	0.95	0.93	0.90	0.87
h_s/H_0	0.90	0.91	0.92	0.93	0.94	0.95	0.96	0.97	0.98	
σ	0.84	0.82	0.78	0.74	0.70	0.65	0.59	0.50	0.40	

注:h_s 为下游堰上水头。

6.3.7.4　出口闸水工模型试验成果

1. 消力池流态

消力池位于输水隧洞前部,消力池流态会影响隧洞进流。试验结果表明:当取水口引水流量为222 m^3/s 时,水流出沉沙池后,在中心墩端附近产生较弱的波状水跃。由于消力池容积较大,消能较充分,波状水跃在较短的范围内就趋于消失,消力池内水面较为平顺,如图6-385所示。由于沉沙池 1# 和 6# 池室出口扩散宽度较小,出流直冲至输水隧洞进口两侧边墙后,各产生一个弱回流。挤压 2# 和 5# 两条沉沙池出流,使得 2# 沉沙池出流偏向左侧,而 5# 沉沙池出流偏向右侧,见图6-386和图6-387。3# 和 4# 沉沙池出流基本对称,见图6-388。试验还观测了两条沉沙池运用(1#、2#组合,3#、4#组合,5#、6#组合)、四条沉沙池运用(1#、2#、5#、6#组合),消力池流态见图6-389~图6-392。

图6-385　引水流量222 m^3/s 时的消力池流态

图 6-386　2#沉沙池的出流流态,偏向左侧(引水流量:222 m³/s)

图 6-387　5#沉沙池的出流状态,偏向右侧(引水流量:222 m³/s)

图 6-388　3#和4#沉沙池的出流流态(引水流量:222 m³/s)

图 6-389　1#和 2#沉沙池运用消力池流态(引水流量:74 m³/s)

图 6-390　3#和 4#沉沙池运用消力池流态(引水流量:74 m³/s)

图 6-391　5#和 6#沉沙池运用消力池流态(引水流量:74 m³/s)

图 6-392　四条($1^{\#}$、$2^{\#}$、$5^{\#}$和 $6^{\#}$)沉沙池运用消力池流态(引水流量:148 m^3/s)

2. 消力池水面

试验量测了两条沉沙池运用($1^{\#}$、$2^{\#}$组合,$3^{\#}$、$4^{\#}$组合,$5^{\#}$、$6^{\#}$组合)、四条沉沙池运用($1^{\#}$、$2^{\#}$、$5^{\#}$、$6^{\#}$组合)以及六条沉沙池运用消力池水面线图,图 6-393 为两条沉沙池运用时的水面线。从图可以看出,两条沉沙池运用下水面高程接近。图 6-394 显示了沉沙池不同运用条件下的水面线。表 6-121 为三种沉沙池运用组合消力池水面高程。从图表中看出,沉沙池水面高程随着沉沙池流量的增大而升高,六条沉沙池运用时,消力池水面高程 1 274.73 m,比沉沙池左侧侧堰堰顶高程(1 275.25 m)低 0.52 m。

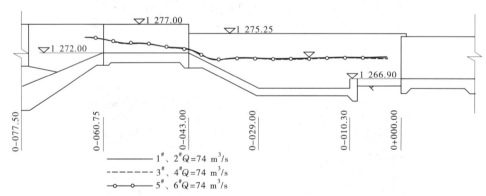

图 6-393　两条沉沙池运用消力池水面线图

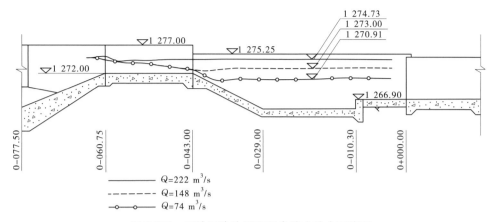

图 6-394　三种沉沙池运用组合消力池水面线图

表 6-121　三种沉沙池运用组合消力池水面高程

桩号/m	水面高程/m					
	1#、2#沉沙池运用		3#、4#沉沙池运用		5#、6#沉沙池运用	
	1#池轴线	2#池轴线	3#池轴线	4#池轴线	5#池轴线	6#池轴线
0-064.75	1 274.98	1 274.94	1 274.98	1 275.02	1 274.97	1 274.95
0-062.75	1 274.88	1 274.84	1 274.88	1 274.92	1 274.91	1 274.85
0-060.75	1 274.60	1 274.56	1 274.66	1 274.66	1 274.63	1 274.59
0-058.75	1 274.18	1 274.18	1 274.24	1 274.23	1 274.27	1 274.15
0-056.75	1 273.80	1 273.78	1 273.90	1 273.88	1 273.99	1 273.81
0-054.75	1 273.67	1 273.60	1 273.79	1 273.81	1 273.95	1 273.77
0-052.75	1 273.69	1 273.65	1 273.75	1 273.99	1 273.95	1 273.95
0-050.75	1 273.50	1 273.61	1 273.55	1 273.64	1 273.63	1 273.63
0-048.75	1 273.20	1 273.29	1 273.19	1 273.28	1 273.32	1 273.32
0-046.75	1 272.94	1 273.15	1 272.97	1 273.08	1 273.15	1 273.15
0-044.75	1 272.78	1 273.06	1 272.81	1 272.90	1 272.91	1 272.91
0-043.15	1 272.54	1 272.86	1 272.50	1 272.60	1 272.61	1 272.89
0-038.75	1 270.84	1 270.80	1 270.64	1 270.62	1 270.75	1 270.75
0-034.75	1 270.96	1 270.92	1 270.62	1 270.66	1 270.79	1 270.75
0-030.75	1 270.96	1 270.88	1 270.80	1 270.70	1 270.81	1 270.81
0-024.75	1 270.94	1 271.14	1 270.72	1 270.74	1 270.79	1 270.79
0-018.75	1 271.06	1 271.22	1 270.78	1 270.78	1 270.91	1 270.91
0-012.75	1 271.16	1 271.30	1 270.78	1 270.88	1 271.05	1 271.05

续表 6-121

桩号/m	水面高程/m					
	1#、2#沉沙池运用		3#、4#沉沙池运用		5#、6#沉沙池运用	
	1#池轴线	2#池轴线	3#池轴线	4#池轴线	5#池轴线	6#池轴线
0-006.75	1 271.16	1 271.26	1 270.84	1 270.86	1 270.99	1 271.13
0-002.75	1 271.22	1 271.26	1 270.84	1 270.84	1 271.11	1 271.15

6.3.7.5 稳定应力分析

1. 计算方法及工况

沉沙池出口闸稳定应力计算方法同过渡引渠段计算方法。计算工况结合工程实际情况考虑以下 4 种工况,见表 6-122。

表 6-122 出口闸稳定应力计算工况

工况序号	工况描述	上游水位/m	下游水位/m	工况类别
1	施工完建	—	—	UN
2	正常运行	1 275.2	1 275.2	U
3	静水池检修	1 275.2	0	UN
4	正常运行+最大设计地震 MDE	1 275.2	1 275.2	E

2. 计算成果

沉沙池出口闸稳定应力计算成果汇总见表 6-123。

表 6-123 沉沙池出口闸稳定应力计算成果汇总

工况	工况类别	α	$[\alpha]$	FS_s	$[FS_s]$	FS_f	$[FS_f]$	q_{max}/kPa	q_{min}/kPa	$[q]$/kPa
施工完建	UN	0.499	0.25	13.85	1.33	$+\infty$	1.33	133.39	132.31	1 414.52
正常运行	U	0.468	0.33	13.92	1.50	10.40	1.50	159.13	107.77	1 211.26
静水池检修	UN	0.471	0.25	13.73	1.33	11.60	1.33	154.79	108.48	1 391.61
正常运行+MDE(左向)	E	0.489		2.09	1.10	4.36	1.10	142.01	124.88	568.10
正常运行+MDE(右向)	E	0.422		3.85	1.10	4.36	1.10	196.07	70.82	1 079.98

6.3.7.6 结构计算分析

1. 计算模型

出口闸位于桩基基础上,结构计算采用三维有限元方法,建立模型如图 6-395、图 6-396 所示。

2. 计算参数

混凝土容重:$\gamma_c = 24.0 \text{ kN/m}^3$;

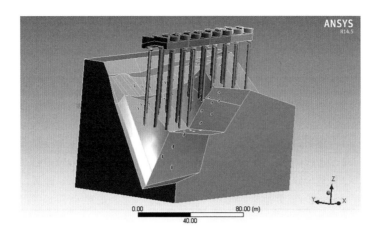

图 6-395　出口闸计算模型(一)

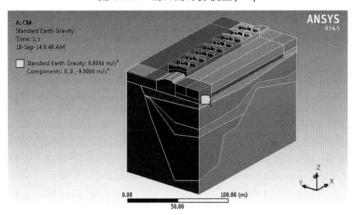

图 6-396　出口闸计算模型(二)

混凝土抗压强度设计值(美国标准):$f'_c = 28$ MPa;

混凝土弹性模量:$E_c = 24.87$ MPa;

混凝土泊松比:$\mu = 0.2$;

钢筋屈服强度:$f_y = 420$ MPa;

钢筋弹性模量:$E_s = 200\ 000$ MPa。

地基参数如表 6-124 所示。

表 6-124　出口闸地基参数

类型	标识	弹性模量/ MPa	泊松比	内摩擦角 φ/ (°)	黏聚力/ kPa	容重/ (kN/m³)	湿容重/ (kN/m³)
回填砂卵石	Relleno	200	0.2	35	11	21	22
砂卵石	a+b	45	0.26	40	12	21	22
黏土	c	20	0.28	22	35	17	18
砂卵石	d	45	0.26	40	12	21	22
粉土	f	18	0.28	22	10	17	18
基岩	gd	15×10^3	0.21	55	1 100	28.1	28.2

3.计算工况

出口闸计算工况如表 6-125 所示。

表 6-125　出口闸计算工况

序号	工况描述	序号	工况描述
1	施工完建	7	5 号池检修,其他池运行
2	正常运行(8 号池充水)	8	6 号池检修,其他池运行
3	1 号池检修,其他池运行	9	7 号池检修,其他池运行
4	2 号池检修,其他池运行	10	8 号池检修,其他池运行
5	3 号池检修,其他池运行	11	正常运行+地震(垂直水流方向)
6	4 号池检修,其他池运行	12	正常运行+地震(平行水流方向)

4.计算结果

计算典型断面位置和计算配筋成果如图 6-397、图 6-398、表 6-126 所示。

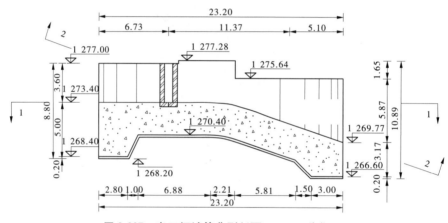

图 6-397　出口闸计算典型剖面(一)　(单位:m)

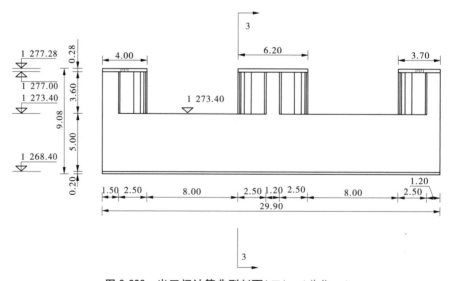

图 6-398　出口闸计算典型剖面(二)　(单位:m)

表 6-126 出口闸配筋成果

断面	高/m	宽/m	配筋
1	3.7	1	5 φ 22
2	6.2	1	5 φ 22
3	3	1	5 φ 32

桩基采用三维有限元计算,计算过程中,考虑上部结构-桩基-地基相互作用,对整体模型进行了包含静力作用的动力分析,动力分析采用时程法进行计算。部分桩基计算模型见图 6-399。

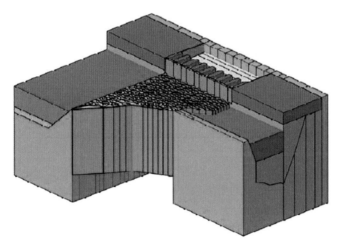

图 6-399 出口闸部分桩基计算模型

计算过程中,混凝土按照弹性参数计算,动态模量考虑为静态的 1.3 倍;考虑两种地基参数,分别是粉细沙ⓒ和砂卵石ⓓ,采用邓肯-张模型,参数如表 6-127 所示。

表 6-127 地基邓肯-张参数

材料	k	n	k_b	m	R_f	G	F	D
粉细砂 c	233	0.47	85	0.16	0.9	0.42	0.27	1.4
砂卵石 d	1 000	0.998	415	0.192	0.88	0.392	0.247	0.031

动力计算过程中考虑土体非线性,剪切模量最大值根据下式计算:

$$G_{max} = kP_a(\sigma'_0/P_a)^{0.5}$$

在计算中土体剪切模量曲线根据 SEED 报告采用,见表 6-128。

表 6-128 主体剪切模量参数

剪切变形/%	G/G_{max}	阻尼
0.000 1	1	0.24
0.000 3	1	0.42
0.001	0.99	0.8
0.003	0.96	1.4
0.01	0.85	2.8
0.03	0.64	5.1
0.1	0.37	9.8
0.3	0.18	15.5
1	0.08	21
3	0.05	25

6.3.8 静水池及侧堰设计

6.3.8.1 静水池及侧堰布置

静水池(DES 0+243.20~0+282.70)衔接出口闸下游布置,顺水流向长度为 37.80 m,垂直水流向宽度为 133.00 m。静水池池底顺水流向由斜坡段和水平段组成,其中 DES 0+243.20~0+257.50 段由出口闸底板高程 1 269.77 m 降至底板高程 1 265.00 m,坡度 1:3.0;DES 0+257.50~0+276.50 段为水平段,高程 1 265.00 m;DES 0+276.50~0+282.00 段底板高程与下游输水隧洞(洞径 9.20 m)底板相接,高程为 1 266.90 m。

静水池左、右两侧边墙为半重力式挡土墙,下游为 L 形挡土墙。左边墙下游侧布置弃水侧堰,右边墙下游侧布置进入输水隧洞的交通涵。挡土墙高 13.50 m、宽 12.50 m,前趾宽 1.50 m,前趾顶高程与静水池底板顶高程齐平,墙顶高程分别与上、下游墩墙高程相衔接。

侧堰布置两孔闸孔,单孔净宽 6.00 m,闸室总宽 19.50 m。两闸孔一工作一备用,采用液压翻板闸门控制,保证溢流堰长期稳定运行。整个侧堰由闸室段、泄槽段、消力池段和海漫段四部分组成。

闸室顺水流向长 15.10 m,垂直水流向长 20.50 m,左边墩和中墩宽 3.00 m,右边墩宽 2.50 m。溢流堰为宽顶实用堰,堰顶高程 1 271.90 m,单孔闸室分别布置一道检修闸门和一道液压翻板工作闸门,通过翻板闸门启闭控制静水池水位。检修闸门为平板滑动闸门,孔口尺寸 6.00 m×2.83 m,设计挡水及操作水头 2.83 m,闸门运用方式为静水启闭,采用单轨移动式启闭机操作,启闭容量 2×100 kN,扬程 9.00 m。工作闸门为下翻板闸门,孔口尺寸 6.00 m×2.83 m,设计及挡水水头 2.83 m。闸门运用方式为动水启闭,采用液压启闭机操作,启闭容量 2×160 kN,扬程 4.00 m。侧堰闸墩顶高程为 1 277.50 m,上游布置一座工作便板及吊车排架,下游布置一座交通便桥,便桥宽 2.00 m。左边墩闸墩顶布置一个液压泵房,为液压翻板闸门提供作业。

泄槽段为 W 形池槽,顺水流方向长 58.98 m,垂直水流方向宽 17.40 m。泄槽过流总宽 15.0 m,中隔墩宽 1.00 m,墙高 2.00 m。顺水流方向泄槽由一级缓坡(1∶100)和二级陡坡(1∶2)两部分组成,为了水流衔接平顺,底坡变化处采用抛物线连接,抛物线方程为:$y = x^2/13.31 + 0.01x$。

消力池同泄槽,为 W 形,顺水流方向长 20.22 m,垂直水流方向宽 17.40 m。由中隔墩布置成两个消力池。消力池底板高程为 1 257.50 m,末端出口高程 1 259.50 m,与海漫顶高程齐平。海漫段顺水流方向长 57.50 m,为干砌石填筑,其中水平段长 45.00 m,抛石槽段长 12.50 m。抛石槽段上、下游坡度为 1∶3,槽底高程 1 257.50 m,宽 2.00 m,深 2.00 m,槽顶高程为 1 259.50 m,与下游河道衔接。侧堰及泄槽布置见图 6-400、图 6-401。

6.3.8.2　基础处理

静水池基础位于花岗岩底层,局部地基为深厚砂砾石地基,对深厚砂砾石地层处理方式同沉沙池和出口闸。为避免地基软硬不均,对岩石地基考虑设置砂砾石垫层。侧堰坐落于花岗岩地基,无须处理。

6.3.8.3　水力学分析

静水池侧堰水力学计算包括过流能力、泄槽水面线、消能防冲。隧洞引水流量为 222 m³/s 时,静水池水位 1 274.73 m。侧堰过流 36 m³/s 时,下游最低水位为 1 261.50 m,运行期间下游最高水位为 1 266.33 m。

1. 侧堰过流能力计算

侧堰堰流泄流能力按照下式计算:

$$Q = CLH_e^{3/2}$$

式中　Q——总流量,m³/s;

　　　C——流量系数;

　　　L——有效堰宽,m;

　　　H_e——堰上水头,m。

有效堰宽 L 按照下式计算:

$$L = L' - 2(N \cdot K_p + K_a)H_e$$

式中　L'——堰顶净宽,m;

　　　N——墩数量;

　　　K_p——墩收缩系数;

　　　K_a——岸坡收缩系数,取 0.1。

侧堰泄流能力计算结果见表 6-129。

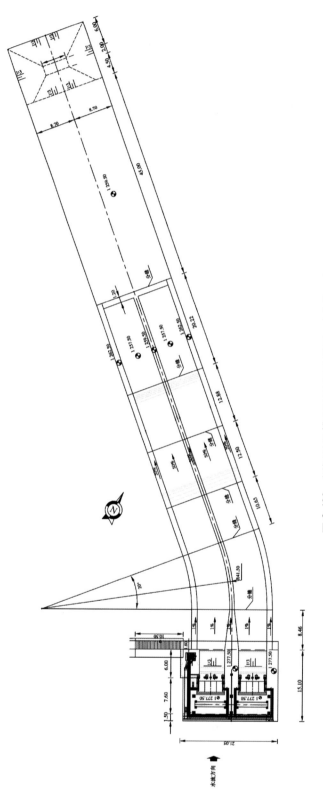

图 6-400　侧堰及泄槽平面布置示意图　（单位：m）

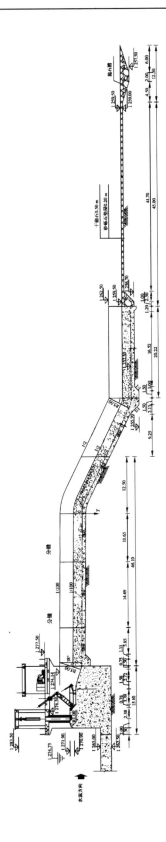

图 6-401　侧堰及泄槽纵向布置示意图 （单位：m）

表 6-129　侧堰泄流能力计算结果

侧堰	水位/m	堰上水头 H_e/m	H_e/H_d	堰顶净宽 L'/m	流量系数 C/ $(m^{1/2}/s)$	有效堰宽 L/m	流量 Q/ (m^3/s)
两孔	1 274.73	2.83	1.18	12	2.28	11.38	123.48
单孔	1 274.73	2.83	1.18	6			61.74

侧堰孔流泄流能力按照下式计算：

$$Q = CG_0B\sqrt{2gH'}$$

式中　G_0——闸孔开度，m；

　　　B——孔口宽度，m；

　　　H'——堰上水头。

闸孔开度–泄流关系见表 6-130。

侧堰单孔过流能力 61.74 m^3/s，侧堰过流 36.00 m^3/s 时闸孔开度为 1.88 m（见表 6-131）。

表 6-130　闸孔开度–泄流关系

闸孔开度/m	0.2	0.4	0.6	0.8	1.0	1.2	1.4	1.6	1.8	2.0
泄流/(m^3/s)	3.60	7.20	10.81	14.55	18.23	21.95	25.86	30.09	34.31	38.51

表 6-131　侧堰过流 36 m^3/s 时闸孔开度计算

上游水位/m	堰上水头 H'/m	闸孔开度/m	流量系数 C/ $(m^{1/2}/s)$	孔口宽度 B/m	流量 Q/ (m^3/s)
1 274.73	2.83	1.88	0.428	6.00	36.00

2. 收缩水深计算

收缩水深按照下式计算：

$$h_c^3 - T_0h_c^2 + \frac{\alpha q^2}{2g\varphi^2} = 0$$

式中　h_c——收缩水深，m；

　　　q——单宽流量，$m^3/(s\cdot m)$；

　　　T_0——对应消力池底板的总水头，m；

　　　φ——低堰流速系数，取 0.95；

　　　α——水流动能校正系数，取 1.0。

侧堰单孔过流 36.00 m^3/s 时，下游收缩水深为 0.774 m（见表 6-132）。

表 6-132　侧堰收缩水深计算

静水池水位/m	堰顶宽度/m	下游底板高程/m	流量 Q/ (m^3/s)	单宽流量/ $[m^3/(s\cdot m)]$	低堰流速系数 φ	总水头 T_0/m	收缩水深 h_c/m
1 274.73	6.00	1 270.55	36.00	6.00	0.95	4.18	0.774

3.泄槽水面线、掺气水深、边墙高度计算

泄槽水面线计算方法同沉沙池水面线计算方法。

泄槽段水流掺气水深可按下式计算：

$$h_b = \left(1 + \frac{\zeta v}{100}\right)h$$

式中　h、h_b——泄槽计算断面的水深及掺气后的水深，m；

　　　v——不掺气情况下泄槽计算断面的流速，m/s；

　　　ζ——修正系数，可取 1.0~1.4 s/m，流速大者取大值。

泄槽水面线计算参数见表 6-133，水面线计算结果见表 6-134，掺气水深与边墙高度计算结果见表 6-135。

表 6-133　侧堰泄槽水面线计算参数

断面	桩号	宽度/m	长度/m	底高程/m	局部水头损失系数
泄槽	0+8.56	6.00		1 270.550	0
泄槽	0+14.39	7.00	5.83	1 269.130	0.10
泄槽	0+24.39	7.00	10.00	1 269.030	0
泄槽	0+34.39	7.00	10.00	1 268.930	0
泄槽	0+44.39	7.00	10.00	1 268.830	0
泄槽	0+47.20	7.00	2.81	1 268.802	0

表 6-134　侧堰泄槽水面线计算结果

桩号	面积/m²	流量/(m³/s)	流速/(m/s)	沿程水头损失/m	局部水头损失/m	总水头损失/m	总水头/m	水位/m
0+8.56	4.643	36.000	7.754	0			1 274.398	1 271.324
0+14.39	3.883	36.000	9.272	0.186	0.132	0.318	1 274.080	1 269.685
0+24.39	4.045	36.000	8.901	0.422	0	0.422	1 273.658	1 269.608
0+34.39	4.200	36.000	8.571	0.373	0	0.373	1 273.285	1 269.530
0+44.39	4.350	36.000	8.276	0.332	0	0.332	1 272.953	1 269.451
0+47.20	4.391	36.000	8.199	0.087	0	0.087	1 272.866	1 269.429

表 6-135　侧堰泄槽掺气水深与边墙高度计算结果

桩号	水深/m	流速/(m/s)	修正系数 ζ/(s/m)	掺气水深 h_b/m	安全加高/m	计算边墙高度/m
0+8.56	0.774	7.754	1.2	0.846	0.20	1.046
0+14.39	0.555	9.272	1.2	0.616	0.20	0.816
0+24.39	0.578	8.901	1.2	0.640	0.20	0.840

续表 6-135

桩号	水深/m	流速/(m/s)	修正系数 ζ/(s/m)	掺气水深 h_b/m	安全加高/m	计算边墙高度/m
0+34.39	0.600	8.571	1.2	0.662	0.20	0.862
0+44.39	0.621	8.276	1.2	0.683	0.20	0.883
0+47.20	0.627	8.199	1.2	0.689	0.20	0.889

4. 消力池计算

消力池深度按照下式计算:

$$h_c^3 - T_0 h_c^2 + \frac{\alpha q^2}{2g\varphi^2} = 0$$

$$h''_c = \frac{h_c}{2}\left(\sqrt{1 + \frac{8\alpha q^2}{gh_c^3}} - 1\right)\left(\frac{b_1}{b_2}\right)^{0.25}$$

$$d = \sigma_0 h''_c - h'_s - \Delta Z$$

$$\Delta Z = \frac{\alpha q^2}{2g\varphi^2 h'^2_s} - \frac{\alpha q^2}{2g h''^2_c}$$

式中　h''_c——跃后水深,m;

　　　h_c——跃前收缩水深,m;

　　　α——水流动能校正系数,可采用 1.05;

　　　q——过闸单宽流量,m³/(s·m);

　　　b_1——消力池首端宽度,m;

　　　b_2——消力池末端宽度,m;

　　　T_0——由消力池底板顶面算起的总势能,m;

　　　d——消力池深度,m;

　　　σ_0——水跃淹没系数,可采用 1.05;

　　　ΔZ——出池落差,m;

　　　h'_s——出池河床水深,m。

消力池长度按下列公式计算:

$$L_{sj} = L_s + \beta L_j$$

$$L_j = 6.9(h''_c - h_c)$$

式中　L_{sj}——消力池长度,m;

　　　L_s——消力池斜坡段水平投影长度,m;

　　　β——水跃长度校正系数,采用 0.75;

　　　L_j——自由水跃长度,m。

消力池计算结果见表 6-136、表 6-137。

表 6-136　消力池池深计算结果

跃后水深 h_c''/m	出池河床水深 h_s'/m	出池落差 ΔZ/m	水跃淹没系数 σ_0	计算池深/m	采用池深/m
3.986	2.00	0.289	1.05	1.896	2.00

表 6-137　消力池池长计算结果

自由水跃长度 L_j/m	水跃长度校正系数 β	计算池长/m	采用池长/m
25.32	0.75	18.99	20.00

5. 海漫计算

海漫长度按以下经验公式计算：

$$L_p = K_s \sqrt{q_s \sqrt{\Delta H}}$$

式中　L_p——海漫长度，m；

　　　K_s——海漫长度计算系数；

　　　q_s——消力池末端单宽流量，$m^3/(s \cdot m)$；

　　　ΔH——上下游水位差，m。

海漫长度计算结果见表 6-138。

表 6-138　海漫长度计算结果

海漫计算长度 L_p/m	海漫长度计算系数 K_s	消力池末端单宽流量 q_s/[$m^3/(s \cdot m)$]	上下游水位差 ΔH/m	海漫采用长度/m
41.86	11.00	5.14	7.93	45.00

6.3.8.4　稳定应力计算

1. 计算方法及工况

静水池及侧堰稳定应力计算方法同过渡引渠段计算方法。静水池挡墙及侧堰挡墙稳定应力计算工况分别见表 6-139、表 6-140。

表 6-139　静水池稳定应力计算工况

工况序号	工况描述	工况类别
I	施工完建	IN
II-1	正常运行，地下水位 1 261.00 m	U
II-2	正常运行，地下水位 1 261.00 m、1 266.33 m	U
III	放空检修地下水位 1 267.96 m	E
IV-1	正常运行 I +最大设计地震（MDE），地下水位 1 261.00 m	E
IV-2	正常运行 I +最大设计地震（MDE），地下水位 1 261.00 m、1 266.33 m	E

表 6-140　侧堰稳定应力计算工况

工况序号	工况描述	工况类别
I	施工完建	IN
I	正常运行	U
III	运行最高水位+常遇地震(MDF)	IN
IV	正常运行 I +最大设计地震(MDE)	E
V	水位骤降	IN

2.计算成果

静水池挡墙及侧堰挡墙稳定应力计算成果分别见表 6-141、表 6-142。

表 6-141　静水池挡墙稳定应力计算成果汇总

工况		FS_s	$[FS_s]$	FS_f	$[FS_f]$	$q_{max}/$ kPa	$q_{min}/$ kPa	$[q]/$ kPa
I	IN	5.80	1.30	—	1.20	379.70	209.54	6 613.25
II-1	U	8.42	1.50	—	1.30	395.92	228.08	5 750.65
II-2	U	6.26	1.50	8.34	1.30	361.11	188.42	5 750.65
III	E	3.74	1.10	5.54	1.10	334.10	150.41	8 625.98
IV-1	E	1.63	1.10	—	1.10	594.07	-73.31	8 625.98
IV-2	E	1.33	1.10	6.96	1.10	557.40	-111.17	8 625.98

表 6-142　侧堰稳定应力计算成果汇总

工况		偏心距 e/m	抗滑稳定 FS_s	$[FS_s]$	抗浮稳定 FS_f	$[FS_f]$	$[q]/$ kPa	$q_{max}/$ kPa	$q_{min}/$ kPa
I	IN	0.28	149.97	1.3	$+\infty$	1.2	3 299	42.18	34.84
II	U	0.40	91.03	1.5	1.71	1.3	4 686	29.69	22.56
III	IN	-0.01	32.94	1.3	1.79	1.2	3 196	43.91	43.53
IV-a	E	0.50	296.88	1.1	1.39	1.1	7 128	19.52	13.77
IV-b	E	3.49	33.50	1.1	1.39	1.1	3 796	36.65	-3.36
V	IN	-0.14	179.22	1.3	1.20	1.2	3 800.9	40.41	36.61

6.3.8.5　结构计算

1.计算模型

侧堰位于岩石基础,结构计算采用三维有限元方法,建立模型如图 6-402 所示。

2.计算参数

混凝土容重:$\gamma_c = 24.0$ kN/m³;

混凝土抗压强度设计值(美国标准):$f'_c = 28$ MPa;

混凝土弹性模量:$E_c = 24.87$ MPa;

混凝土泊松比:$\mu = 0.2$;

钢筋屈服强度:$f_y = 420$ MPa;

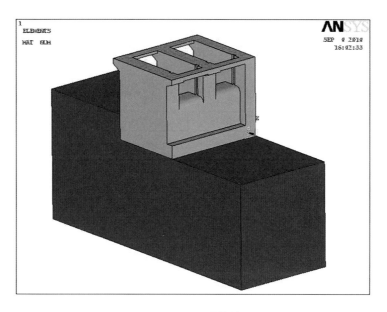

图 6-402　侧堰计算模型

钢筋弹性模量：$E_s = 200\ 000$ MPa。

地基参数如表 6-143 所示。

表 6-143　侧堰地基参数

类型	标识	弹性模量/ MPa	泊松比	内摩擦角 φ/ (°)	黏聚力/ kPa	容重/ (kN/m³)	湿容重/ (kN/m³)
回填砂卵石	Relleno	200	0.2	35	11	21	22
基岩	gd	$15×10^3$	0.21	55	1 100	28.1	28.2

3. 计算工况

侧堰计算工况如表 6-144 所示。

表 6-144　侧堰计算工况

序号	工况描述
1	完建
2	正常运行(2 号池为挡水状态)
3	1 号池运行,2 号池挡水
4	2 号池运行,1 号池挡水
5	正常运行(2 号池为挡水状态)+地震

4. 计算结果

侧堰各典型部位配筋结果如表 6-145 所示。

表 6-145　侧堰各典型部位配筋结果

位置	高度/m	宽度/m	配筋	位置	高度/m	宽度/m	配筋
底板	2.50	1.00	5 Φ 25	下游桥	0.50	2.00	5 Φ 25
上游齿墙	0.90	1.00	5 Φ 18	右墩	2.50	1.00	5 Φ 25
下游牛腿	1.00	1.00	5 Φ 18	中墩	3.00	1.00	5 Φ 25
上游桥	0.80	1.80	5 Φ 25	左墩	3.00	1.00	5 Φ 25

6.3.9　排沙廊道设计

6.3.9.1　排沙廊道布置

整个冲沙廊道由一条过渡引渠下部的生态基流廊道(排沙廊道)、8 条沉沙池池槽下部左侧廊道的输沙管廊、8 条连接沉沙池下部输沙管廊及排沙廊道的输沙管廊道及引渠墩墙布置的 8 个控制竖井组成。

1. 生态基流廊道(排沙廊道)

生态基流廊道(排沙廊道)与生态基流引水闸连接,通过生态基流引水闸向下游引生态基流,为无压廊道,其中廊道 FG 0+000.00～FG 0+010.00 段为渐变段,廊道断面 3.0 m×(6.0～3.65)m(宽×高),廊道顶高程由 1 273.50 m 降至 1 271.00 m,底高程由 1 267.50 m 降至 1 267.35 m;廊道 FG 0+010.00～FG 0+130.99 段与过渡引渠底板为一体,布置在过渡引渠下部,廊道断面宽 3.00 m,高 3.65～5.46 m;廊道 FG 0+130.99～FG 0+144.51 段为廊道出口渐变段,断面宽 3.00 m,高 5.46～3.0 m,廊道顶高程由 1 271.00 m 降至 1 268.33 m,纵向坡比 1:5.07;廊道 FG 0+144.51～FG 0+226.08 段断面尺寸为 3.00 m×3.00 m(宽×高);廊道 FG 0+226.08～FG 0+244.71 段为出口段,为一重力式挡土墙结构,廊道底板高程由 1 268.33 m 通过圆弧过渡与溢流坝下游混凝土海漫齐平,高程为 1 260.00 m。廊道总长 244.71 m,其中前 266.08 m 廊道纵向坡度为 0.015。

排沙廊道布置如图 6-403～图 6-404 所示。

2. 输沙管廊道

输沙管廊道由两部分组成,包括 8 条沉沙池池槽下部左侧廊道的输沙管廊、8 条连接沉沙池下部输沙管廊及排沙廊道的输沙管廊道。沉沙池池槽下部的输沙管廊结合沉沙池池槽结构布置,廊道宽 3.5 m,高 5.1 m。

为将沉沙池槽下部的廊道与生态基流廊道连接起来,在沉沙池槽与生态基流廊道之间布置输沙管廊道。输沙管廊道布置在过渡引渠下部,与过渡引渠底板结合。廊道宽 3.5 m,高 3.8 m,底坡 1:1.25。

输沙管廊道布置图如图 6-405 所示。

3. 控制竖井

控制竖井布置在过渡引渠的 8 个墩墙内,分别与 8 个输沙管廊连接,通过在竖井内布置输沙管出口控制闸,控制沉沙池槽内的冲沙单元开启与关闭。竖井底部高程 1 268.20 m,宽 3.0 m,长 5.50 m。每个竖井内布置 5 个液压平板闸门,分别控制对应沉沙池槽的 5 个冲沙单元。竖井内布置竖向爬梯,通过竖井爬梯进出竖井及输沙管廊道。

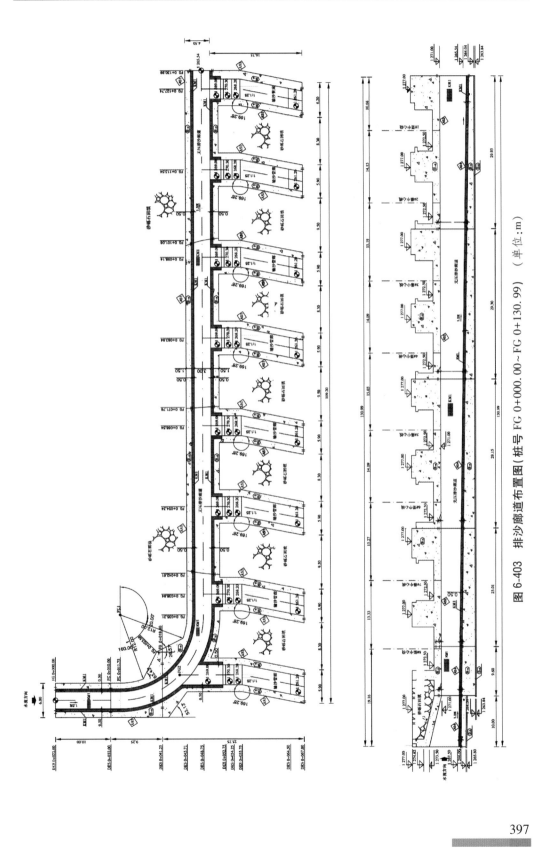

图 6-403　排沙廊道布置图(桩号 FG 0+000.00~FG 0+130.99)　(单位：m)

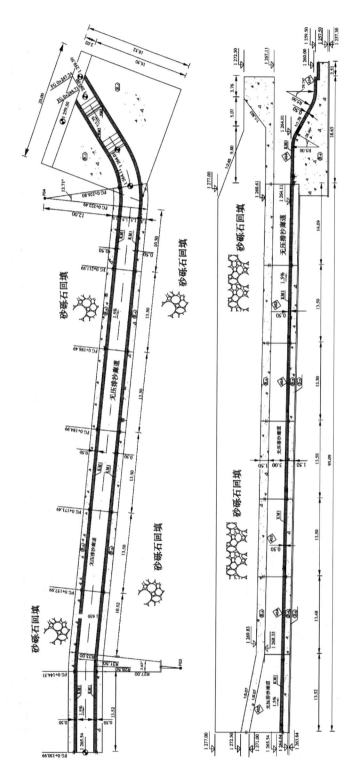

图 6-404　排沙廊道布置图（桩号 FG 0+130.99～FG 0+226.08）　（单位：m）

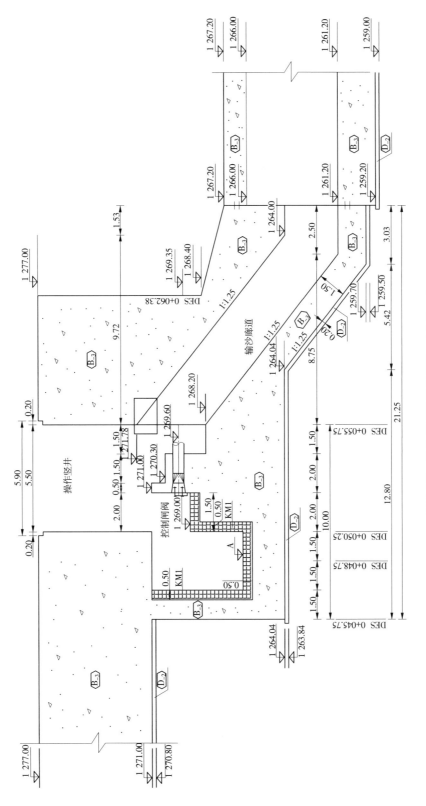

图 6-405　输沙管廊道纵剖面图　（单位：m）

6.3.9.2 水力学计算

管流冲沙能力由管道输沙能力决定,冲沙能力计算主要是对管道的输沙能力进行分析。输沙管道按常规管道泥沙输移进行计算,计算时采用固液两相流模型。

固相应用方程:

$$-\frac{\mathrm{d}}{\mathrm{d}y}[\rho_s C(\overline{u'_s v'_s})] + \rho_s g C J - R_1 = 0$$

$$-\frac{\mathrm{d}}{\mathrm{d}y}[\rho_s C(\overline{v'_s{}^2})] + \rho_s g C - C\frac{\mathrm{d}P}{\mathrm{d}y} - R_s = 0$$

液相应用方程:

$$-\frac{\mathrm{d}}{\mathrm{d}y}[\rho_t(1-C)\overline{u'_t v'_t}] + \rho_t(1-C)gJ + R_t = 0$$

$$-\frac{\mathrm{d}}{\mathrm{d}y}[\rho_t(1-C)\overline{v'_t{}^2}] + \rho_t(1-C)g - (1-C)\frac{\mathrm{d}P}{\mathrm{d}y} + R_s = 0$$

本次计算分别对含沙量 10 kg/m³、5 kg/m³、2.5 kg/m³、1.0 kg/m³、0.5 kg/m³ 的来水进行了计算分析,计算结果见表 6-146~表 6-151。

表 6-146　泥沙含量 0.5 kg/m³ 冲沙计算成果

单元	淤沙高程/m	淤沙量/(t/h)	耗水量/m³	水沙重/t	沉沙用时/h	输移量/t	耗时/h	冲沙间隔/h
Unit 1	1 266.4	20	303.5	455.2	23.1	475	1.0	24.0
Unit 2	1 265.8	14	220.4	330.6	23.2	430	0.8	24.0
Unit 3	1 266.1	7	311.4	467.1	71.3	649	0.7	72.0
Unit 4	1 266.3	3	395.5	593.3	171.2	727	0.8	172.0
Unit 5	1 265.2	2	260.7	391.0	171.5	875	0.4	172.0
合计		46						

表 6-147　泥沙含量 1 kg/m³ 冲沙计算成果

单元	淤沙高程/m	淤沙量/(t/h)	耗水量/m³	水沙重/t	沉沙用时/h	输移量/t	耗时/h	冲沙间隔/h
Unit 1	1 267.7	39	580.9	871.4	22.1	456	1.9	24.0
Unit 2	1 267.0	29	427.3	641.0	22.5	416	1.5	24.0
Unit 3	1 266.6	13	411.1	616.6	47.0	643	1.0	48.0
Unit 4	1 266.0	7	329.6	494.4	71.3	723	0.7	72.0
Unit 5	1 264.9	5	217.7	326.5	71.6	872	0.4	72.0
合计		93						

表 6-148　泥沙含量 2.5 kg/m³ 冲沙计算成果

单元	淤沙高程/ m	淤沙量/ (t/h)	耗水量/ m³	水沙重/t	沉沙 用时/h	输移量/ t	耗时/ h	冲沙 间隔/h
Unit 1	1 267.9	99	631.6	947.4	9.6	396	2.4	12.0
Unit 2	1 267.2	71	479.6	719.5	10.1	373	1.9	12.0
Unit 3	1 267.0	33	497.2	745.8	22.8	623	1.2	24.0
Unit 4	1 265.6	17	270.8	406.2	23.4	713	0.6	24.0
Unit 5	1 264.5	11	180.0	270.0	23.7	866	0.3	24.0
合计		231						

表 6-149　泥沙含量 5 kg/m³ 冲沙计算成果

单元	淤沙高程/ m	淤沙量/ (t/h)	耗水量/ m³	水沙重/t	沉沙 用时/h	输移量/ t	耗时/ h	冲沙 间隔/h
Unit 1	1 267.9	197	631.6	947.4	4.8	298	3.2	8.0
Unit 2	1 267.3	143	513.4	770.1	5.4	302	2.6	8.0
Unit 3	1 267.5	66	628.4	942.6	14.4	590	1.6	16.0
Unit 4	1 266.1	35	352.4	528.6	15.3	695	0.8	16.0
Unit 5	1 265.1	23	236.6	354.9	15.6	854	0.4	16.0
合计		464						

表 6-150　泥沙含量 10 kg/m³ 冲沙计算成果

单元	淤沙高程/ m	淤沙量/ (t/h)	耗水量/ m³	水沙重/t	沉沙 用时/h	输移量/ t	耗时/ h	冲沙 间隔/h
Unit 1	1 267.9	395	连续冲沙			100	连续冲沙	
Unit 2	1 267.3	285	连续冲沙			159	连续冲沙	
Unit 3	1 267.2	131	557.6	836.4	6.4	525	1.6	8.0
Unit 4	1 266.0	69	334.5	501.7	7.2	661	0.8	8.0
Unit 5	1 265.1	46	236.6	354.9	7.8	831	0.4	8.0
合计		926						

表 6-151　单池槽各冲沙单元冲沙流量

单元		1	2	3	4	5
输沙管长	m	30	53	80	110	146
泥沙量	t/h	197	143	66	35	23
泥沙粒径 D_{50}	mm	0.9	0.7	0.3	0.2	0.1
排沙量	t/h	495	444	656	730	877
平均耗水量	m^3/s	0.84	0.81	0.71	0.66	0.60
最大耗水量	m^3/s	1.21	1.11	0.99	0.90	0.83

冲沙单元,因考虑到泥沙参数和泥沙输运存在的不确定性,单个池槽的冲沙流量取两个冲沙单元(单元 1 和单元 2)的冲沙流量,即 $Q_{单池耗} = 1.21 + 1.11 = 2.32(m^3/s)$。八条池槽引水最大耗水量 18.56 m^3/s,引水闸设计引水量 258.00 m^3/s,满足按向下游供水 222.0 m^3/s 的设计要求。

6.3.9.3　计算结构分析

1. 计算方法及工况

排沙廊道为埋置的箱涵结构,结构计算简化为弹性地基上的杆件结构,采用 SAP2000 程序计算内力和配筋。计算工况见表 6-152。

表 6-152　排沙廊道结构计算工况及荷载分项系数

序号	工况描述	死荷载	活荷载	车辆荷载	内水压力	土压力	设备荷载
Ⅰ-1	施工完建	1.4	1.7	1.7	1.7	1.4	
Ⅰ-2	施工期	1.4	1.7	1.7	1.7	1.4	1.7
Ⅱ	正常运行	1.4	1.7	1.7	1.7	1.4	

2. 计算成果

结构配筋计算成果见表 6-153。

表 6-153　排沙廊道结构配筋计算成果

		左侧墙	右侧墙	顶板	底板
FG 0+000.00~FG 0+010.00（断面 A—A~B—B）	选配钢筋	Φ 22@ 200	Φ 22@ 200	Φ 22@ 200	Φ 28@ 200
	配筋面积/mm^2	1 900.664	1 900.664	1 900.664	3 078.761
FG 0+130.99~FG 0+144.49（断面 C—C~D—D）	选配钢筋	Φ 22@ 200	Φ 22@ 200	Φ 22@ 200	Φ 22@ 200
	配筋面积/mm^2	1 900.664	1 900.664	1 900.664	1 900.664
FG 0+144.49~FG 0+226.08（断面 D—D~E—E）	选配钢筋	Φ 22@ 200	Φ 22@ 200	Φ 22@ 200	Φ 25@ 200
	配筋面积/mm^2	1 900.664	1 900.664	1 900.664	2 425.369

6.3.10　开挖支护设计

6.3.10.1　上半段开挖支护设计

沉沙池区域开挖分为两部分:第一部分为沉沙池上游区域开挖,包括引水闸、工作段至出口闸区域的开挖;第二部分为输水隧洞进口边坡开挖,包含静水池和侧堰的开挖。

沉沙池上游区域开挖中,右侧边坡顶部考虑现场料场需要,布置 1 289.5 m 平台,该高程以上山体全部开挖。引水闸位于岩石基础,开挖底高程为 1 263.50 m,过渡引渠部分为岩石开挖,为了减少开挖量,岩石部分开挖底高程和引水闸保持一致为 1 263.50 m,过渡引渠其他部分为土质开挖,开挖底高程为 1 258.00 m,工作段开挖底高程也为 1 258.00 m,工作段后为河床段,河床底高程低于 1 258.00 m。整个上游区域右侧为岩石边坡开挖,引水闸和过渡段底高程为 1 263.50 m 部分,从开挖底高程直立开挖至 1 270.00 m 高程,然后按照 1:0.5 开挖坡至 1 277.00 m 马道,马道宽度为 2.7 m,后接 1:0.5 开挖坡至 1 289.50 m 高程平台;其他底高程为 1 258.00 m 部分,从开挖底高程直立开挖至 1 263.00 m 高程,然后按照 1:0.5 开挖坡至 1 277.00 m 马道,马道宽度为 3.0 m,后接 1:0.5 开挖坡至 1 289.50 m 高程平台。在上述开挖中,1 277.00 m 以下布置 4 m 长系统砂浆锚杆,间排距为 2.5 m×2.5 m,并在表面进行喷混凝土处理,厚度为 8 cm,在 1 277.00 m 以上布置 6 m 长系统砂浆锚杆,间排距为 2.5 m×2.5 m,并在表面进行喷混凝土处理,厚度为 8 cm。

6.3.10.2　输水隧洞进口开挖支护设计

输水隧洞进口边坡开挖,自下至上,共分 5 级马道,高程分别为 1 285.00 m、1 300.00 m、1 310.00 m、1 320.00 m、1 335.00 m,均采用系统锚杆和排水管、挂网喷混凝土联合支护方式,喷混凝土厚度都为 15 cm,排水管长度为 1.0 m,间距为 3.0 m×3.0 m。1 277.00 m 以下为直立开挖,锚杆直径 25 mm,间距 1.5 m×1.5 m,长度 4 m;1 277.00~1 285.00 m 高程范围,开挖坡比为 1:0.3,锚杆直径 25 mm,间距 1.5 m×1.5 m,长度 4 m;1 285.00~1 310.00 m 高程范围,开挖坡比为 1:0.5,锚杆直径 25 mm,间距 2.5 m×2.5 m,长度 4.5 m;1 310 m 以上高程范围,开挖坡比为 1:0.3,锚杆直径 25 mm,间距 2.0 m×2.0 m,长度 4.5 m。

输水隧洞进口边坡详细设计之前,地质信息揭露表明,该区域发育裂隙倾向和开挖边坡的倾向相反,边坡整体稳定不存在问题,在开挖过程中,大部分监测点的信息(见图 6-406~图 6-407)反馈也表明边坡整体安全性是可靠的;但是在输水隧洞右侧 100 m 至面板坝中间,局部变形监测点表明该区域边坡变形较大,最大数据到 2015 年 5 月最大变形约 20 mm,但是变形也基本趋于稳定。为了保证工程安全,对现场再次查勘和调研,但仍没有发现可疑或者不利的裂隙,经数学模型的多次分析,经推测该区域变形较大的原因是山体在该区域和主山体较近,受整体地应力影响较为严重,经分析和计算,按照 CCS 项目整体地应力分布规律,其结果和监测结果基本一致,最大为 20 mm 左右;鉴于变形较大区域范围并不大,同时考虑工程安全性,在原有支护设计基础上,考虑局部在变形较大区域增加锚索支护措施,锚索单根长 30 m,锚固段长为 11 m,单根设计锚固力 1 000 kN,经锚索加固后,监测成果表明,边坡所有区域都完全趋于稳定。

图 6-406　边坡监测点分布位置

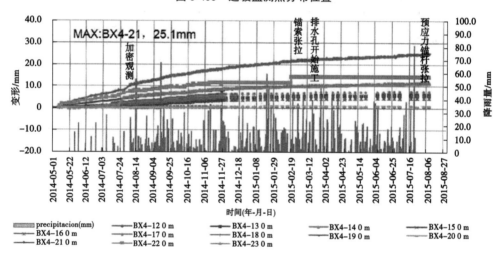

图 6-407　边坡监测点监测位移

6.3.11　详细设计中的重大变更

沉沙池部分,在详细设计阶段,由于咨询的要求,与基本设计阶段相比较,主要变更内容有以下几部分:

(1)沉沙池池道由 6 池增加至 8 池。

详细设计阶段,由于墨西哥咨询公司对于基本设计中关于沉沙池长度以及沉沙池效率的方法不予认同,且不认同已经完成的模型试验的成果,最终业主和咨询公司发函要求用他们提供的文献中的公式进行计算和设计,沉沙池池道由 6 池增加到了 8 池。

(2)冲沙系统由 BIERI 系统变为 SEDICON。

受业主指令取消原基本设计方案中的 BIERI 冲沙系统,采用 SEDICON 系统,由此造成沉沙池结构的一系列调整。

(3)取消冲沙管及引水闸下部廊道,增加生态闸。

原基本设计中采用的是,冲沙管进行冲沙同时兼顾生态流量,在布置 SEDICON 系统之后,为了满足 SEDICON 系统要求,增加冲沙廊道,因此综合考虑,增加生态闸,取消原来的冲沙管。

(4)修改侧堰体型和堰顶高程,增设翻板门。

原基本设计侧堰采用的是开敞式泄水,详细设计阶段为了防止事故发生时水位抬高,威胁输水隧洞的安全,故修改原侧堰方案,降低堰顶高程,并增加能够灵活控制的翻板闸门。

(5)沉沙池基础处理由碎石桩方案调整为钢筋混凝土灌注桩复合地基方案。

原基本设计基础处理方案为碎石桩和大面积开挖回填处理,通过这样处理,能够保证所有结构基础都位于回填土基础上,后期考虑开挖工程量太大,同时碎石桩和预压方案联合处理又在工期上不能满足要求,故采用钢筋混凝土灌注桩复合地基方案进行处理,通过地基处理,沉沙池的沉降满足设计要求,同时又保证了地震工况下结构及基础的稳定。

6.4　中美规范设计对比

根据合同要求,CCS 水电站工程指定采用美国标准进行设计,使用过程中发现中美两国规范在洪水标准、材料性能指标、工况组合和荷载计算、稳定应力控制标准、结构设计等方面均存在一定差异,结合 CCS 水电站首部枢纽工程设计情况进行了一些比较分析,可为涉外项目设计人员提供参考。

6.4.1　主要采用的美国规范

首部枢纽包括溢流坝和冲沙闸、取水口及沉沙池、混凝土面板堆石坝等主要建筑物,设计主要采用以下美国规范(不限于):

Hydraulic Design of Spillways(EM 1110-2-1603)(溢洪道水力设计)

Gravity Dam Design(EM 1110-2-2200)(重力坝设计)

Stability Analysis of Concrete Structures(EM 1110-2-2100)(混凝土结构稳定分析)

General Design and Construction Considerations for Earth and Rock-Fill Dams(EM 1110-2-2300)(土石坝设计与施工)

Retaining and Flood Walls(EM 1110-2-2502)(挡墙设计)

Seepage Analysis and Control for Dams(EM 1110-2-1901)(大坝渗流分析与控制)

Slope Stability(EM 1110-2-1902)(边坡稳定)

Settlement Analysis(EM 1110-1-1904)(沉降分析)

Bearing Capacity of Soils(EM 1110-1-1905)(土基承载力)

Strength Design for Reinforced-concrete Hydraulic Structures(EM 1110-2-2104)(水工钢筋混凝土结构设计)

Building Code Requirements for Structural Concrete and Commentary(ACI 318M-08)(建筑工程混凝土结构规范)

6.4.2 洪水设计标准的差异

洪水设计标准美国规范远高于中国规范。

美国规范一般要求混凝土坝的设计洪水标准采用 10 000 年一遇,还可能要考虑 PMF 或灾难洪水;土石坝的设计洪水标准采用 PMF,甚至更大。例如,哥伦比亚布加拉曼卡(Bucaramanga)城市供水项目,水库库容为 1 760 万 m³,坝高 103 m,混凝土面板堆石坝。该工程位于布加拉曼卡市上游 19 km,工程影响布加拉曼卡城市超过 50 万人口。该工程按照美国规范标准设计,设计洪水采用 PMP 与泥石流等相遇,即在 PMP 的基础上再增加 30%。

中国规范是按照工程规模、保护对象、工程任务等确定不同工程等别和建筑物级别,对应采取不同频率设计洪水,洪水设计标准明显低于美国规范要求。例如:按中国规范,保护城市人口 50 万~150 万,水库大坝洪水标准按 500~100 年一遇洪水设计,土石坝按 5 000~2 000 年一遇洪水校核,混凝土坝按 2 000~1 000 年一遇洪水校核。

6.4.3 材料试验方法和性能指标的差异

首部枢纽溢流坝、冲沙闸、取水口、沉沙池等主要建筑物均为钢筋混凝土结构,由混凝土和钢筋两种材料组成共同受力的水工结构。对于结构设计,我国主要依据《水工混凝土结构设计规范》(SL 191—2008),美国主要依据 *Building Code Requirements for Structural Concrete and Commentary*(ACI 318M-08)和 *Strength Design for Reinforced-concrete Hydraulic Structures*(EM1110-2-2104)进行设计。中美两国混凝土和钢筋物理力学性能指标试验方法的规定不同,进行混凝土结构设计分析比较,须首先分析钢筋混凝土结构材料物理力学性能指标的基本规定,进行强度换算比较。

6.4.3.1 混凝土强度

在国际上,用于确定混凝土抗压强度的试件有圆柱体和立方体两种。美国规范用圆柱体试件(通常 D150 mm×300 mm),按《现场混凝土试件制作和养护的操作准则》(ASTMC31)的规定,在 70 F(21.1 ℃)左右温度下湿养护 28 d,然后按《混凝土圆柱体试件抗压强度试验方法》(ASTM C39/C39M-05)在实验室以规定的加载速度进行试验,测得的具有一定保证率的抗压强度称为圆柱体强度;中国规范规定以边长为 150 mm 的立方体,在温度为(20±3)℃、相对湿度不小于 90% 的条件下养护 28 d,用标准试验方法测得的具有 95% 保证率的立方体抗压强度标准值作为混凝土强度等级,以符号 C 表示,单位为 N/mm²。

对于不超过 C50 级的混凝土,混凝土圆柱体抗压强度平均值 $f'_{c,m}$(D150 mm×300 mm)与立方体抗压强度平均值 $f_{cu,m}$(150 mm×150 mm×150 mm)的关系为 $f'_{c,m} = (0.79 \sim 0.81)f_{cu,m}$,通常近似取 $f'_{c,m} = 0.80 f_{cu,m}$。美国规范中的混凝土强度保证率为 91% 时,圆柱体抗压强度标准值 f'_c 为

$$f'_c = f'_{c,m}(1 - 1.34\delta_{f_c})$$

式中　δ_{f_c}——变异系数。

中国规范中的混凝土强度保证率为 95% 时,立方体抗压强度标准值 $f_{cu,k}$ 为

$$f_{\mathrm{cu,k}} = f_{\mathrm{cu,m}}(1 - 1.645\delta_{f_{\mathrm{cu}}})$$

式中　$\delta_{f_{\mathrm{cu}}}$——变异系数。

这样将 91% 保证率的 f'_{c} 换算为 95% 保证率的 $f_{\mathrm{cu,k}}$ 的公式为

$$f_{\mathrm{cu,k}} = 1.25 \frac{1 - 1.645\delta_{f_{\mathrm{cu}}}}{1 - 1.34\delta_{fc}} f'_{\mathrm{c}}$$

根据 ACI318 规范 4 000psi 级混凝土，$f'_{\mathrm{c}} = 27.6$ MPa，参考中国规范，$\delta_{fc} = \delta_{f_{\mathrm{cu}}} = 0.12$，则混凝土立方体抗压强度标准值 $f_{\mathrm{cu,k}} = 33.0$ MPa，考虑到试件尺寸效应的影响和混凝土强度与试件混凝土强度之间的差异，换算为混凝土轴心抗压强度标准值 f_{ck}，考虑到混凝土材料分项系数 γ_{c} 的影响，对应的混凝土轴心抗压强度设计值：$f_{\mathrm{c}} = f_{\mathrm{ck}}/\gamma_{\mathrm{c}} = 0.88 \times 0.76 \times 33.0/1.4 = 15.8$(MPa)。

6.4.3.2　钢筋强度

美国规范 ASTM A615 对变形和光圆碳钢规定了 3 种级别，即 40 级(280 MPa)、60 级(420 MPa)、75 级(520 MPa)。ASTM A706 对低合金变形和光圆钢筋仅规定了一种级别：60 级(420 MPa)。结构设计中，美国规范 ACI318M-08 将钢筋强度取为规定的钢筋屈服强度值。中国规范规定钢筋的强度标准值应具有不小于 95% 的保证率，钢筋强度设计值是根据钢筋材料分项系数 $\gamma_{\mathrm{s}} = 1.1$ 和钢筋强度标准值确定的。对于 60 级(420 MPa)，对应的中国规范钢筋强度设计值为 382 MPa。

6.4.4　地基设计理念的差异

6.4.4.1　地基承载力

关于天然地基承载力的确定方法除载荷试验外，中美规范最基本的计算理论均依据泰沙基公式发展而来，所不同的是中国规范往往先结合工程实践经验，根据荷载试验或其他原位测试、公式计算等方法综合确定地基承载力特征值之后，再通过必要的深度和宽度修正得到承载力设计值，然后进行承载力和变形验算；而美标则根据预估的基础埋深和长、宽尺寸直接以形状影响系数的方式计入泰沙基地基承载力计算公式，在满足地基允许变形的条件下直接计算容许承载力(相当于极限承载力)，使用时再考虑 2~3 的安全系数。

6.4.4.2　地基处理方法和工艺

对于基础处理方法和工艺，中国规范多结合工程实践经验，比如常用的复合地基处理方法，如振冲碎石桩、CFG 桩、高压旋喷桩等施工方法、施工工艺等；美国规范更注重理论公式，对于基础处理的经验和方法较少。中国规范对计算条件比较复杂的情况，结合工程经验尽量进行简化处理；美国规范对计算条件比较复杂的情况尽量推导出公式进行精确计算。

典型的例子，对于槽孔灌注桩或者地下混凝土连续墙，由于成孔或成槽采用泥浆固壁施工，混凝土为泥浆下浇筑。CCS 项目咨询工程师对此难以理解和沟通，混凝土怎么在泥浆中浇筑，质量如何保证，对施工方法、施工工艺等存在很多质疑。存在这个问题的原因，一方面是咨询工程师地基处理经验不足；另一方面主要是没有现成的美国规范供工程师使用。

6.4.5 建筑物稳定分析对比

在美标 *Gravity Dam Design*（EM 1110-2-2200）（重力坝设计）、*Stability Analysis of Concrete Structures*（EM 1110-2-2100）（混凝土结构稳定分析）和中国规范《混凝土重力坝设计规范》（SL 319—2018）的基础上，对比中美规范关于重力坝设计在荷载计算、工况组合、控制标准等方面的差异，并结合 CCS 首部溢流坝计算情况进行对比分析，为重力坝设计和应用提供参考建议。

6.4.5.1 荷载计算

重力坝设计的核心问题是应力和稳定性分析两方面，稳定性和应力分析必须确定所需要的荷载。经过分析对比，坝体及其上永久设备自重、上下游坝面上的水压力、淤沙压力等计算完全一样；扬压力、地震惯性力、地震动水压力计算存在差别，特别是地震荷载差别较大。

1. 扬压力

1）中国规范 SL 319—2018

$$H_3 = \alpha(H_1 - H_2)$$

式中，α 为扬压力强度系数，若坝基无防渗帷幕和排水孔，α 取 1；若坝基设有防渗帷幕和排水孔，对于实体重力坝，岸坡坝段取 0.35，河床坝段取 0.25。

2）美标 EM 1110-2-2200

扬压力计算如图 6-408 所示。

当 $H_4 > H_2$ 时

$$H_3 = K(H_1 - H_4)\frac{B - X}{B} + H_4$$

当 $H_4 < H_2$ 时

$$H_3 = K(H_1 - H_4)\frac{B - X}{B} + H_2$$

$$K = 1 - E$$

式中，E 为排水有效系数，若坝基无防渗帷幕和排水孔，E 取 0；若坝基设防渗帷幕和排水孔，E 的范围为 0.25~0.50。

2. 淤沙压力

水平淤沙压力计算示意图见图 6-409。

1）中国规范 SL 319—2018

$$P_{sk} = \frac{1}{2}\gamma_{sb}h_s^2\tan^2\left(45° - \frac{\varphi_s}{2}\right)$$

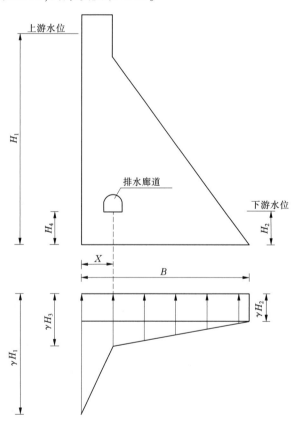

图 6-408　扬压力计算示意图

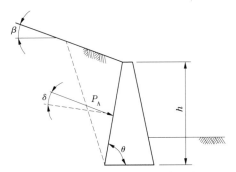

图 6-409　水平淤沙压力计算示意图

2）美标 EM 1110-2-2200

$$P_{sk} = \frac{1}{2}\gamma_{sb}h_s^2 \frac{1}{\sin\theta\cos\delta}K_A$$

式中　P_{sk}——淤沙压力，kN/m；

$\quad\quad\gamma_{sb}$——淤沙的有效容重（水上为湿容重，水下为浮容重），kN/m³；

$\quad\quad h_s$——挡水建筑物前泥沙淤积厚度，m；

$\quad\quad\theta$——上游坝面与水平面间夹角，（°）；

$\quad\quad\delta$——上游坝面与淤沙之间的摩擦角，（°）；

$\quad\quad K_A$——淤沙压力系数。

$$K_A = \frac{\sin^2(\theta+\varphi)\cos\delta}{\sin\theta\sin(\theta-\delta)\left[1+\sqrt{\dfrac{\sin(\varphi+\delta)\sin(\varphi-\beta)}{\sin(\theta-\varphi)\sin(\theta+\beta)}}\right]^2}$$

3. 地震荷载

1）中国规范

（1）地震惯性力。当采用拟静力法计算地震作用效应时，沿建筑物高度作用于质点 i 的水平向地震惯性力代表值按下式计算：

$$F_i = \frac{\alpha_h\xi G_{Ei}\alpha_i}{g}$$

式中　F_i——作用在质点 i 的水平向地震惯性力代表值；

$\quad\quad\alpha_h$——水平方向设计地震加速度代表值；

$\quad\quad\xi$——地震作用的效应折减系数，除另有规定外，取 $\xi=0.25$；

$\quad\quad G_{Ei}$——集中在质点 i 的重力作用；

$\quad\quad\alpha_i$——质点 i 的动态分布系数，按规范计算采用。

$$\alpha_i = 1.4\frac{1+4(h_i/H)^4}{1+4\sum\limits_{j=1}^{n}\dfrac{G_{Ej}}{G_E}\left(\dfrac{h_j}{H}\right)^4}$$

式中　n——坝体计算质点总数；

H——坝高，m；

h_i、h_j——质点 i、j 的高度，m；

G_E——产生地震惯性力的建筑物总重力作用。

（2）地震动水压力。单位宽度坝面上的总地震动水压力作用在水面以下 $0.54H_0$ 处，其代表值 F_0 按下式计算：

$$F_0 = 0.65\xi K_h \gamma_w h^2$$

（3）地震主动土压力。按下式（应取式中"+""-"号计算结果中的大值）计算

$$P_e = \left[q_0 \frac{\cos\psi}{\cos(\psi - \beta)} h_s + \frac{1}{2}\gamma_{sb}h_s^2 \right] (1 \pm \xi\alpha_v/g) C_e$$

$$C_e = \frac{\cos^2(\varphi - \theta_e - \psi)}{\cos\theta_e \cos^2\psi \cos(\delta + \psi + \theta_e)(1 + \sqrt{Z})^2}$$

$$Z = \frac{\sin(\delta + \varphi)\sin(\varphi - \theta_e - \beta)}{\cos(\delta + \psi + \theta_e)\cos(\beta - \psi)}$$

$$\theta_e = \arctan\frac{\xi\alpha_h}{g - \xi\alpha_v}$$

式中　C_e——地震动土压力系数；

　　　q_0——土表面单位长度的荷重；

　　　ψ——挡土墙面与垂直面的夹角，(°)；

　　　θ_e——地震系数角；

　　　α_v——竖向设计地震加速度代表值。

2）美标 EM 1110-2-2200

（1）地震惯性力。水平向的地震惯性力按下式计算：

$$P_{ex} = Ma_x$$

式中　P_{ex}——水平地震力，kN；

　　　a_x——水平地震动加速度，$a_x = ag$；

　　　g——重力加速度；

　　　a——地震系数，当 a_x 大于 $0.2g$，需考虑竖直加速度，竖向地震系数按水平地震的
　　　　　　2/3 考虑。

（2）地震动水压力。坝面上的总地震动水压力作用在水面以下 $0.6h$ 处，其代表值 P_E 按下式计算：

$$P_E = \frac{7}{12}K_h\gamma_w h^2$$

式中　P_E——单位宽度上的动水压力，kN/m；

　　　K_h——水平地震系数；

　　　γ_w——水的重度，kN/m³；

　　　h——水深，m。

（3）地震主动土压力：

$$P_{AE} = \frac{1}{2} K_{AE} \gamma_{sb} (1 - K_v) h_s^2$$

$$K_{AE} = \frac{\cos^2(\varphi - \Psi - \psi)}{\cos(\Psi)\cos(\Psi + \delta + \psi)\cos^2(\psi)\left[1 + \sqrt{\dfrac{\sin(\varphi + \delta)\sin(\varphi - \Psi - \beta)}{\cos(\beta - \psi)\cos(\Psi + \psi + \delta)}}\right]^2}$$

式中　P_{AE}——地震动土压力，kN/m，与水平面夹角为 δ；

　　　K_{AE}——地震淤沙压力系数。

$$\Psi = \tan^{-1}\left(\frac{K_h}{1 - K_v}\right)$$

式中　K_h——水平地震加速度；

　　　K_v——竖直地震加速度，$K_v = \frac{2}{3}K_h$。

6.4.5.2　工况组合

1. 计算工况及其荷载组合

计算工况及其荷载组合见表 6-154。

表 6-154　计算工况及其荷载组合（美国规范）

荷载组合	计算工况	自重	静水压力	扬压力	淤沙压力	地震荷载
正常组合	工况 1：正常运行	√	√	√	√	
非常组合	工况 2：设计洪水位，SPF	√	√	√	√	
	工况 3：施工工况	√				
	工况 4：正常运行+ 基准地震 OBE	√	√	√	√	
特殊组合	工况 5：正常运行+ 最大可信地震 MCE	√	√	√	√	√
	工况 6：施工工况+ 基准地震 OBE	√				√
	工况 7：校核洪水 工况，PMF	√	√	√	√	

经对比，美国规范比中国规范《混凝土重力坝设计规范》（SL 319—2018）多了工况 4 和工况 6。

2. 地震工况

美国规范：大坝采用运行基准地震 OBE（operating basis earthquake，相应概率水准为 100 年基准期超越概率 50%）和最大设计地震 MDE（maximum design earthquake）或最大可信地震 MCE（maximum credible earthquake）两级设防，并提出了相应于不同设防水准时大坝的性能要求。其中，OBE 是从工程运行角度提出来的，对应于运行期工程保护期望水平的最大地震,这时主要考虑地震引发的结构损坏、机械破损和经济损失,设防要求是震后结构易修复、设备可继续运行;MDE 或 MCE 主要是从避免引发严重次生灾害的角度提出来的,设防要求为大坝不发生灾难性破坏,如不致使库水下泄失控。当大坝失事可能导致危及人身安全的严重后果时取 MDE 为 MCE,否则 MDE 一般小于 MCE。MCE 为坝址区可能发生的最大地震,并假定发生在离坝址最近的断层点上。

中国规范:大坝采用最大设计地震 MDE 一级设防。对于有利地段,建筑物一般采用基本烈度设防(相当于 50 年基准期超越概率 10%),对于甲类设防的大坝在基本烈度基础上提高一度设防(相当于 100 年基准期超越概率 2%)。性能要求为如有局部损坏,经一般处理后仍可正常运行。100 年基准期超越概率 2% 的设防水准接近国外一些国家提出的最大可信地震(MCE)的水平,而其性能目标又与运行基本地震(OBE)的要求相近。

CCS 水电站合同对地震设计的要求:大坝和重要建筑物设计地震峰值加速度按 0.3g,次要建筑物设计地震峰值加速度按 0.15g,最大可能地震对应峰值加速度为 0.4g。当使用拟静力分析时,对工程项目的一些建筑物设计,可以接受合理折减系数。

6.4.5.3 控制标准

(1)中国规范 SL 319—2018,坝体抗滑稳定安全系数见表 6-155。

表 6-155 坝体抗滑稳定安全系数(中国规范)

荷载组合	抗剪断安全系数 K'	抗剪安全系数 K		
		1 级	2 级	3 级
基本组合	3.0	1.10	1.05	1.05
特殊组合 1	2.5	1.05	1.00	1.00
特殊组合 2	2.3	1.00	1.00	1.00

(2)美国规范 *Gravity Dam Design*(EM 1110-2-2200)(重力坝设计),*Stability Analysis of Concrete Structures*(EM 1110-2-2100)(混凝土结构稳定分析),抗滑稳定安全系数见表 6-156。

表 6-156 坝体抗滑稳定安全系数(美国规范)

荷载条件	重力坝设计(EM 1110-2-2200)	混凝土结构稳定分析(EM 1110-2-2100)
基本组合 U	2.0	2.0
非常组合 UN	1.7	1.5
特殊组合 E	1.3	1.1

6.4.5.4 结果对比分析

1.CCS 水电站首部溢流坝稳定计算结果对比

本计算选取首部溢流坝典型坝段进行稳定计算,为了简化,只列出工况 5 正常运行+最大可信地震 MCE 工况的计算结果(见表 6-157),即上游水位为 1 275.5 m,下游水位 1 262 m,最大水平加速度 0.40g 的工况。坝基为砂砾石地层,按抗剪公式计算。

表 6-157　坝体抗滑稳定计算荷载汇总（工况 5）

荷载名称	中国规范			美国规范		
	水平力 T/ kN	竖向力 N/ kN	抗滑安全系数/K	水平力 T/ kN	竖向力 N/ kN	抗滑安全系数/K
自重		452 861			452 861	
水重		46 837			46 837	
淤沙重		33 752			33 752	
上游水压力	67 375			67 375		
下游水压力	−8 731		1.21 [1.00]	−8 731		1.12 [1.10]
淤沙压力	14 474			14 474		
扬压力		−144 204			−155 370	
地震惯性力	45 761			122 028	−40 676	
地震动水压力	9 878			16 574		
合计	128 757	389 246		211 720	337 404	

2. 结论

通过对比中美规范关于重力坝稳定应力计算，可得出以下结论：

(1) 荷载计算，自重、静水压力和淤沙压力的计算完全相同；扬压力中国规范的折减系数比美国规范低；地震荷载计算中美规范差异较大，按中国规范地震惯性力、地震动水压力等荷载计算值为美国规范的 0.4 倍左右。

(2) 荷载工况，美国规范比中国规范增加了两个工况：施工期+基准地震 OBE 工况、正常运行情况+基准地震 OBE 工况。

(3) 控制标准，中国规范控制标准根据地基条件采用不同公式分抗剪断和抗剪，分别给出控制标准；美国规范是单一控制标准。

(4) 计算结果，通过 CCS 水电站溢流坝段，正常运行工况+最大可信地震 MCE 工况的稳定计算结果可看出，中国规范计算安全系数与允许安全系数之比是 1.2 左右，美国规范计算安全系数与允许安全系数之比是 1.0 左右，建筑物稳定分析特别是对地震工况，美国规范较中国规范更为保守，安全度更高。

6.4.6　建筑物结构分析对比

对于水利工程钢筋混凝土结构设计，中国主要依据《水工混凝土结构设计规范》（SL 191—2008）进行设计，美国主要依据 *Building Code Requirements for Strucural Concrete and Commentary*（ACI 318M–08）和 *Strength Design for Reinforced-concrete Hydraulic Structures* （EM 1110-2-2104）进行设计。本次主要就结构承载力极限状态设计对比分析。

6.4.6.1　材料强度换算

中美两国混凝土和钢筋物理力学性能指标试验方法的规定不同，进行混凝土结构设计应首先分析钢筋混凝土结构材料物理力学性能指标的基本规定,进行强度换算,参见6.4.3节。

6.4.6.2 结构强度设计方法

1. 美国规范

为了保证结构或单个构件的安全,必须通过强度折减系数降低强度标准值,并通过荷载分项系数增加荷载强度设计基本表达式为

$$\varphi R_{n} \geqslant \sum_{i=1}^{l} \gamma_{i} Q_{i}$$

式中　φ——强度折减系数,$\varphi = 0.9$(受弯、受拉),0.65(轴压),0.75(受剪、受扭),$0.65 \sim 0.9$(偏压);

　　　R_{n}——结构抗力标准值;

　　　γ_{i}——第i个荷载对应的荷载分项系数;

　　　Q_{i}——荷载类型(恒载、活载、地震荷载);

　　　l——荷载类型的数量。

2. 中国规范

中国规范对于承载能力极限状态设计采用的单一安全系数的设计表达式:

$$KS \leqslant R$$

式中,K为承载力安全系数,不同建筑物级别,对应的承载力安全系数是不同的。基本组合时,1级建筑物承载力安全系数为1.35,2、3级建筑物承载力安全系数为1.20,4、5级建筑物承载力安全系数为1.15;偶然组合时,1级建筑物承载力安全系数为1.15,2、3级建筑物承载力安全系数为1.00,4、5级建筑物承载力安全系数为1.00。S为荷载效应组合设计值;R为结构构件的截面承载力设计值,由材料的强度设计值及截面尺寸等因素计算得出。

6.4.6.3 荷载组合

1. 美国规范

EM 1110-2-2104规定,对于一般水工结构,不考虑地震影响时,荷载组合如下式所示:

$$U_{h} = H_{f}(1.4D + 1.7L)$$

式中　U_{h}——水工结构的设计荷载;

　　　H_{f}——水力系数,对于一般构件取1.3,对于直接受拉构件取1.65;

　　　D——恒荷载;

　　　L——活荷载。

2. 中国规范

按《水工混凝土结构设计规范》(SL 191—2008)规定,荷载效应组合计算如下:

(1)基本组合。

当永久荷载对结构起不利作用时

$$S = 1.05 S_{GK1} + 1.20 S_{GK2} + 1.20 S_{QK1} + 1.10 S_{QK2}$$

当永久荷载对结构起有利作用时

$$S = 0.95S_{GK1} + 0.95S_{GK2} + 1.20S_{QK1} + 1.10S_{QK2}$$

（2）偶然组合。

$$S = 1.05S_{GK1} + 1.20S_{GK2} + 1.20S_{QK1} + 1.10S_{QK2} + 1.0S_{AK}$$

式中 S_{GK1}——自重、设备等永久荷载标准值产生的荷载效应；

S_{GK2}——土压力、淤沙压力及围岩压力等永久荷载标准值产生的荷载效应；

S_{QK1}——一般可变荷载标准值产生的荷载效应；

S_{QK2}——可控制其不超出规定限值的可变荷载标准值产生的荷载效应；

S_{AK}——偶然荷载标准值产生的荷载效应。

6.4.6.4 结构最小配筋率

1. 美国规范

美国规范对于受弯构件最小配筋率，ACI 318M 采用的表达式为

$$\rho_{min} = MAX(0.25\sqrt{f'_c}/f_y, 1.4/f_y)$$

当计算配筋面积远小于最小配筋率时，为避免浪费，美国规范规定实际配筋面积超出计算值 1/3 以上可不考虑最小配筋率。

2. 中国规范

《水工混凝土结构设计规范》（SL 191—2008）对于钢筋混凝土构件纵向受力钢筋的最小配筋率规定见表 6-158。

表 6-158 钢筋混凝土构件纵向受力钢筋的最小配筋率 ρ_{min} %

项次	分类		钢筋种类		
			HPB235 级	HPB335 级	HRB400 级、RRB400 级
1	受弯构件、偏心受拉构件的受拉钢筋	梁	0.25	0.20	0.20
		板	0.20	0.15	0.15
2	偏心受压柱的全部纵向钢筋		0.60	0.60	0.55
3	偏心受压构件的受拉或受压钢筋	柱、拱	0.25	0.20	0.20
		墩墙	0.15	0.20	0.15

对最小配筋率，美国规范比中国规范要求更高。

6.4.6.5 主要结论

（1）中美两国混凝土和钢筋物理力学性能指标试验方法的规定不同，结构计算比较时应进行材料强度换算。

（2）中美规范结构设计方法都是采用的以概率理论为基础的极限状态设计法；中国规范 SL 191—2008 采用单一安全系数的设计表达式，美国规范采用的分项系数的设计表达式；美国规范采用材料强度标准值计算构件的承载能力，根据构件的受力状态和破坏类型确定强度折减系数，中国规范采用材料分项系数计算构件的承载能力，结构设计采用强度设计值。美国规范更加注重结构延性和承载能力安全储备的协调，通过调整强度折减系数使构件获得承载力安全储备；美国规范结构设计不进行建筑物级别划分，中国规范不

同建筑物级别对应不同的承载力安全系数。

（3）荷载效应组合设计值，中国规范考虑荷载分项系数和承载能力安全系数；美国规范考虑荷载分项系数和水力系数，美国规范荷载分项系数较大，水力系数为 1.3/1.65。因此，同等条件下美国规范荷载效应组合设计值比中国规范大。

（4）同等条件下，中国规范计算配筋量略小于美国规范计算配筋量；美国规范最小配筋率比中国规范要求也更高。

第7章

总 结

CCS 水电站是中国电建集团在南美洲承建的最大的 EPC 水电站项目,该电站为厄瓜多尔目前最大的水力发电项目之一,为厄瓜多尔国家电网的骨干电源,该项目受到中国及厄瓜多尔两国政府的高度重视,建成意义重大。首部枢纽由挡水建筑物(混凝土面板堆石坝)、泄洪冲沙建筑物(溢流坝及冲沙闸)、取水建筑物(引水闸及沉沙池)三部分组成。结合工程区自然条件和工程功能要求,首部枢纽有以下特点和难点,在设计过程中研究解决。

(1)工程泄水规模大。首部枢纽所处的 Coca 河流域中大部分地区属于热带雨林气候,降雨充沛。首部枢纽防洪标准为 10 000 年一遇洪水设计,灾害性洪水校核,灾害性洪水设计流量达到 15 000 m^3/s。施工导流标准采用 25 年一遇设计洪水,设计流量为 4 430 m^3/s。

(2)工程区地震烈度高。工程区位于环太平洋地震带,设计地震 OBE 加速度为 0.3g,最大可信地震 MCE 加速度为 0.4g。

(3)地质条件复杂。首部枢纽工程区地基为深厚覆盖层及花岗闪长岩侵入岩体,地层分布严重不均,基岩面存在陡坎,覆盖层厚度相差大,东侧覆盖层仅几米,下为花岗闪长岩侵入岩体,西侧覆盖层逐渐变厚,最大厚度超过 200 m,基础地质条件非常复杂,坝基渗漏、坝基渗透变形及基础不均匀沉降等问题突出。

(4)引水冲沙运用要求高。本工程引水规模大,最大引水流量 222 m^3/s,工程区位于活火山附近,在强降雨条件下易受侵蚀,河流输沙量大。电站设计最大净水头 618 m,是世界上规模最大的冲击式水电站之一,为了保证水轮机免受大量泥沙的磨蚀,要求首部沉沙池≥0.25 mm 粒径的泥沙沉降率为 100%,首部枢纽作为电站的输水源头,引水冲沙运行要求非常高。

(5)设计标准高。设计施工要求完全按照欧美标准执行,设计标准高。

针对首部枢纽超大泄洪规模、多泥沙河流大引水流量、不均匀深厚覆盖层地基、地震烈度高等复杂条件,为满足工程的功能要求和合同规定的条件,在设计过程中,分别针对首部枢纽超深覆盖层大规模泄洪建筑物、特大规模沉沙池设计方案、深厚覆盖层且分布严重不均的复杂地层基础处理等关键技术问题,从技术可行与安全经济角度进行了大量的研究论证工作,成功解决了这一系列复杂技术难题,确保了工程的顺利实施和按期引水发电。

7.1　超深覆盖层大规模泄洪建筑物研究

7.1.1　关键技术问题识别

首部枢纽所处的 Coca 河流域中大部分地区属于热带雨林气候,径流分配较为均匀,降雨充沛。首部枢纽防洪标准为 10 000 年一遇洪水设计,灾害性洪水校核。灾害性洪水设计流量为 15 000 m^3/s。施工导流标准采用 25 年一遇设计洪水,设计流量为 4 430 m^3/s。泄洪建筑物规模大、地震烈度高,且建在厚 2～130 m 不等的砂卵砾石覆盖层上,存在抗滑稳定、渗透稳定、不均匀变形等关键问题,另外泄洪建筑物运用频繁,需保证不同流量的下泄水流与河道天然流态平顺衔接,以避免下游河床及两岸发生冲刷,因此需要研究并解决如下问题:

(1)泄洪规模非常大,需要根据地形地质条件,考虑溢流坝段布置宽度,以满足泄流规模和下游防冲消能的需要;施工期洪峰流量大,需要充分考虑导截流工程布置的经济性和方便性,布置方案要利于施工导流工程的实施。

(2)消能防冲标准内下泄流量为 0~6 020 m³/s,上下游水位差为 6.52~20.28 m,下游河道水位最大变幅 7 m,需要研究不同泄洪运行消能防冲方案和消能效果以解决出闸水流的平顺连接问题,减轻对下游河道的冲刷,保证水工建筑物安全。

(3)基础覆盖层深厚,渗透系数 10^{-2}~10^{-3} cm/s,属于中等透水,坝基渗漏问题突出;覆盖层颗粒级配不良,在高水头作用下,存在渗透变形问题,需要研究合理的基础防渗方案。

(4)建筑物建于厚 2~130 m 的覆盖层上,覆盖层存在部分中等压缩性粉质黏土和粉土层,需根据变形控制要求确定不同的地基处理措施。

7.1.2 主要研究内容和成果

7.1.2.1 首部枢纽布置方案研究

首部枢纽库区由 Quijos 河谷与 Salado 河谷组成,在两河交汇一带以相对宽广的 U 形谷为主,谷底宽 300~700 m,发育有多处河心滩、河漫滩,河道纵比降为 2.70‰~4.70‰。河谷岸坡陡峻。坝址处的突出特征是河谷中间凸现一锥形花岗岩侵入岩体,受该侵入岩体控制,河道宽度缩窄形成了 V 形峡谷。河道在右岸形成一个弯道,河道左岸有一垭口,最低处高出河床仅约 25 m。该特殊的地形条件为首部建筑物布置带来了一定难度。根据地形地质特点,设计进行了两岸分散泄水布置、右岸集中泄水布置和左岸集中泄水布置方案比选,最终确定采用左岸集中泄水布置方案,即主河槽以混凝土面板堆石坝拦断挡水,左岸滩槽集中布置泄洪、排沙建筑物,将沉沙池布置于花岗岩侵入岩体和面板坝之后的方案。

该布置方案的特点:一是在主河道深厚覆盖层上布置混凝土面板堆石坝,充分利用面板坝对地基适应能力强的优点,减少河床地基处理投资,缩短工期,施工也相对简单;二是取水闸和沉沙池布置在中部侵入岩体下游侧,充分利用河滩山包挡水,同时减少基础土石方开挖量和基础处理工程量;溢流坝和冲沙闸基础仍置于深覆盖层上,但覆盖层地质条件优于右岸主河道,地基土层已完成固结,密实程度高。采用左岸集中泄水布置方案是技术经济综合选择。

7.1.2.2 泄洪冲沙能力和消能防冲方案研究

为论证溢流坝冲沙闸的泄流冲沙能力和消能效果,采用数值模拟分析、整体和局部物理模型试验进行相互验证和比较,研究库区不同淤积情况下首部枢纽泄流能力和冲沙闸冲沙效果(详见 6.2.3、6.2.4 节),为工程的合理布置和体型优化提供重要支撑。

采用理论研究和经验分析相结合的办法,确定所在河段的抗冲流速,结合运行条件拟订不同消能布置方案,通过水工物理模型试验进行比较验证确定合理的消能防冲方案。

溢流坝下游设长度 64.4 m、深度 4~6 m 的消力池,消力池下游为总长 120 m 钢筋混凝土和抛石海漫,末端接深 7.8 m、底宽 6 m、顶宽 30 m 的抛石防冲槽,以保护下游粉细沙质河道免受冲刷破坏。

7.1.2.3 坝基防渗系统方案研究

针对坝基深覆盖层渗漏和渗透变形问题,结合平面和三维渗流分析计算进行不同防渗布置方案比选,最终确定面板堆石坝及溢流坝均采用深 30 m、厚 0.8 m 的悬挂式塑性混凝土截渗墙防渗;同时,为避免左坝肩绕渗,防渗墙体左岸挡水坝段往左侧延伸一定长度,右侧延伸到冲沙闸岩石基础,连接冲沙闸和引水闸基础帷幕灌浆形成封闭防渗系统。结合地质情况和运行特点,进行溢流坝坝基塑性混凝土防渗墙三维弹塑性有限元应力应变计算分析,确定防渗墙墙体厚度、塑性混凝土墙体技术指标、与建筑物基础的连接形式等。

渗流监测成果表明,溢流坝段基础防渗墙前的渗压计水位在 1 265.6~1 275.4 m;防渗墙后的渗压计水位在 1 261.4~1 265.2 m,基本与下游水位一致。目前,首部枢纽已运行多年,防渗效果良好,悬挂式塑性混凝土截渗墙防渗较好地解决了坝基渗漏和渗透变形问题。

7.1.2.4 高地震烈度深覆盖层上建筑物结构措施研究

首部枢纽工程区最大设计地震加速度(MDE)为 0.4g,溢流坝坝基主要为ⓓ层砂砾石和ⓒ层粉细砂、粉土及粉质黏土等覆盖层,且覆盖层厚度不均,相差很大,不均匀沉降问题突出,因此设计研究采取优化分缝、布设键槽等结构措施,以减小或避免坝段之间的不均匀沉降,同时增强坝体刚度,提高坝体的抗震性能。

溢流堰顺水流向底板长度为 52.61 m,垂直水流向长度为 22 m,溢流堰面分缝宽 2 cm,缝内设一道铜片止水,一道 PVC 止水,伸缩缝迎水面填充 0.05 m 厚聚硫密封胶封闭,缝面布设多层键槽,块体间相互咬合,减小分块之间地基不均匀变形的影响,提高堰体的整体性。

左岸挡水坝为坐落在软基上的陡坡坝段,由于坝体体积较大,减小坝段分缝,以更好地适应复杂的地形地质条件,在垂直于坝轴线方向设置三道横缝,将左岸挡水坝段分为三个坝段;在坝段横缝内设置垂直向的键槽,在坝体混凝土冷却到接近稳定温度场后,对横缝进行灌浆,进一步把各坝段连成整体,横缝灌浆分区进行,提高左岸坝体的整体稳定性,减小或避免坝段之间的不均匀沉降,同时增强坝体刚度,提高坝体的抗震性能。

7.2 特大规模沉沙池设计方案研究

7.2.1 关键技术问题识别

本工程引水规模大,最大引水流量 222 m³/s,工程区位于活火山附近,在强降雨条件下易受侵蚀,河流输沙量大。电站设计最大净水头 618 m,是世界上规模最大的冲击式水电站之一,为了保证水轮机免受大量泥沙的磨蚀,根据合同规定,首部沉沙池要求≥0.25 mm粒径的泥沙沉降率为100%,引水冲沙运行要求非常高。沉沙池的工程布置、冲排沙方式应用等存在以下关键技术问题需要研究解决。

7.2.1.1 多单元小底孔有压廊道冲排沙

沉沙池底部布置小尺寸冲沙底孔,并对冲沙底孔分组为冲沙单元,采用液压系统对冲沙单元进行控制,排沙廊道采用出口控制的有压廊道。该冲排沙方式排沙廊道布置、排沙流量、排沙运用方式及排沙效果等目前均没有可借鉴的工程案例。

7.2.1.2 管道流冲排沙

管道流冲排沙由于孔眼易堵塞、排泥效果不稳定、排沙效率低等原因,在大型水电沉沙池工程中目前还没有应用的案例,如何在沉沙池中实现管道流冲排沙,利用管道流高含沙、高输沙率、耗水少、对水流沉沙扰动小的特点,实现管道引水、除沙的要求,对设计工作提出了较大的挑战。

7.2.1.3 管道流冲沙沉沙池设计

CCS水电站首部枢纽沉沙池引水流量、工程规模、工程引水出水条件等对沉沙池结构形式、结构布置的要求较高,尤其详细设计、工程已经开工后,沉沙池调整为管道流冲沙,如何在原主体结构基础上进行设计调整,增加池条数、实现管道流冲沙沉沙池布置是一个设计难点。

7.2.1.4 沉沙池水流流态

沉沙池布置在溢流坝冲沙引水渠右侧山体,引水闸与冲沙闸轴线斜交;同时,静水池后衔接输水隧洞为进口无控制的长无压隧洞。在有限的空间、复杂的进水条件和出水条件下对各关键部位的水流流态的研究,不仅是为沉沙池结构布置提供设计依据,也为引水、沉沙、冲沙等稳定、安全地运行提供技术支持。

7.2.1.5 沉沙池运行设计

首部枢纽水库为径流式水库,引水闸闸前水位、入池泥沙含量随Coca河流量变化而变化,同时沉沙池下游隧洞进口为无控制的长无压隧洞,而为避免电站甩负荷导致引水大量涌入调节水库,进而造成调节水库下游河道的生态灾难,隧洞出口设置控制闸门。同时,沉沙池包括了发电引水闸、生态基流引水闸(兼冲沙)、出口闸、侧堰以及八池槽共40个管流冲沙单元的冲沙控制闸门。如何进行合理、科学的运行安排是保证多池槽、多冲沙单元、连续冲沙沉沙池在复杂水沙条件下稳定运行重要的一环。

7.2.2 主要研究内容和成果

7.2.2.1 沉沙池结构布置方案

通过一系列水力数值分析、物理模型试验,对沉沙池引水、冲沙、输沙等进行了全面的研究,设计了单池净宽13.0 m、深18.5 m,共8条,单条工作长度150.0 m、引水流量(不包括冲沙流量)222.0 m³/s的连续水力冲洗式沉沙池,该沉沙池为世界上最大规模的连续水力冲洗式沉沙池。

沉沙池工作段断面上部为13 m宽、8.63 m深的矩形。为使泥沙向底部滑动,下部为深3.32 m、侧坡为1∶1.5的等腰梯形,底部矩形槽中铺设排沙管。上部矩形断面过流、下部梯形断面储沙、底部分段铺设 SEDICON 排沙系统的沉沙池,可以适应大流量、高含沙量引水的沉沙要求。根据泥沙积聚情况分时分段控制排沙,运用灵活可靠,耗水量小。

7.2.2.2 沉沙池冲排沙方案

应用物理模型试验,首次系统地对多单元小底孔有压廊道冲排沙方式的结构布置、排沙流量及排沙效果等进行了研究分析,验证了有压廊道排沙的可行性,为底孔排沙沉沙池设计提供技术支持。

通过总结研究了国内外沉沙池应用案例,结合本工程引水、除沙要求,分析和研究管道流冲排沙沉沙池的布置、管道流冲排沙结构布置、排沙流量以及排沙效果等;首次将管道流冲排沙应用在大型水电工程沉沙池设计中,设计冲沙流量仅为引水流量的 7.5%。

7.2.2.3 沉沙池流态优化方案

对比了孔板、条筋栅、角钢栅等在水流扩散中整流的特点,首次将角钢应用在沉沙池整流设计中,有效地缩短了过渡引渠的长度,保证水流经较短的扩散引渠入池。通过试验对比分析,对静水池出池水流、进洞流态进行研究,确定了 1/4 椭圆进洞口体型设计,对出闸水流经短池进无压输水隧洞的设计提供了依据。

7.2.2.4 冲沙运行方式

结合计算分析,对管道流冲排沙沉沙池的运行方式进行了研究。根据工程的实际来水、来沙情况,结合泄洪、冲沙以及电站调度运行,调整和优化沉沙池的运行管理,制定出一套适用于本工程的最佳运行方式。

7.3 高地震烈度区深厚覆盖层基础处理方案研究

7.3.1 关键技术问题识别

首部工程区位于环太平洋地震带,设计地震 OBE 加速度为 $0.3g$,最大可信地震 MCE 加速度为 $0.4g$,地震烈度高;地基为不均匀的深厚覆盖层及花岗闪长岩侵入岩体,组成性质各有差异,岩相变化大,厚度相差大,建筑物基础条件非常复杂;同时因 EPC 总承包项目对工期及投资有很多限制条件,因此首部建筑物基础处理是设计难点和重点。

(1)工程区地震烈度高,地震水平力大。

(2)现行的规范要求重力坝、溢洪道等混凝土建筑物基础要设在质量较好的基岩上。特殊的地质地形条件决定近 40 m 高、泄流能力高达 15 000 m^3/s 的首部泄洪和冲沙混凝土坝、大型沉沙池必须建在最深超过 130 m 的覆盖层上。

溢流坝坝基主要为ⓓ层砂砾石和ⓒ层粉细砂、粉土及粉质黏土等覆盖层,且覆盖层厚度不均,相差很大,不均匀沉降问题突出。

左岸挡水坝段为坐落在软基上的陡坡坝段,由于坝体体积较大,存在地基承载力不满足设计要求的问题。

沉沙池引水闸、侧堰基础为岩石基础;过渡引渠、出口闸基础为砂砾石覆盖层;沉沙池槽、静水池挡墙基础部分为岩石、部分为砂砾石覆盖层,砂砾石覆盖层深最大为 80~90 m。砂砾石覆盖层交互存在砂砾石层、粉土质砂层、黏土层、粉土层,基础存在液化、沉降、不均匀沉降等基础处理难题。

7.3.2 主要研究内容和成果

7.3.2.1 溢流坝基础处理方案及抗震措施

溢流坝地基主要为ⓓ层砂砾石和ⓒ层粉细砂、粉土及粉质黏土等覆盖层,地基承载力满足设计要求,主要需解决不均匀沉降问题。结合不同坝段地层分布的特性,根据实际地质揭露情况,采用了开挖换填+局部振冲碎石桩处理方案,同时辅以优化坝段分缝、布设键槽等结构措施,缝面布设多层键槽,块体间相互咬合,以减小或避免坝段之间的不均匀沉降,同时增强坝体刚度,提高坝体的抗震性能。

基础沉降监测资料显示,溢流坝基础累计最大沉降量出现在 S0+95.00 的下游齿槽内(D0+026.00),累计最大沉降量为 42.2 mm,从累计沉降曲线来看,溢流坝基础沉降已经稳定,实际沉降量远小于规范允许最大沉降量(150 mm),表明溢流坝基础沉降满足规范要求,地基处理效果较好。

7.3.2.2 左岸挡水坝段基础处理方案及抗震措施

左岸挡水坝段地基为ⓐ+ⓑ冲积砂砾卵石地层,地基承载力较低,砂卵砾石层下为ⓒ1砂层和ⓒ2粉质黏土层,易产生不均匀沉降。为适应复杂的地形地质条件,满足地基承载力要求和坝体自身稳定要求、并尽可能减少开挖工程量,首先从结构体型上优化,坝体剖面采用空箱和实体相结合的非常规结构断面形式,尽量加大坝体基础尺寸以减小基底应力,同时削减坝体上部重量,进一步减小基底应力,满足地基承载力要求,同时该种体型结构对抗震有利。

原设计基础处理方案为振冲碎石桩,现场施工过程发现ⓐ+ⓑ冲积砂砾卵石层较坚硬,胶结良好,且有较多尺寸大于 50 cm 的孤石,振冲碎石桩难以施工。经复核计算分析后将左坝肩基础处理方案调整为上部开挖换填+下部振冲碎石桩处理方案。

由于坝体体积较大,减小坝段分缝,以更好地适应复杂的地形地质条件,在垂直于坝轴线方向设置三道横缝,将左岸挡水坝段分为三个坝段;在坝段横缝内设置垂直向的键槽,在坝体混凝土冷却到接近稳定温度场后,对横缝进行灌浆,进一步把各坝段连成整体,横缝灌浆分区进行,提高左岸坝体的整体稳定性,增强坝体抗震性能。

首部枢纽投入运行多年,左岸挡水坝段无明显沉降,顶部及缝面均无明显变形,表明将坝体优化为空箱和实体相结合的非常规结构形式,同时采用换填+振冲碎石桩基础处理方案,辅以增设键槽等加强措施,开辟了混凝土坝软基处理新途径。

7.3.2.3 冲沙闸基础处理方案

冲沙闸位于岩土分界区域,基础地层主要为砂卵砾石和强风化花岗闪长岩,冲沙闸稳定和基础应力都能够满足规范要求,但基础岩石与砂砾石土层交接部位坡度较陡,覆盖层厚度变化大,存在不均匀沉降问题,因此需要进行基础处理。根据冲沙闸基础地层分布特点,基础处理采用素混凝土桩复合地基方案,利用素混凝土灌注桩对砂砾石地基范围加固,加固后的地基按复合地基考虑,桩体布设密度由加固后复合地基的沉降变形控制。

冲沙闸基础沉降监测成果显示,基础累计最大沉降量仅 2.5 mm,实际沉降量远小于规范允许最大沉降量(150 mm),表明采用素混凝土桩复合地基处理土岩陡坎复杂基础,效果很好。

7.3.2.4　混凝土面板堆石坝基础处理方案

混凝土面板堆石坝坝基河床覆盖层深厚,地层分布不均一,原设计采用振冲碎石桩进行加固处理,在实施振冲桩时,即使设备功率达到极限时,也无法向下振冲进尺穿透上部砂砾石层,多次试验皆不能成功,表明坝基处砂砾石层密实性较好。实施时结合实际地质条件优化基础处理方案,调整为坝前增加盖重区方案。

7.3.2.5　沉沙池基础处理方案

沉沙池基础左侧坐落于花岗闪长岩侵入岩体上,右侧则位于河床,岩石与砂砾石土层交接部位坡度较陡,覆盖层厚度变化大,两者之间的压缩模量和变形模量相差较大,在沉沙池结构的影响下,覆盖层处的沉降量将必然比基岩部分的沉降大得多,不均匀沉降问题突出。

基础处理考虑碎石桩方案、碎石桩与堆载预压联合处理方案、桩基方案。经计算分析,采用碎石桩方案可以解决砂层液化问题,但是由于沉沙池区域覆盖层深度较大(最深90 m),沉沙池结构范围较大(工作段宽度 119 m),附加应力影响范围太深(80 m 以下折减系数不超过 50%),采用碎石桩不能有效解决沉降问题,难以满足设计规范要求;采用碎石桩与堆载预压联合处理方案,工期安排上不具备条件,因此最终确定采用扩头桩复合地基方案。应用三维数值分析,对沉沙池岩土交界、深厚覆盖基础、混凝土灌注桩等进行了计算分析,根据桩顶端对提供水平荷载影响较大的特点,应用了顶端扩大混凝土灌注桩复合基础,解决了沉沙池基础沉降量及沉降差大、基础液化等问题。在实施过程中结合现场施工能力,分别布置了直径 1.50 m 和 1.80 m 的桩基,桩基都为嵌岩桩,在桩顶部分进行扩头处理;桩顶和结构之间布置 0.50 m 回填砂卵石垫层。

沉沙池基础沉降监测成果显示,1 号沉沙池有最大变形点 LP4-82,累计变形为 47.80 mm;8 号沉沙池最大变形点 LP4-89,累计变形为 53.20 mm,小于预期的设计沉降值 ≤70 mm(桩长约 60 m),也小于允许的沉降值 $[S]$ = 304.8 mm。表明采用顶端扩大混凝土灌注桩复合基础处理方案效果很好。

7.4　主要结论

首部枢纽布置方案结合地形地貌特点,经多方案比选,采用左岸集中泄水布置方案,即在首部枢纽坝址区左侧垭口处集中布置泄水建筑物和取水建筑物,现状主河槽布置混凝土面板坝挡水。一是充分利用面板坝对主河道深厚覆盖层地基适应能力强的优点,减少地基处理投资,缩短工期,施工也相对简单;二是大规模取水沉沙建筑物布置在中部侵入岩体下游侧,充分利用河滩山包挡水,减少开挖量和基础处理工程量,泄洪排沙建筑物基础仍置于深覆盖层上,但地质条件优于右岸主河道,地基土层已完成固结,密实程度高。

采用左岸集中泄水布置方案是技术经济综合选择。

7.4.1 泄洪冲沙建筑物

溢流坝坝基主要为ⓓ层砂砾石和ⓒ层粉细砂、粉土及粉质黏土等覆盖层,厚度2~130 m,存在的主要工程地质问题为坝基渗漏、坝基渗透破坏及坝基沉降,同时覆盖层厚度不均,相差很大,不均匀沉降变形问题突出。

(1)针对坝基覆盖层渗漏问题和渗透变形问题,溢流坝采用塑性混凝土防渗墙进行基础防渗,与基础采用柔性连接接头。目前,首部枢纽已运行多年,从监测资料来看,防渗效果良好,悬挂式塑性混凝土防渗墙防渗很好地解决了深覆盖层坝基渗漏和渗透变形问题。

(2)针对坝基覆盖层分布不均匀,粉质黏土和粉土等土层沉降变形问题,根据不同建筑物不同地层条件分别确定地基处理方案:溢流坝左坝肩采用上部开挖换填+下部振冲碎石桩处理方案;溢流坝采用开挖回填+局部振冲碎石桩处理方案;冲沙闸采用素混凝土桩复合地基方案。从目前监测资料来看,基础沉降值比预期值小,地基处理效果良好。

(3)左岸重力式挡水坝段(最大坝高39 m)坐落在承载能力较低的深厚覆盖层上,为满足地基承载力要求及坝身稳定要求,将坝体设计成空箱和实体相结合的非常规结构形式,通过减轻坝体自重,加大基础底座,有效地解决地基承载力不足问题,设计方案经济合理,开辟了混凝土坝软基处理新途径。

(4)为有效解决首部枢纽深覆盖层坝基不均匀沉降变形问题。采取在坝段横缝内设置键槽、后期横缝灌浆等结构措施,将坝段连成整体,以提高坝体整体稳定性,减小或避免坝段之间的不均匀沉降,同时增强坝体刚度,提高坝体的整体抗震性能。

7.4.2 沉沙池

(1)通过精心布置,设计了单池槽净宽13.00 m、深18.50 m,共计8条,单条工作长度150.00 m、引水流量(不包括冲沙流量)222.0 m³/s的连续水力冲洗式沉沙池,该沉沙池为世界最大规模的连续水力冲洗式沉沙池。

(2)通过总结研究了国内外沉沙池应用案例,将管道冲排沙应用在大型水电工程沉沙池设计中,设计冲沙流量仅为引水流量的7.5%。

(3)通过试验研究,对比了孔板、条筋栅、角钢栅等在水流扩散中整流的特点,将角钢整流栅应用在沉沙池整流设计中,有效缩短了过渡引渠的长度,保证水流经较短的扩散引渠入池。

(4)针对底孔冲沙沉沙池,针对双池槽有压排沙廊道、单池槽有压排沙廊道进行了系统的冲沙效果、冲沙效率试验研究,对不同厚度的淤沙进行冲排对比分析,提出了淤积厚度1~1.5 m的淤积控制建议,为今后进行冲排沙沉沙池设计提供了经验。

(5)针对沉沙池半岩半土交界陡坎地基,采用钢筋混凝土灌注桩等进行计算分析,根据桩顶端对提供水平荷载影响较大的特点,提出并应用了顶端扩大混凝土灌注桩复合基础,成功解决了沉沙池深厚覆盖层沉降量及沉降差大、基础液化等问题,相比桩基础减少的工程量达到45%~40%,经济效益十分明显,此方法的成功应用为国内外处理类似问题提供了经验。

参 考 文 献

[1] 黎运菜,杨晋营,等.水利水电工程沉沙池设计[M].北京:中国水利水电出版社,2004.

[2] 宗全利,刘焕芳,等.沉沙池水流流场分布均匀化改进研究[J].人民黄河,2007(4):73-75.

[3] 中华人民共和国国家经济贸易委员会.水电水利工程沉沙池设计规范:DL/T 5107—1999[S].北京:中国电力出版社,2000.

[4] 中华人民共和国水利部.水利水电工程地质勘察规范:GB 50487—2008[S].北京:中国计划出版社,2009.

[5] 张金良,谢遵党,邢建营.CCS 水电站若干设计难点研究与突破[J].人民黄河,2019,41(5):96-105.

[6] 谢遵党,杨顺群.厄瓜多尔 CCS 水电站的设计关键技术综述[J].水资源与水工程学报,2019,30(1):137-149.

[7] 耿莉.CCS 水电站首部枢纽设计特点[J].河南水利与南水北调,2016,10:48-49.

[8] 耿莉,陈丹,仝兴俊.素混凝土桩复合地基在 CCS 水电站首部枢纽软弱地基中的应用[J].红水河,2016,35(4):42-45.

[9] 张国来,吴国英,武彩萍,等.厄瓜多尔 CCS 水电站首部枢纽冲沙闸水力特性研究[J].中国农村水利水电,2013(12):154-157.

[10] 李志乾,耿波,台航迪.CCS 水电站大型沉沙池设计[J].珠江水运,2014(22):60-61.

[11] 杨正权,刘启旺,刘小生,等.厄瓜多尔 CCS 水电站深厚覆盖层火山灰沉积土动强度特性试验研究[J].水利学报,2014,45(2):161-166.

[12] 窦国仁.全沙模型相似律及设计实例[C]//泥沙模型报告汇编1,长江科学院,武汉水利电力学院,1978.

[13] 屈孟浩,等.黄河小浪底水库电站防沙模型试验报告[R].郑州:黄河水利科学研究院.1980.

[14] 张俊华,等.小浪底水库模型验证试验及模型评价报告[R].郑州:黄河水利科学研究院.2002.

[15] 张俊华,等.三门峡库区模型验证试验报告[R].郑州:黄河水利科学研究院.1997.

[16] 武彩萍,等.黄河小北干流连伯滩放淤模型试验报告[R].2005.